近未来戦を決する「マルチドメイン作戦」

日本は中国の軍事的挑戦を打破できるか

青木眞夫
小川清史
髙井晉
冨田稔
樋口譲次
用田和仁
日本安全保障戦略研究所 編著

国書刊行会

近未来戦を決する「マルチドメイン作戦」
——日本は中国の軍事的挑戦を打破できるか

目次

はじめに　7
序　章　世界の近未来戦を激変させる新たな戦いの形――マルチドメイン作戦　15
第1章　ロシアのマルチドメイン作戦　42
第2章　中国のマルチドメイン作戦としての「情報化戦争」　97
第3章　米国のマルチドメイン作戦　173
第4章　近未来戦における新たな国際法的課題　216
第5章　日本の「多次元統合防衛力」構想と「領域横断（クロスドメイン）作戦」
――その問題点・課題と措置・対策　264

おわりに　305
主要参考文献　316
共同執筆者略歴　318

はじめに

いま、世界の軍事フィールドでは、歴史的な変化が起きています。それは、マルチドメイン作戦（Multi-Domain Operations, MDO）という作戦戦略上の新たな動きであり、近未来戦のあり方を劇的に変化させ、軍事史における「変革の時代」の幕開けを告げるものと見られています。

戦後の軍事的変遷を振り返ると、それは三つの大きな変化を特徴としています。

一つは、冷戦期の米ソによる核兵器開発競争に見られるように、核ミサイルの時代が到来したことです。そのため、軍事態勢は、通常戦力と核戦力の二本立てで構成されるようになりました。

もう一つは、それまで陸海（含む海兵隊）軍のそれぞれの一部であった航空戦力が、空軍として独立し3軍種に分化したことです。軍隊は、古くは陸軍だけでしたが、そのうちに海軍が派生し、さらに戦後、空軍が独立するといった分化の歴史を辿ってきました。

しかし近年は、逆に、3軍種に分化した陸海空軍の統合、いうなれば「シームレスとなった3次元の戦場」における総合一体化した運用の重要性が叫ばれるようになりました。これが三つ目の変化です。それを後押ししたのが、情報分野での技術革新（ＩＴ革命）と組み合わさった１９９０年代の「軍事革命」（Revolution in Military Affairs, RMA）でした。

そして今、軍事フィールドでは、近未来戦に向けた新たな変化が起きています。

平成25（２０１３）年12月に策定された、日本の防衛戦略とされる「防衛計画の大綱（防衛大綱あるいは大綱）」（25大綱）では、「統合機動防衛力」の構築がテーマでした。

ところが、平成30（２０１８）年12月に新たな防衛大綱（30大綱）が閣議決定されました。そこで打ち出されたのが、「多次元統合防衛力」構想とその中心に位置付けられている「領域横断（クロスドメイン）作戦」（Cross Domain Operation, CDO）です。

つまり、「統合機動防衛力」が「多次元統合防衛力」へと変わりました。そして、その基軸となる作戦構想が「領域横断（クロスドメイン）作戦」という新たなコンセプトとして提起されたのです。

本来、防衛大綱は、10年程度の期間を念頭に置いて策定されることになっていますが、前大綱策定からわずか5年で新大綱を策定しなければならなくなりました。その最大の理由こそが、世界の軍事フィールドにおける歴史的な変化の存在なのです。25大綱と30大綱の両テーマを比べてみただけでも、その背景となった情勢の大きな変化に気付かされるでしょう。

わが国を取り巻く安全保障環境は、前大綱（25大綱）の策定時に想定していたよりも、格段に速いスピードで厳しさと不確実性を増しています。

中国の覇権的拡大を最大の要因として国家間のパワーバランスが加速度的に変化・複雑化してい

ること、そして、尖閣諸島や南シナ海に見られるようなグレーゾーン事態が長期化の様相をみせていることに加え、特に作戦戦略面では、宇宙・サイバー・電磁波といった新たな領域の利用が急速に拡大し、その領域における脅威が一気に高まっています。そのために、国際社会における既存の秩序をめぐる不確実性が増し、これまでの国家の安全保障・防衛のあり方が根本から変わろうとしていると指摘されているのです。

そこで、世界の主要国において新たな戦い方の形として登場したのが、マルチドメイン作戦あるいは多領域作戦（ＭＤＯ）と言われるものであり、若干のニュアンスの違いはありますが、30大綱で示された領域横断作戦（ＣＤＯ）なのです。

従来の軍事力の活動領域は、主として陸上、海上、航空でした。しかし、宇宙空間での活動が拡大し、さらにサイバー空間や電磁波空間といった新たな活動領域が加わりました。このように、軍事活動の領域・空間が３つから６つへと一挙に倍増し、多領域・多空間に拡大しているのが今日的特徴であり、それが、世界の軍事フィールドに歴史的変化が起きていると称される所以です。そして、近未来戦で遭遇すると見られている多領域・多空間から構成される戦場において、いかに戦い、いかに勝利するかがＭＤＯあるいはＣＤＯに課せられた使命となっているのです。

ＭＤＯあるいはＣＤＯについては、これから各章を通じて詳しく説明しますが、日本安全保障戦略研究所（ＳＳＲＩ）が、この問題を取り上げることになった切っ掛けについて少し触れておくことにします。

マルチドメイン（MD）の概念図

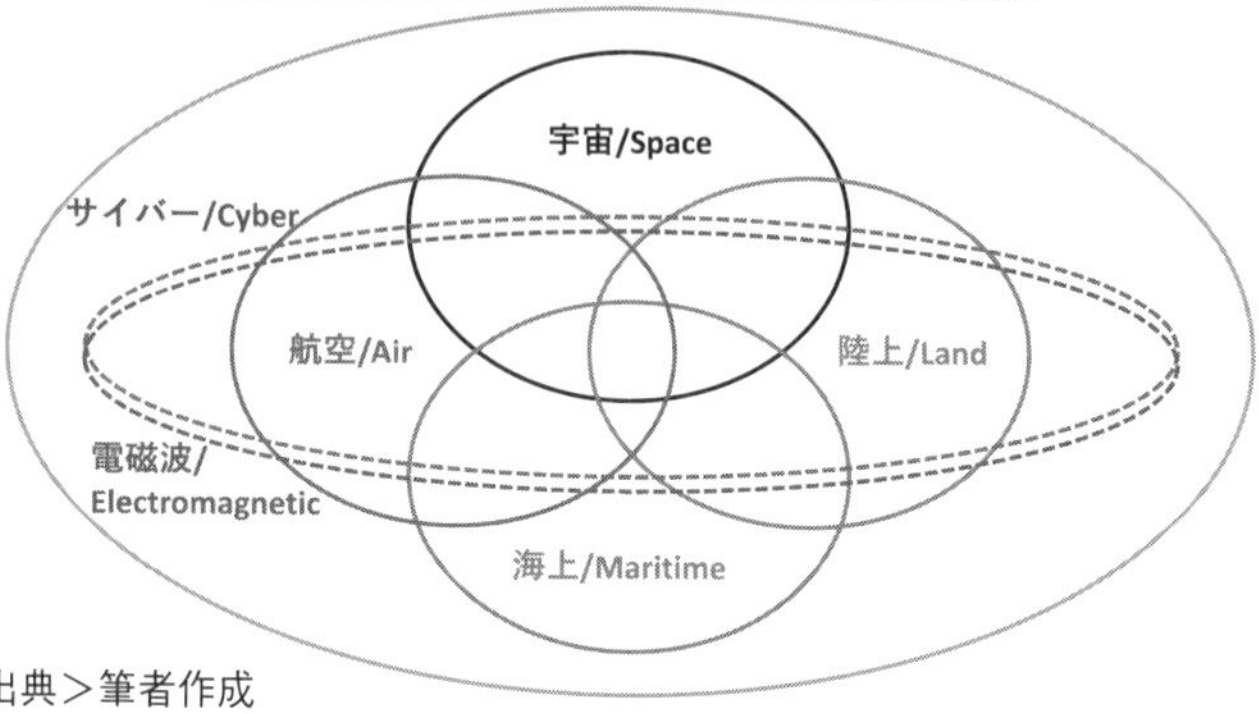

＜出典＞筆者作成

SSRIは、平成30年度に政府関係の一機関から委託研究を受託し、その中で、ロシアのクリミア半島併合と東部ウクライナへの軍事介入の実態について調査研究を行いました。

ロシアが行ったウクライナへの軍事介入で、いわゆる「ハイブリッド戦」を展開し、力を背景とした現状変更を試みたことは広く知られていますが、さらに詳しく調べるにつれて、この軍事作戦は、サイバー戦や電磁波戦、そして人工衛星を通じた情報活動や指揮統制通信などの宇宙戦によって支えられていたことが判明しました。そこで、調査研究の範囲をロシアによるシリア紛争への軍事介入にまで広げてみると、ロシアはシリアを各種新型兵器の実験場に変え、実戦においてMDOとも言うべき多領域の作戦を遂行した実態が、ここでも明らかになりました。

これらのロシアの軍事作戦は、本書がテーマとするMDOの典型と見るには、時期尚早の感もありますが、MDOの行く末を予見させる格好の材料を提供していることだけは間違いありません。それが、委託研究を通じて私共が得た大きな成果であり、本書執筆に至った動機とヒントを与えてくれたのです。

ＭＤＯあるいはＣＤＯは、新たに構築途上の（emerging）作戦戦略に関する構想、アイディアあるいはドクトリンと言ったようなものですから、まだ確立された姿となって現れている訳ではありませんし、その具体化においては、今後、紆余曲折を経ていくものとみられます。

そこで、第1章では、前述のロシアのＭＤＯについて記述することにしました。ロシアのウクライナやシリアへの軍事介入の実態を見れば、近未来戦の新たな形となるＭＤＯあるいはＣＤＯの先例として、そのイメージ作りに大いに助けになると考えたからです。

第2章では、中国のＭＤＯについて述べています。中国は、日米などが新たな戦いの形として追求しているＭＤＯという言葉は使っていませんが、それに相当する概念を「情報化戦争（「情報戦」、「情報作戦」を含む）」と呼んでいます。

21世紀における日本の安全保障・防衛の最大の課題は、中国の覇権的拡大がもたらす軍事的脅威にいかに対処するかに他なりません。そこで、中国の情報化戦争については、多くの紙面を割いて詳しく述べることにしました。

第3章は、米国のＭＤＯです。本章では、日本の同盟国として、わが国の防衛やインド太平洋地域及びこれを超える地域の平和と安全を維持する世界的役割を果たす米軍と自衛隊との共同作戦における米軍のＭＤＯについて、そこに至った歴史を振り返りながら概観しています。

今後日米間では、ＣＤＯとＭＤＯを巡って、共同作戦における課題や問題点の抽出とその解決が焦点になるでしょう。

第4章では、宇宙・サイバー・電磁波といった新たな領域での作戦には、未解決の問題が伴っていることを指摘しています。

例えば、サイバー戦についてみれば、日常化しているサイバー空間における攻撃的活動について、犯罪行為と戦争行為とに区別できるのか、攻撃主体の特定が難しいサーバー攻撃を、戦争と捉えることができるのか、などの諸問題があります。国際公共財である宇宙空間には、対人工衛星破壊兵器などによる宇宙ゴミ（デブリ）の発生など、宇宙空間の平和的利用に反する活動への懸念が高まっています。また、AIを使った完全な自律型致死性兵器システム（LAWS）が人間社会に受け入れられるのかなど、未来兵器の開発運用に関して国際的に解決を迫られている問題があり、日本政府としても自衛隊に対し明確な政策や指針を付与しなければならない課題が残されていることを指摘しています。

最後の第5章は、前各章を踏まえた日本のCDOについて述べています。まず、30大綱で示されたCDOの概要について説明しています。その後、米国のMDOとの共同作戦を念頭に置きながら、日本が掲げるCDOの考え方や施策を分析し、問題点や課題がないかを検証しています。その焦点は、日本が直面する中国の脅威、すなわち中国のMDOとしての「情報化戦争」を抑止し、脅威が及ぶ場合にはこれを打破し排除できるかにあります。

そのため、日本のCDOについて鋭いメスを入れ、それが絵に描いた餅に終わらないよう、構想の具体的強化のための措置・対策について、読者の皆さんと共に考える場としての「まとめ」の章としています。

本書は、下記SSRIの研究員6名による短期共同研究のささやかな成果に過ぎません。

青木眞夫：上席研究員（サイバーレスキュー隊長）
小川清史：副運営委員長兼上席研究員（元西部方面総監）
髙井　晉：理事長兼上席研究員（元防衛研究所図書館長）
冨田　稔：運営委員兼上席研究員（元陸上自衛隊関東補給処長）
樋口讓次：運営委員長兼上席研究員（元陸上自衛隊幹部学校長）
用田和仁：上席研究員（元西部方面総監）
（以上、五十音順、巻末に著者略歴）

しかし、本書は、冒頭でも述べたように、近未来におけるわが国の命運を懸けた最もホットな安全保障・防衛上のテーマであるCDOを主題としています。

日本の「国家安全保障戦略」では、国家安全保障の目標を「我が国の平和と安全を維持し、その存立を全うすること」と定めています。その目標を達成するための作戦戦略がCDOであり、今後、世界の主要国の動向を見極めながら、新防衛大綱（30大綱）の方針に沿って、具体化・深化が図られるものです。すべての国民にとって、安全・安心で豊かな社会を維持できるかどうかの身に迫った課題であり、また関心事であるに違いありません。

日本を取り巻く安全保障環境は、格段に速いスピードで厳しさと不確実性を増しています。米国のシンクタンク「プロジェクト２０４９研究所」（Project 2049 Institute）は、２０２０年から２０３０年の間に、中国が尖閣諸島と台湾を同時に軍事侵攻する可能性が高まっていると警告しています。そのように、特にこれからの10年間は、わが国の平和と安全、さらには存立自体が脅かされる危機的局面に遭遇する恐れが高まると見なければなりません。

このように険悪化する情勢下にあって、本書が、世界の軍事フィールドにおける歴史的変化と見られている、マルチドメイン作戦（ＭＤＯ）という作戦戦略上の新たな動きに関する情報の提供を介して、広範な一般読者による日本の安全保障・防衛についての関心と理解を深め、それによって日本の安全保障・防衛の強化に繋がれば、本書を世に問う意義があったと、私たちは考えます。

世田谷の研究所にて

共同研究者一同

序章　世界の近未来戦を激変させる新たな戦いの形――マルチドメイン作戦

1　世界の軍事フィールドに登場した新たな戦いの形――マルチドメイン作戦

（1）マルチドメイン作戦とは

いま、世界の軍事フィールドでは、作戦戦略上の歴史的な変化が起きています。

マルチドメイン作戦（Multi-Domain Operations：MDO）という新たな戦いの形が登場しており、その戦い方によって、近未来戦は劇的に変化すると見られています。

MDOとは、従来の陸上、海上、航空の領域（ドメイン）に加え、宇宙、サイバー、電磁波といった新たな領域を含めた多領域（マルチドメイン）作戦のことをいいます。

クロスドメイン作戦（CDO）の概念図

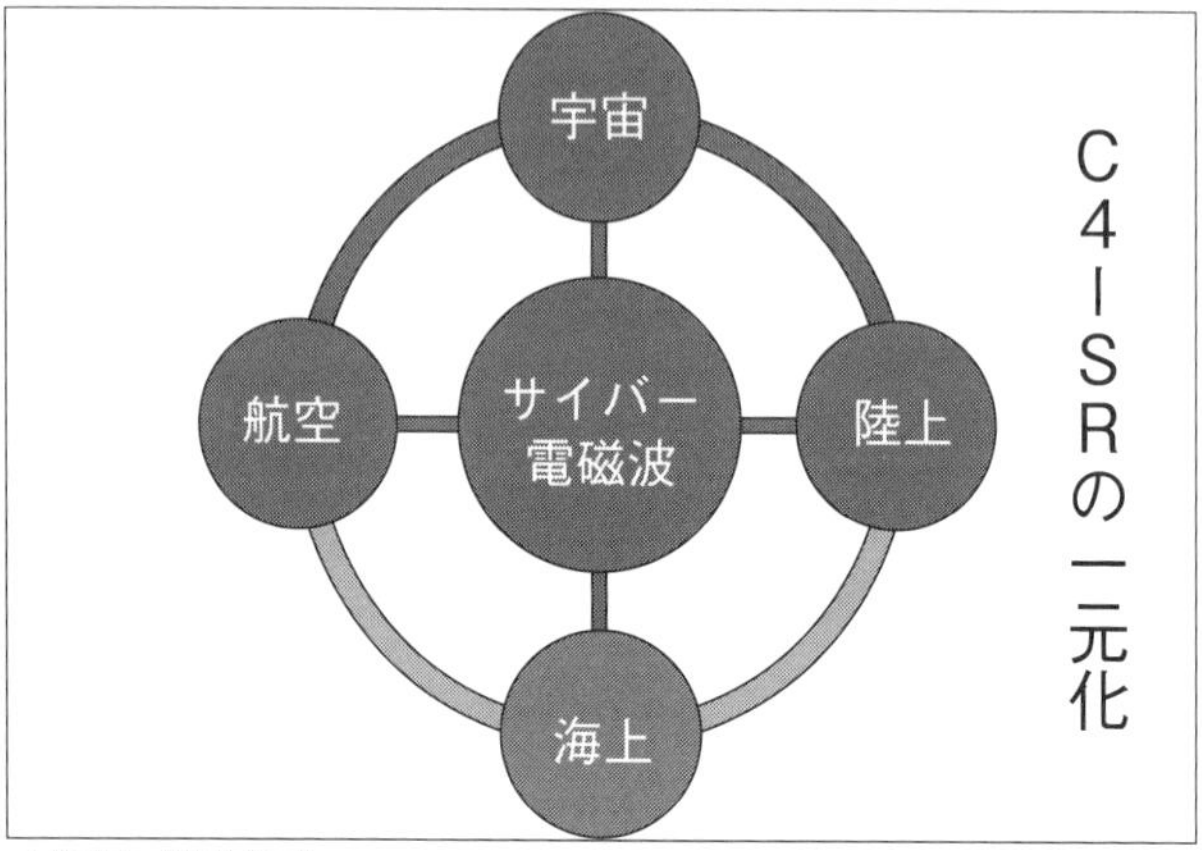

＜出典＞筆者作成

ＭＤＯは、すべての領域における能力を横断的・有機的に結合し、その相乗（シナジー）効果により全体としての能力を増幅させることを目指して計画・遂行されることになりますが、その領域横断作戦のことを、日本の新防衛大綱（30大綱）ではクロスドメイン作戦（Cross-Domain Operations：CDO）と呼んでいます。

ＭＤＯとＣＤＯとは、若干のニュアンスの違いはあるが、ほぼ同義語と認められますので、以後、ＭＤＯとＣＤＯを併せて、ＭＤＯとして説明していくことにします。

いま、世界の主要国は、ＭＤＯの開発にしのぎを削っています。特に、宇宙、サイバー、電磁波といった新たな領域における能力は、軍全体の作戦遂行能力を著しく向上させ、敵味方の双方に重大な影響を及ぼすものであることから、各国が注力している分野です。

ＭＤＯの細部については、これからおいおい説明しますが、この新たな戦いの形が登場した背景には、二つの軍事作戦戦略上の流れがあり、その経緯を知っておくこともＭＤＯを理解するうえで大事なことです。

（2）マルチドメイン作戦（ＭＤＯ）への二つの流れ

新たな戦いの形としてのＭＤＯは、「統合作戦（Joint Operation）」と「軍事革命（Revolution in Military Affairs, RMA）」の二つの流れを背景としています。

「統合作戦」は、これまで、陸海空軍を「シームレスな3次元の戦場」という形で統合運用することを意味していました。それを可能にしたのが、１９７０年代に始まった民間における情報分野での技術革新（ＩＴ革命）でした。

現在の統合作戦についての戦略思想は、１９８０年代初期に発表され、冷戦終結の頃に公式に採用された、米陸軍の「エアランド・バトル」（AirLand Battle）という画期的な概念から始まったとみられ、米国において急速に発達しました。

米国では、１９８６年、軍種間の協力関係を促進し、競合関係を減少させることを目的に「ゴールドウォーター・ニコルズ法」が制定され、その法的裏付けもあって、統合作戦のアイデアは、１９９０年代の「軍事革命（ＲＭＡ）」と一体化して採用・推進されました。

ＲＭＡは、その後、「システム・オブ・システムズ」（system of systems）や「ネットワーク中心の

近未来の宇宙戦（イメージ図）

＜出典＞Image : OTH, MULTI-DOMAIN OPERATIONS & STRATEGY

戦い」(network-centric warfare)、「軍事トランスフォーメーション」(military transformation)、「効果ベースの作戦」(effects-based operations) など、色々な言葉で表現されるようになりました。

＜宇宙領域＞

そして近未来戦の戦域は、従来の陸海空の3つの領域を含み、ジェットエンジンが使用できる地表から約50㎞上空までの「航空」(air) の領域から、人工衛星が円周軌道を維持できる最低限度の高度とされる約150㎞以上の「宇宙」(space) の領域にまで拡大し、すでに世界各国がその領域での活動にしのぎを削っています。

特に、宇宙空間は、国境の概念がないことから、人工衛星を活用すれば、地球上のあらゆる地域の観測や通信、測位などが可能です。このため主要国は、C4ISR（指揮、統制、通信、コンピューター、情報、監視、偵察）機能の強化などを目的として、軍事施設・目標偵察用の画像偵察衛星、弾道ミサイルなどの発射を感知する早期警戒

航空・宇宙空間の区分

区分	起動	地表からの高さ	人工衛星の種類	静止／周回（数／日）	備考
宇　宙（space）	高軌道	3万5千キロ以上（地球の重力圏の限界点の90万キロ）	通信衛星 ICBM警戒衛星	1回／日以内又は静止軌道	・3万6千キロ弱の上空で軌道が地球の自転と同じ場合は静止軌道 ・赤道上の静止軌道に等距離で3個配置すれば全地球の観測可能
	中軌道	8百キロ～3万5千キロ	航法用人工衛星（GPSなど）	2～14回／日	GPSは上空2万キロ
	低軌道	150キロ～8百キロ	観測衛星 有人宇宙飛行 国際宇宙ステーション	14～16回／日	人工衛星が円軌道できる最低高度以上
横断領域（transverse region）		航空と宇宙の間の約100キロ	航空力学的な飛行および軌道循環の両方とも不可能な空域（「航空の天井」～「宇宙航空の底」）		
航　空（air）		約50キロまで			ジェットエンジンが使用できる最高高度
備　考		大気圏再突入の「大気圏」は、概ね高度100kmの辺りに境がある。…空気抵抗の影響があらわれ始めるのが120km位であり、いわゆる「ブラックアウト」が起きるのが80km位である。なお、ブラックアウトは、人に大きな重力（G）がかかって、心臓より上にある脳に血液を供給できなくなり、完全に視野を失う症状を指す。			

〈出典〉エリノア・スローン著『現代の軍事戦略入門』（奥山真司・関根大助訳、芙蓉書房出版、2015年）を参考に筆者作成

平時から戦われているサイバー戦（サイバー攻撃可視化マップ）

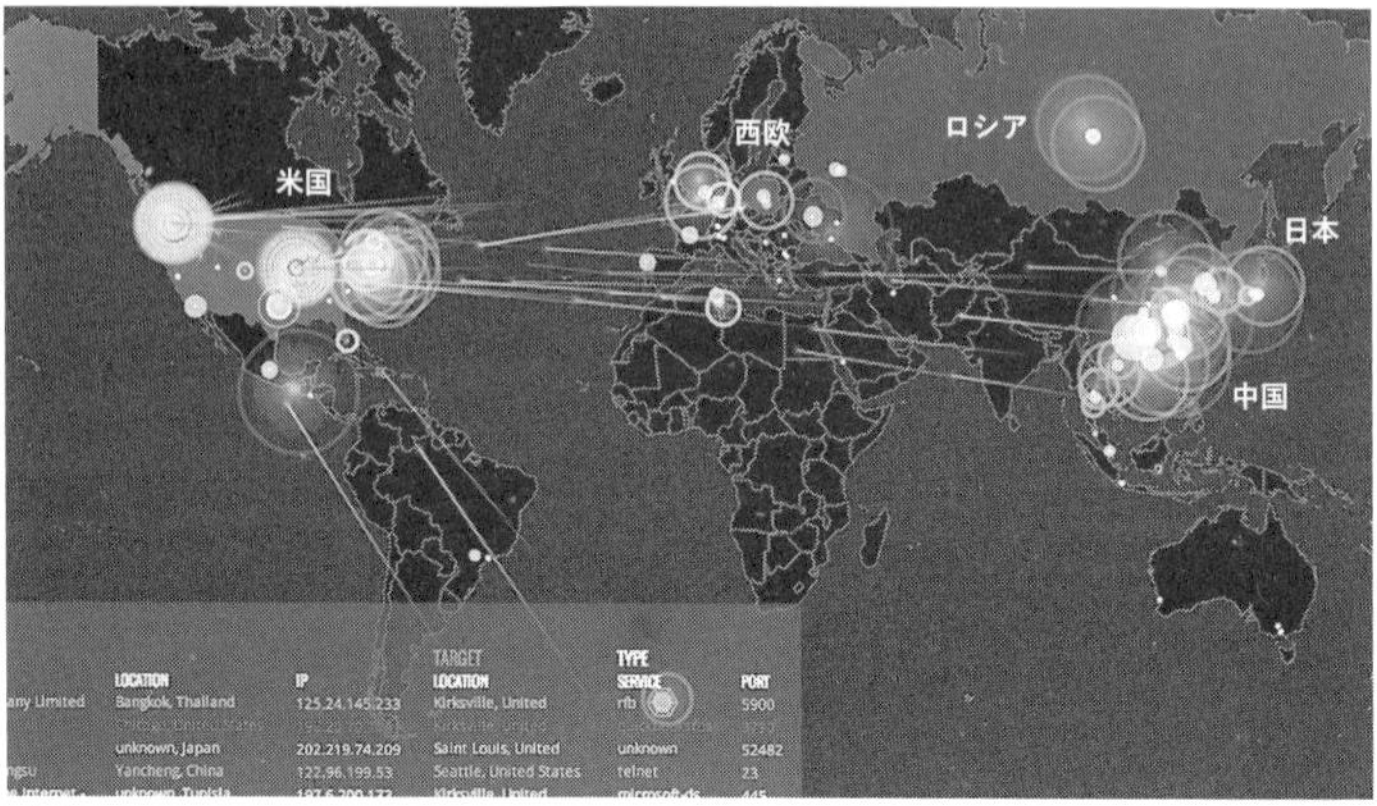

＜出典＞ Watch cyber warfare in real time with this fascinating map - Polygon を筆者補正

衛星、軍事通信・電波収集用の電波情報収集衛星、軍事通信用の通信衛星や、艦艇・航空機の航法や巡航ミサイル等の兵器システムの精度向上などに利用する測位衛星をはじめ、各種衛星の能力向上や打上げで宇宙利用を進めています。

　他方、これらの宇宙領域における活動は、サイバー領域や電磁波領域の戦いと深い関わり合いがあり、敵と味方双方による「ネットワーク切断合戦」の格好の攻撃目標となります。

＜サイバー領域＞

　一方、軍事革命は、高速・大容量、大接続、低遅延を可能とする次世代移動通信システム（5G）、兵器や兵器システムそして指揮統制システムに組み込まれる人工知能（AI）によって、さらに、その動きを加速することになります。

　このように、軍事革命がさらに進展した近未来戦は、コンピューターネットワークに依存する「ネットワー

電磁波戦（イメージ図）

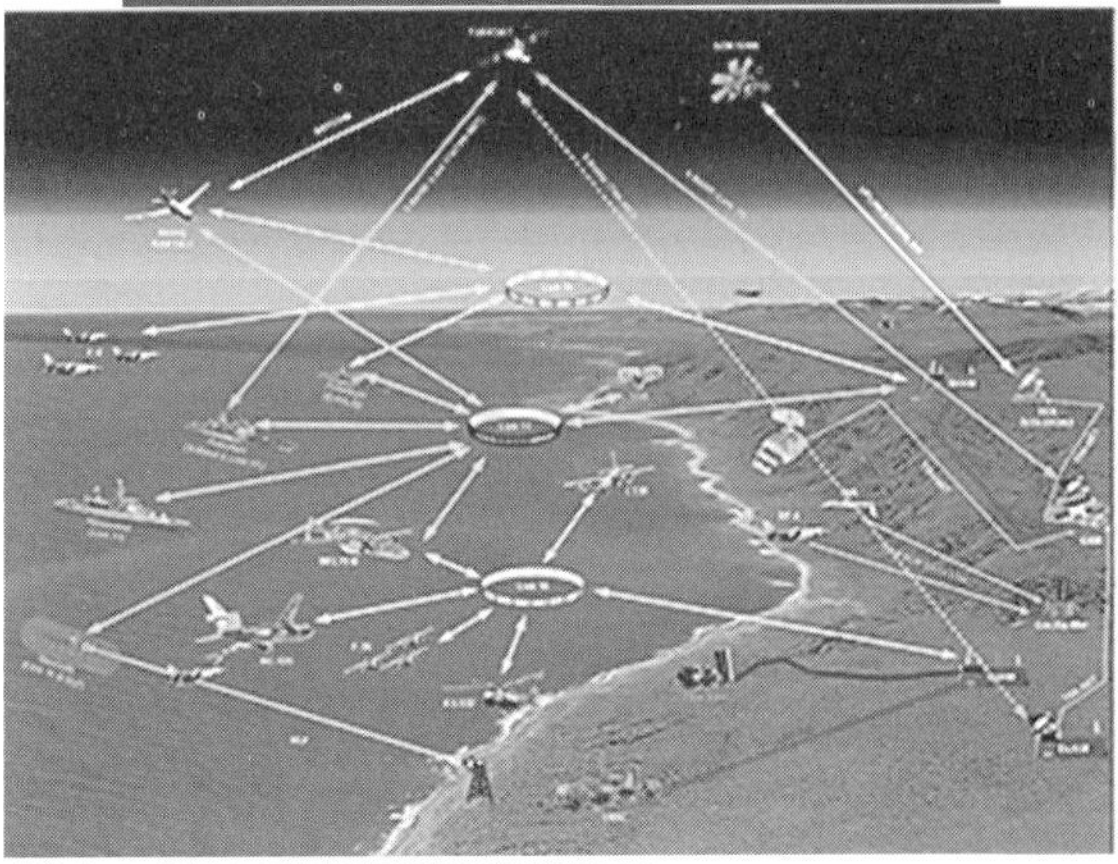

＜出典＞ Image : Opinions on Electronic warfarewriteopinions.com

ク中心の戦い」が基本となることから、その脆弱性を突いた攻撃や情報の窃取などを目的としたサイバー空間における敵対的な行動が用いられるのは不可避な情勢です。

＜電磁波領域＞

さらに、あらゆる兵器や兵器システムそして指揮統制システムなどが電磁波に依存するようになり、電磁波情報の収集・分析能力や相手方のレーダーや通信等を無力化するための能力などが、軍全体の作戦遂行に著しい影響を及ぼすことから、電磁波領域における作戦能力が近未来戦を左右する不可欠の要素として重視されるのも当然の趨勢といえましょう。

なお、電磁波領域の戦いについては、日本は電磁波戦、米国、中国およびロシアは主として電子戦という言葉を使用しており、以下、各章においては、一般用語としては電磁波戦を、各国の説明では、それぞれの国が主として使用している用語をもって説

周波数による電磁波の分類

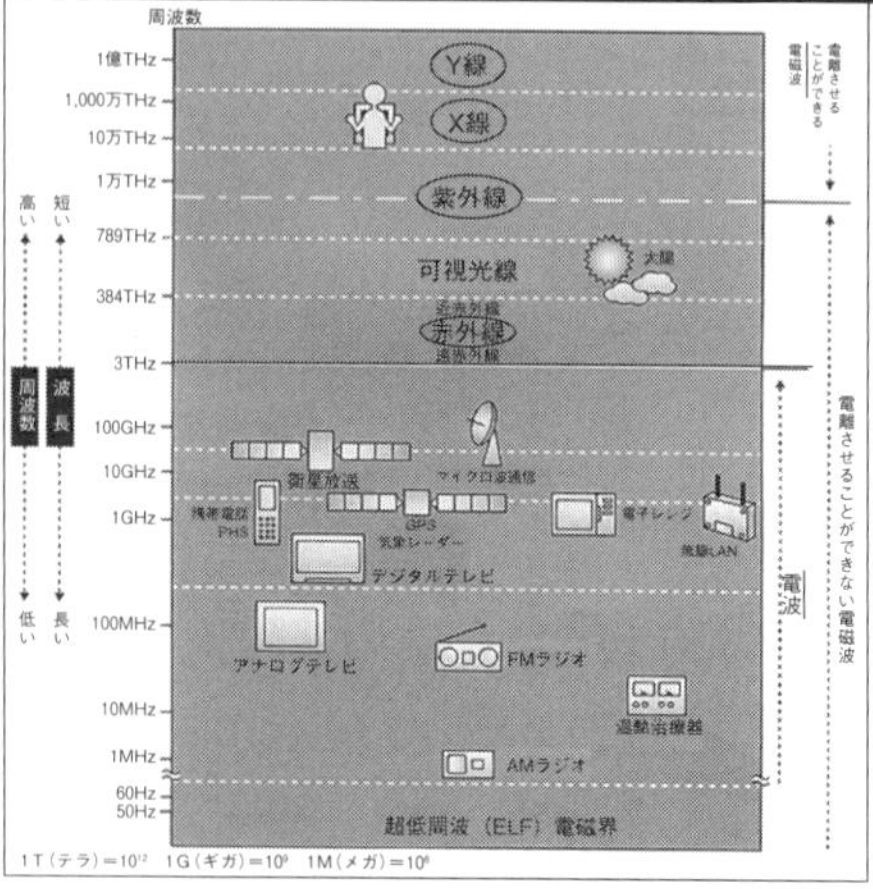

・電解質溶液ではその溶液内に未解離の分子と、解離して生じたイオンとが存在し、両者の間には平衡状態が成立している。このようにイオンに解離する現象を電離という。
・電磁波とは、電界と磁界が互いに影響し合いながら空間を光と同じ速さで伝わっていく波のことをいう。
・電磁波のうち、周波数が3THz以下のものを電波と呼んでいる。

<出典>一般社団法人電波産業会「くらしの中の電波」に説明を付記

明することにします。

このように、「統合作戦」と「軍事革命」の二つの流れを背景として展開される近未来戦は、従来の陸上、海上、航空の領域に、宇宙、サイバー、電磁波といった新たな領域を加えたマルチドメイン作戦（ＭＤＯ）となり、すべての領域における能力を横断的・有機的に結合し、その相乗（シナジー）効果により全体としての能力を増幅させるように計画・遂行されるようになります。まさに統合運用能力の成熟度とテクノロジーの進化、いうなれば破壊的イノベーションによる技術的優位の獲得との相乗効果が、これからの近未来戦を左右するといっても過言ではないのです。

2　いち早くマルチドメイン作戦（ＭＤＯ）を実戦に取り入れたロシア

ご承知の通り、RMAを採用した本格的な統合作戦は、2001年から2002年にかけてのアフガニスタンや2010年のイラクにおいて米軍によって実行されました。

その後、近未来のMDOを予見させる作戦を行ってきたのが、ロシアです。

■ロシアのエストニア（国家）に対する破壊妨害を目的とした初のサイバー攻撃

2007年4月にエストニア政府は、ソ連時代につくられた戦争記念碑を首都タリンの中心街から戦没者墓地に移すことを決定しました。これがエストニアに住むロシア系市民による数千人規模の市民暴動を引き起こし、それとほぼ同時に、エストニア中のウェブサイト（銀行、政党、大企業、報道機関、政府や議会、大統領府など）がサイバー攻撃を受けました。完全に特定された訳ではありませんが、ロシア政府が犯人と見られ、「国家に対する破壊妨害を目的とした初めてのサイバー攻撃」という意味で世界中から注目を集めました。

■ロシア・グルジア戦争：サイバー攻撃が通常戦と連携して行われた歴史上前例のない戦争

南オセチアとアブハジアの領土支配をめぐって、2008年にロシア・グルジア戦争が起こりました。この戦争は、21世紀最初のヨーロッパの戦争といわれ、陸海空のすべての領域で戦われましたが、ロシアは、通常戦と連携してサイバー攻撃を行い、歴史的に前例のない新たな戦争の形態として世界の関心が高まりました。

■ウクライナへの武力侵攻―クリミア半島併合と東部ウクライナへの軍事侵攻―：ハイブリッド戦

とサイバー戦など

ロシアは、2014年にクリミア半島併合と東部ウクライナへの軍事侵攻を敢行しましたが、その戦いはサイバー攻撃を併用したハイブリッド戦としてNATOに衝撃を与え、東シナ海問題を抱える日本でも、中国のサラミ・スライス戦術やキャベツ戦術に類似するものとして警戒心を高めました。

ウクライナ東部では、戦車や重火器システム「Buratino」、マレーシア航空MH-17便を撃墜したとされる地対空ミサイルシステム「ブク」（BUK）のほか、無人偵察機「Orlan-10」や携帯型ロケットランシャーシステム「Grad-P」などの通常兵器が持ち込まれ武力侵攻が続いています。そして、通信妨害システムP-330「Zhitel」による電子戦や偵察衛星による情報活動などの宇宙戦がこれらの地上戦を支えており、すでにウクライナではロシアによるMDOが遂行されていると見なければなりません。

■シリア紛争への軍事介入：各種新型兵器の実験場、宇宙戦など

2015年にはじまったロシアのシリア紛争への軍事介入は、1979年のソ連軍によるアフガニスタン侵攻以来、36年ぶりの本格的な国外軍事展開となりました。その間、ロシアは、湾岸戦争（1991年）とコソボ紛争（1998年〜99年）などで驚異的な威力を発揮した米国の軍事能力を睨みながら各種新型兵器を開発し、シリアはその実験場と化しています。

例えば、2015年10月、カスピ海に展開したカスピ海小艦隊所属の4隻のロシア海軍艦艇（コ

ロシアのＭＤＯの進展						
戦争・紛争等	年	通常戦	ハイブリッド戦	サイバー戦	電子戦	宇宙戦
対エストニア紛争	2007年			○		
ロシア・グルジア戦争	2008年	○		○		
ウクライナへの武力侵攻	2014年～	○	○	○	○	○
シリア紛争への軍事介入	2015年～	○		○	○	○

ルベット）から、測位衛星航法システムの支援を得て合計26発の巡航ミサイルが発射され、約１５００km離れたシリア領内の「イスラム国（ＩＳＩＬ）」拠点11か所を破壊しました。

11月には、人工衛星による航法・情報支援の下、ロシア国内からＴｕ－95爆撃機等がシリアを爆撃し、同じように、12月にはロシア海軍の潜水艦「ロストフ・ナ・ドヌー」が地中海から巡航ミサイルをシリア領内に発射しました。実戦において潜水艦から巡航ミサイルが発射されるのは、ソ連時代を通じて史上初めてです。

また、日本安全保障戦略研究所編著『中国の海洋侵出を抑え込む――日本の対中防衛戦略』（国書刊行会、２０１７年）によると、ロシアは、「シリアの軍事作戦において、敵のミサイル等を電子的に妨害し、その能力を発揮させないために、主要な地点に2～3両の特殊車両（Krashuka-4 jammer など）を配置しており、半径約３００kmの『電子戦ドーム』を構築しているといわれています。そして、この防御網の中で安全を確保して作戦を実施している」（括弧は筆者）とされ、電磁波の領域でも大きな進展を見せています。

サイバー戦については、言うに及びません。

このように、エストニアでの国家に対する破壊妨害を目的とした初のサイバー攻撃に始まったロシアのMDOは、前頁の図のように実戦を重ねるにつれてその作戦を電子、宇宙の領域へと拡大させ、これから出現する近未来のMDOを予見させるに十分な方向性を示しています。

なお、ロシアのMDOについては、第1章で詳しく述べることにします。

3　中国のマルチドメイン作戦（MDO）としての「情報化戦争」と「網電一体戦」

米国の次期統合参謀本部議長に指名されたマーク・ミリー陸軍参謀総長が、その指名を承認する上院軍事委員会の公聴会（2019年7月11日）で述べたように、「第1次及び第2次の湾岸戦争の間、中国は我々をつぶさに観察していた。我々の戦力を見極め、あらゆる方法でそれらを模倣してきた。軍隊に関する基本的な原理、組織体系の多くを取り入れてもいる」と述べ、中国は研究開発や武器の調達に米国をしのぐ巨額の費用を投じており、中国軍の戦力は、宇宙やサイバー空間を含む各領域で「極めて急速に向上している」と指摘しています。

中国にとって、湾岸戦争における米軍の長距離・即応展開能力や精密かつ組織的・圧倒的な火力発揮は驚嘆すべき所となりました。また、中国は、コソボ紛争において、在旧ユーゴスラビア中国大使館の地下6階にあった通信指令センターが、米軍最新鋭のステルス戦略爆撃機Ｂ－２から発射された地下貫通弾ＪＤＡＭによって一瞬のうちに破壊され、機能喪失に陥ったことに脅威感を強めたと伝えられています。そして、世界のそのような軍事発展の動向に対応し、情報化条件下の局地戦に勝利するとの軍事戦略に基づいて、軍事力の機械化及び情報化を主な内容とする「中国の特色ある軍事変革」を積極的に推し進めるとの方針をとっています。そのようなこともあり、サイバー戦については、いわゆる「非対称戦」の視点から捉えていると認識されています。

中国は、ＭＤＯという表現は使っておらず、それに相当するものを「情報化戦争」と呼んでいます。そして、「情報戦で敗北することは、戦いに負けることになる」と考え、電磁波スペクトラム領域、ネットワーク空間および宇宙空間における情報優越の確立を目指すとし、軍改革によって設立された戦略支援部隊に宇宙、サイバー、電子戦（電磁波戦）に関する任務を一元的に与えています。

中国のサイバー攻撃は、すでに日常化しています。米中の貿易戦争でやり玉に挙がっている知的財産や企業秘密の窃取をはじめ、２００８年以降の主要な軍事訓練には、攻撃・防御両面を含むサイバー作戦の要素が必ず含まれ、サイバー攻撃で地域全体における敵のネットワークを破壊することで、米軍に対する「接近阻止・領域拒否（Ａ２／ＡＤ）」能力を強化していると指摘されています。

また、最近の訓練の中では、敵の指揮通信システムの妨害が成功裡に行われたと伝えられ、わが国周辺にたびたび飛来しているＹ－８電子戦機のみならず、Ｊ－15艦載機やＨ－６爆撃機の中にも、改良された電子戦能力を有するものがあると見られています。

中国の宇宙プログラムは世界で最も短期間に発達したとされ、2016年12月に発表された「中国の宇宙」白書は、宇宙空間の平和利用を強調しているものの、軍事利用を否定していません。

中国の推進するプロジェクトの例としては、2020年までにグローバル衛星測位システムを形成することを目的とした、中国版GPSとも呼ばれる測位衛星「北斗」の打ち上げや、軍用の偵察衛星としての役割を担う可能性が指摘されている地球観測衛星の打ち上げなどがあります。さらに、紛争時に敵の宇宙利用を制限・妨害するため、2007年の弾道ミサイルによる人工衛星破壊実験に見られるように、レーザー兵器や対衛星兵器を開発しているほか、衛星攻撃衛星などの開発を進めているとも指摘されています。

このように、中国は、対米A2／AD作戦を情報化戦争としてとらえ、宇宙、サイバー（ネットワーク）、電子戦能力を急激に高めています。なかでも、サイバー（ネットワーク）戦と電子戦は密接不可分の関係にあるとして、それらを融合させたものを「一体化ネットワーク電子戦」あるいは「網電一体戦」と呼び、情報化戦場における主流になるとみており、情報化戦争そして網電一体戦が実際の戦場で使用されるのは時間の問題とみて間違いないでしょう。

なお、中国の「情報化戦争」あるいは「網電一体戦」に対する脅威認識については、第2章で詳しく述べることにします。

4　米国のマルチドメイン作戦（ＭＤＯ）

世界に先んじて「統合作戦」と「軍事革命」を進め、その一体化した成果を実戦で誇示したのは、もちろん米国です。湾岸戦争やコソボ紛争などでの米軍の卓越した作戦能力は、世界を脅かしました。中でもロシアと中国は、自国軍との落差に脅威を覚えたと伝えられています。

しかし、その後米国は、２００1年に発生した「9・11」同時多発テロを契機に、対テロ戦へと傾斜したため、「軍事革命」、なかでも先進的な兵器システムの開発などにブレーキがかかり、一方、ロシアと中国は、米国に追いつき追い越せと、軍改革、中でもその近代化を進め、軍事力の強化に注力しました。

その結果、通常戦力における米国の圧倒的な優越性は失われ、特に、宇宙、サイバー、電磁波といった新たな領域では、中露に先行されている分野の存在が指摘されるまでになっています。

東西冷戦の主戦場であった欧州正面で、主敵・ソ連の地上軍による電撃機動戦に対抗するために編み出されたのが、前述した米陸軍の「エアランド・バトル（AirLand Battle）」構想でした。

21世紀になって、世界の戦略重心はインド太平洋の海洋正面に移っており、「今後１００年の最重要課題」（マーク・ミリー米陸軍参謀総長）として警戒される中国の「Ａ２／ＡＤ」戦略に対抗するために案出されたのが「エアシー・バトル（AirSea Battle）」構想です。そして、米軍の優位性を回

マルチドメイン作戦	
Land	陸上
Maritime	海上
Air	航空
Space	宇宙
Cyberspace	サイバー空間
Electronic Warfare	電子戦

凡　例	
AI	航空阻止
CAS	近接航空支援
EMS Recon	電磁スペクトラム偵察
SOF	特殊作戦部隊
Guerilla	ゲリラ部隊
USMC	米海兵隊
UAS	無人機システム

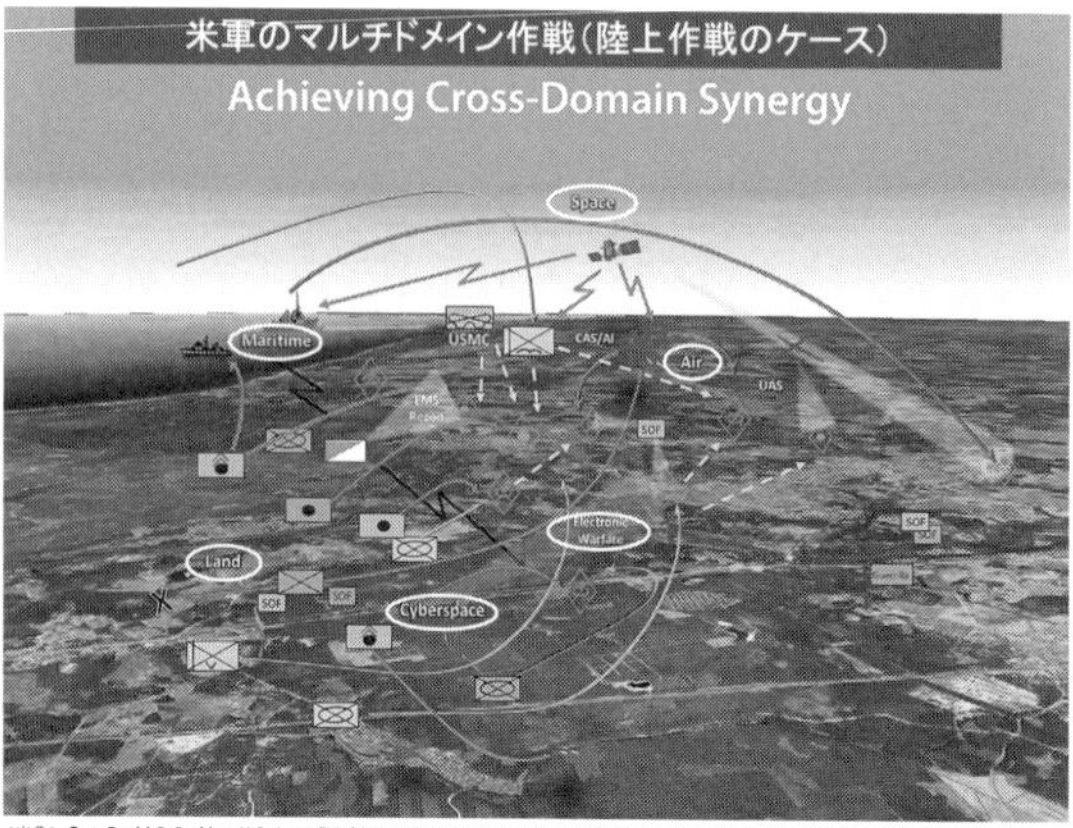

＜出典＞ Gen. David G. Perkins, U.S. Army "Multi-Domain Battle Driving Change to Win in the Future", July-August 2017 MILITARY REVIEW

復するための大きな方向性が「第3次相殺（オフセット）戦略」として示され、さらに作戦・戦闘分野の統合ドクトリンとして米陸軍を中心に開発されているのがＭＤＯなのです。

中露の追い上げによって米国の宇宙における独占的地位は失われたとみられていますが、トランプ大統領は、２０１９年６月に米軍の第６部門としての宇宙軍の設立に直ちに着手するよう命じ、巻き返しを図っています。

また、２０１０年５月、米メリーランド州フォート・ミード陸軍基地に創設されたサイバー軍は、２０１８年５月に統合軍に格上げされました。核開発を巡るイランとの対立が激化する中、２０１９年６月のイランによる米無人偵察機の撃墜を受け、米国はミサイル発射やスパイ活動に関わるイランのコンピューターシステムにサイバー攻撃を行ったと報じられています。

電子（電磁波）戦に関する近代的な能力の開発は、対テロ戦などの低強度の紛争が最優先される中で、それへの投資が大幅に縮小されてきました。他方、米国が戦略的競争国と位置付ける中国及びロシアは、この分野での能力を高めており、米国の遅れが指摘されていた領域ですが、その立て直しに急ピッチで取り組んでいます。

永らくインド太平洋正面への進出をためらっていた米陸軍は、2020年から同正面に対艦・対空ミサイルのみならず、電子戦を含む部隊を第1列島線に展開し、対中国作戦において重要な役割を担うことを決めました。陸上自衛隊とともに対艦ミサイルをもって米海軍演習であるリムパック（RIMPAC）に参加したのもその一環です。

その戦略は、海洋圧迫戦略（Maritime Pressure Strategy）として国防省に最も近いシンクタンクである戦略予算評価センター（CSBA）から発表されましたが、これで従来の海空主体のエアシー・バトルから、陸軍・海兵隊を含めた米軍全力のMDOへ発展していく流れができました。そして、米陸軍が2020年から主催する「Defender Pacific」演習は、MDOを実現する上で日米が一体となった重要な統合・共同演習となることが期待されています。

米国のMDOについては、第3章で詳しく説明することにして、ここでは、読者のイメージ作りに役立つよう、地上戦を例にした米陸軍のMDOの概念図を紹介することにしておきます。

5　近未来の新たな戦いの形としてのマルチドメイン作戦（MDO）を巡る国際的課題

MDOは、近未来の新たな戦いの形として登場しましたが、新たな戦いの形には新たな課題が付きまとうことになります。

〈宇宙領域〉

現在、国際社会には宇宙空間と天体に関する国際取り決めとしての「宇宙法」があります。同法では、宇宙空間と天体は、地上の国家の領域的管轄権をこえた空間であり、いずれの国の領域権の設定と行使も禁止され、その利用のみが国際法の規律の下に認められています。いわば、宇宙空間と天体は、国際公共財であるはずですが、そこは「究極の高地」として他の主権国家の領土をはじめ全世界を見渡せる視界・射界を持つことから、偵察衛星や対地攻撃兵器、対人工衛星破壊兵器などが配備され、また弾道ミサイルの通過経路となり、場合によっては核爆発による高高度電磁パルス（HEMP）攻撃のステージとして利用される恐れもあります。

このように、地上の競争が宇宙空間へと拡大し、陸海空の領域で行われてきた紛争が、宇宙領域でも例外ではなくなっているのです。

近年、人工衛星の破壊がもたらす宇宙ゴミ（デブリ）の発生が国際問題化していますが、国際公共財である宇宙空間をいかに平和的に利用するかのルール作りが国際社会に与えられた大きな課題です。

〈サイバー領域〉

サイバー空間も、次のような大きな課題を抱えています。

①すでに日常化しているサイバー空間における攻撃的活動について、犯罪行為と戦争行為とに区別できるのか。

②国連憲章第51条が認めている「武力攻撃が発生した場合の自衛権の行使」との関係で、そもそも攻撃主体の特定が難しいサイバー攻撃を、一般的に「国家同士、もしくは国内の集団同士の軍隊によって行われる戦争」と定義される「戦争」と捉えることができるのか。

③先制攻撃が有利とされるサイバー戦において、何をもって明確に見えない攻撃の切迫性を判断し、先制的自衛（preemptive self-defense）、つまり「先回りの自衛攻撃」を決断し、行使できるのか。

④潜在的脅威対象国というだけで、抑止概念（拒否的抑止、懲罰的抑止）の適用ができるのか。

以上列挙しただけでも難解な問題ばかりですが、国際社会が賢明な解答を導き出さなければ、サイバー空間は、無原則・無制限な戦いの場と化してしまうに違いありません。

〈人工知能（AI）〉

MDOは、すべての領域における能力を横断的・有機的に結合し、その相乗（シナジー）効果により全体としての能力を増幅させることを目指しています。それを可能にするためには、当然のこととして兵器や兵器システムそして指揮統制システムなどへの人工知能（AI）の組み込みが必要とされます。

そこで、国際社会では、人道上の観点から、目標の捜索から攻撃まで一切人間の操作を介さない完全自律型の致死性を有する兵器（自律型致死性兵器システム、Lethal Autonomous Weapons Systems : LAWS）は開発しないが、有意な人間の関与が確保された自律型兵器システムについては、ヒューマンエラーの減少や省力化・省人化、人的損害の低減といった安全保障上の意義があるとの立場や、致死性兵器に用いられる可能性があるといった安易な理由で、自律化技術の研究・開発の規制は厳に慎むべきとの立場など、特定通常兵器使用禁止制限条約（Convention on Certain Conventional Weapons : CCW）の枠組みにおける活発な議論がなされています。

ＣＣＷは、過度に傷害を与え又は無差別の効果を有することがあると認められる通常兵器の使用禁止又は制限に関する条約であり、国際人道法・軍縮国際法等の観点からＬＡＷＳについての議論が開始されたのです。

このように、ＡＩの問題も、人道と安全保障の観点を勘案した議論が必要であり、両面のバランスを取った国際ルール作りを急がなければならない新しい課題なのです。

6　日本の対応と課題――日本は、中国のマルチドメイン作戦（ＭＤＯ）としての「情報化戦争」あるいは「網電一体戦」を打破できるか?

日本は、世界の軍事フィールドにおける作戦戦略上の大きな変化に対応しようとしています。特に、中国のＭＤＯとしての「情報化戦争」あるいは「網電一体戦」を睨み、かつ、米軍のＭＤＯとの相互運用性を考慮し、「平成31年度以降に係る防衛計画の大綱について」（以下、31防衛大綱）において、①領域横断作戦の遂行、②常時継続的な活動の実施、そして③日米同盟や各国との連携の３要件で構成される「多次元統合防衛力」構想を打ち出しました。

その中で、統合作戦運用の指針となるのが、「領域横断（クロスドメイン）作戦の遂行」です。そのイメージは、次頁の図の通りです。

31防衛大綱では、領域横断（クロスドメイン）作戦を実現し得るよう、効率的な部隊運用・新たな領域に係る態勢を強化するものとしています。そのため、統合幕僚監部において将来的な統合運用の在り方について検討するとしています。すなわち、領域横断（クロスドメイン）作戦のあり方については、これからの検討に委ねられています。

・宇宙領域：航空自衛隊に「宇宙領域専門部隊」を新編すること等
・サイバー領域：共同の部隊「サイバー防衛部隊」を新編すること等
・電磁波領域：電磁波の情報収集・分析能力、相手方のレーダーや通信等を無力化するための能力、電磁波利用を統合運用の観点から適切に管理・調整する能力等を強化すること等

また、領域横断（クロスドメイン）作戦の態勢の整備については、下記の事項が強調されていますが、

領域横断（クロス・ドメイン）作戦のイメージ

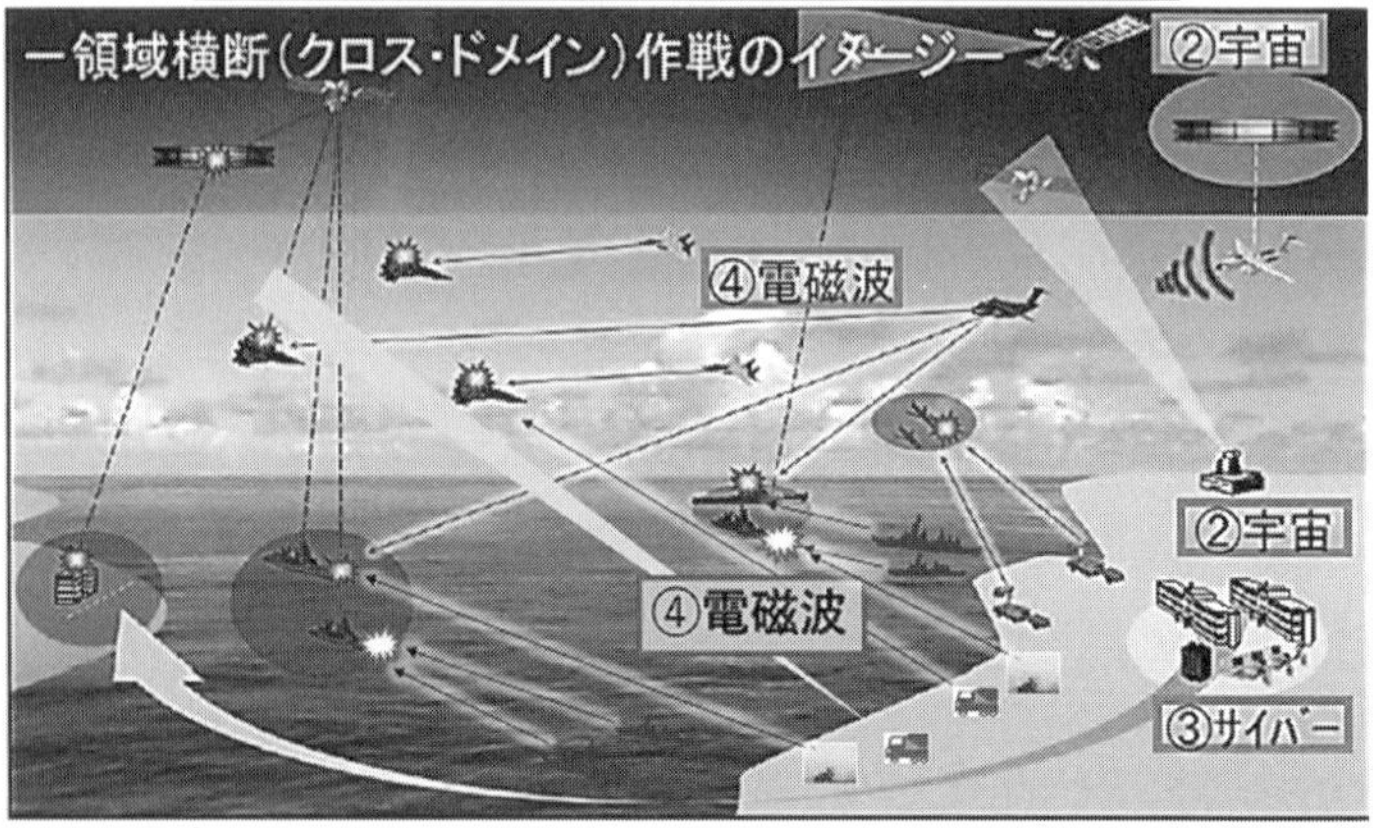

＜出典＞防衛省『防衛計画の大綱及び中期防衛力整備計画』（説明資料）をもとに一部補正

いずれもこれからの検討課題と言っていいでしょう。

以上、世界の軍事フィールドで、MDOという新たな戦いの形が登場し、その戦い方によって、近未来戦は劇的に変化することを指摘しました。それを予見させる動きとして、21世紀に入ってロシアが行ってきた実戦にその方向性が示されていることを概観しました。

そのうえで、中国がMDOとしての「情報化戦争」あるいは「網電一体戦」を急速に強化していること、米国が「エアシー・バトル」構想を発展させ、米陸軍を中心にMDOの開発に注力していることに触れた。

これからの本論では、それぞれの内容をさらに一段と掘り下げ、読者の理解を深めるよう取り組みたいと思います。そして、日本が、31防衛大綱の目玉として打ち出したCDOについて、その考え方や施策を分析し、問題点や課題がないかを検討したいと思います。

その狙いは、日本が直面する中国の脅威、すなわち中国のMDOとしての「情報化戦争」あるいは「網電一体戦」を抑止し、脅威が及ぶ場合にはこれを打破し排除できるか？　にあります。

7　安全保障環境の急激な悪化への対応が急がれる日本のMDO

これから21世紀の中葉に向かって、中国が経済、外交、安全保障などあらゆる分野で戦略的攻勢、すなわち覇権的拡大を追求することは疑いの余地がなく、米国と中国の対立は、自由主義と共産主義のイデオロギーや政治体制の相違による構造的対立に発展していることから、いわゆる新冷戦の長期化は避けられないでしょう。

column

米大統領の「共産主義犠牲者の国民的記念日」宣言とメッセージ

トランプ米大統領は、2017年11月7日に「共産主義犠牲者の国民的記念日」を宣言した。特に近年、社会主義を標榜する中国共産党の浸透工作に危機感を強めた大統領は、アメリカと自由主義諸国を率いて共産主義に対抗し、アメリカの「明白な使命」(Manifest Destiny) を実現するとの決意を改めて表明した。「共産主義犠牲者の国民的記念日」に寄せたトランプ大統領のメッセージは、以下の通りである。

＊＊＊＊＊＊

本日の共産主義犠牲者の国民的記念日は、ロシアで起きたボルシェビキ革命から100周年を記念するものです。ボルシェビキ革命は、ソビエト連邦と数十年に渡る圧政的な共産主義の暗黒の時代を生み出しました。共産主義は、自由、繁栄、人間の命の尊厳とは相容れない政治思想です。

前世紀から、世界の共産主義者による全体主義政権は1億人以上の人を殺害し、それ以上の数多くの人々を搾取、暴力、そして甚大な惨状に晒しました。このような活動は、偽の見せかけだけの自由の下で、罪のない人々から神が与えた自由な信仰の権利、結社の自由、そして極めて神聖な他の多くの権利を組織的に奪いました。自由を切望する市民は、抑圧、暴力、そして恐怖を用いた支配下に置かれたのです。

今日、私たちは亡くなった方々のことを偲び、今も共産主義の下で苦しむすべての人々に思いを寄せます。彼らのことを思い起こし、そして世界中で自由と機会を広めるために戦った人々の不屈の精神を称え、私たちの国は、より明るく自由な未来を切望するすべての人のために、自由の光を輝かせようという固い決意を再確認します。

〈出典〉「共産主義犠牲者の国民的記念日」に寄せた「トランプ大統領のメッセージ」：ホワイトハウス報道資料（2017年11月7日）

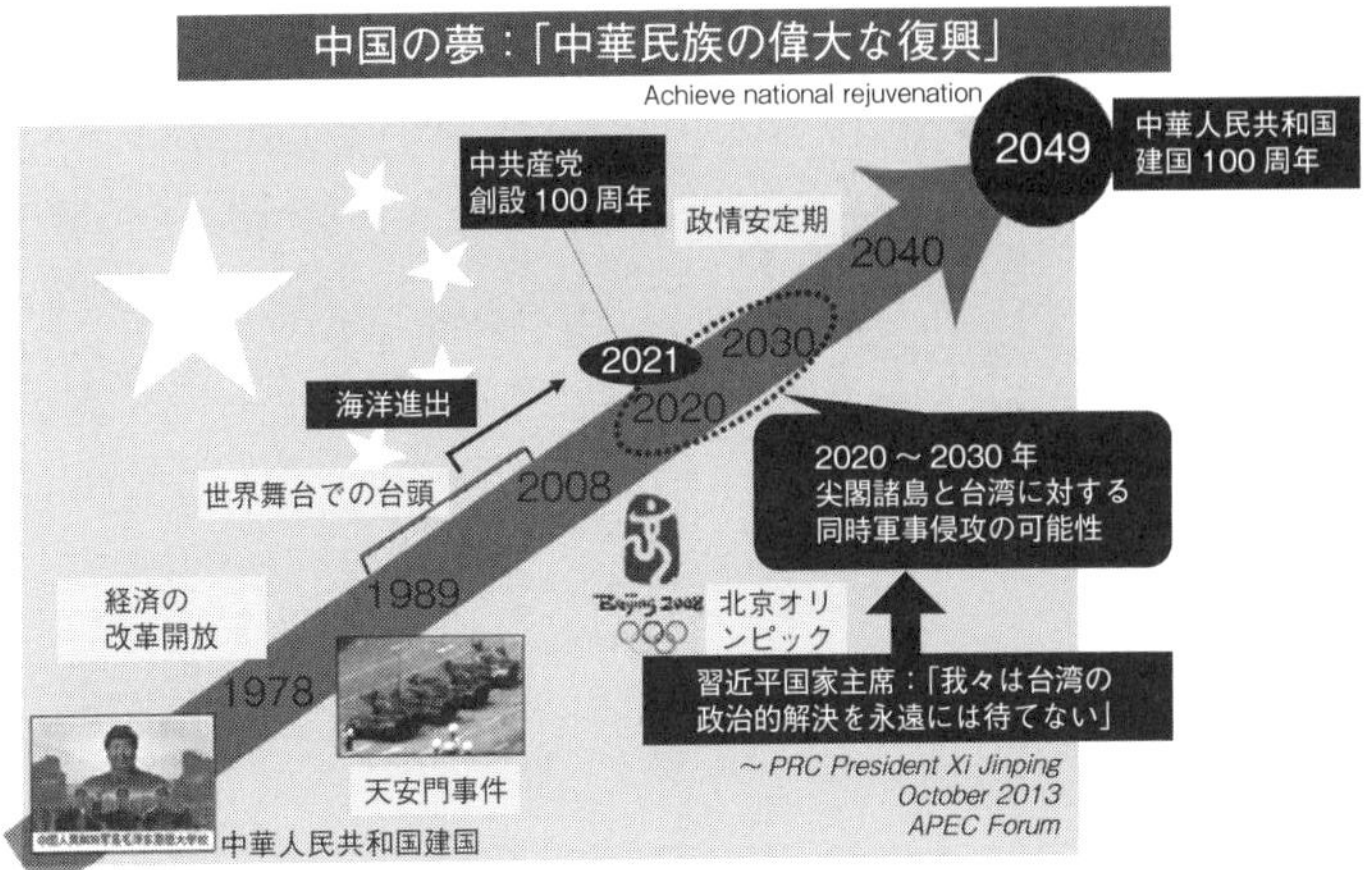

〈出典〉US Project 2049 Institute "White Warships and Little Blue Men" -The Looming "Short, Sharp War" in the East China Sea over the Senkakus -, March 30, 2018 を一部補正

そのことは、同時に、自由、民主主義、人権、法の支配といった普遍的価値を共有し、米国と同盟関係にある日本が、共産党一党独裁の中国と隣接することによる地政学的脅威を直接受けることが不可避であることを意味しています。

中国の国家目標は、習近平国家主席が「中華民族の偉大な復興である中国の夢を実現するため、引き続き努力・奮闘しなければならない」と述べた通り、〈中国の夢〉としての「中華民族の偉大な復興」です。中国共産党創設１００周年にあたる２０２１年を中間目標とし、最終目標は中華人民共和国建国１００周年にあたる２０４９年としてその実現を目指しています。

そこには二つの百年があり、２０２０年の一人当たり国民所得を２０１０年比で倍増させることを目標とし、最初の百年（２０２１年）までに経済力で米国に追いつき、軍事力などを加味した総合国力でも米国に対抗できる実力を養う。そして、二番目の百年（２０４

9年）で米国に代わる世界のリーダーとしての地位を獲得するというものです。マイケル・ピルズベリーが『百年マラソン』と指摘した理由はそこにあります。

トランプ政権でアジア太平洋担当の国防次官補という実務の最高責任者として起用されたのが、シンクタンク「プロジェクト2049研究所」（Project 2049 Institute）を創設したランディ・シュライバー氏（元米海軍士官）です。

プロジェクト2049研究所の「2049」は、中華人民共和国建国100周年を迎える西暦2049年を指しており、21世紀中葉に当たるこの時点を睨みながら、同研究所は、政策決定者がより確実なアジア政策を推進するよう促すことを目的としています。

したがって、同研究所の研究成果が下敷きとなって、トランプ政権の東アジア安全保障・国防政策に反映されるのは間違いないと見られています。

そのプロジェクト2049研究所は、報告書『白い艦隊と小さな青い男たち』（White Warships and Little Blue Men）において、2020年から2030年の間に、中国が尖閣諸島と台湾を同時に軍事侵攻する可能性が高まっていると指摘しています。

この指摘は、取りも直さず日本および日本国民に対する重大な警告であり、その深刻な状況を改めて銘肝すべきでしょう。

このように、わが国を取り巻く安全保障環境が極めて憂慮される情勢にあって、日本の安全保障・防衛は、国際的なパワー・バランスにおける米中間の消長を基本趨勢とする厳しい現実を踏まえれば、わが国自身のＭＤＯという新たな戦い方への取り組みの真剣さとスピードの度合いに大きく左右されることになる、と言っても過言ではないのです。

第1章

ロシアのマルチドメイン作戦

1　いち早くマルチドメイン作戦（MDO）を実戦に取り入れたロシア

1991年末にソ連が崩壊し、国際政治の枠組みとなっていた東西冷戦は終焉を迎えましたが、戦後40年以上にわたる抗争でロシアの国力は極度に低下しました。

しかしロシアは、米国が1991年の湾岸戦争、2003年のイラク戦争などで見せた軍事革命（RMA）の成果としてのデジタル化戦場を黙って見過ごしていた訳ではなく、そこから多くのことを学び、出来ることから取り入れ、実際に使ってきています。

ロシアは、冷戦後の疲弊した経済の中で、米国に伍してRMAの中で生み出したデジタル化兵器とそれらを運用するためのネットワークをすぐには整備することができませんでした。しかし、かつての勢力圏を維持するため、非対称戦としてサイバーなどの新たな要素を取り入れたロシア流の戦い方を着々と整備し、いち早く実行に移しています。

ロシアの最初の動きは、2007年のエストニアへのサイバー攻撃です。1991年にソ連邦から独立したエストニアは、西欧寄りの政策を採りました。これを快く思っていなかったロシアは、エストニア国内でのロシア系住民とエストニアの愛国主義者との間の抗争に乗じて、サイバー攻撃を仕掛けたとみられています。このサイバー攻撃は、国家に対する破壊妨害を目的とした世界初のサイバー攻撃と言われています。

次は、2008年のロシア・グルジア戦争（グルジア紛争、南オセチア紛争）です。この戦争の特徴は、従来の陸海空の戦いにサイバー戦を交えたロシアのグルジア攻撃です。これにより南オセチアのグルジアからの独立、ロシア勢力圏の一部回復に成功しましましたが、日本を含む国際社会からは認められていません。

column

グルジアの呼称について

グルジアは、相撲好きの人なら知っている栃ノ心関の故郷ジョージアのことです。これまで日本政府は、ロシア語由来の「グルジア」を使っていましたが、平成27（201

5）年に法律を改正して英語表記（読み）の「ジョージア」と改めました。本書では、ロシアとジョージアとの戦争当時、日本政府が採用していたグルジアを使用しています。

さらにロシアは、2014年、クリミア半島併合と東部ウクライナへの軍事介入で、様々な形態の戦い方を実践して見せました。

この戦いの大きな特色は、第一に、軍事衝突が起こる以前から、現地のロシア人や親ロシア勢力を組織化した反政府行動とそれを陰で操る「リトル・グリーン・メン」（LGM）と呼ばれるロシアの特殊部隊の工作であり、後に「ハイブリッド戦」と呼ばれた、軍事と非軍事の境界を意図的に曖昧にした現状変更の手法です。この背景には平時からウクライナ国内のロシア系住民などと連携した各種の影響工作があったとみなければなりません。

第二は、従来の軍事行動に先立ち、あるいは同時に行われた大規模なサイバー戦そして電子戦があります。

東部ウクライナにおける軍事衝突後は、明らかにロシア軍の直接介入が認められるのにもかかわらず、ロシアは自らの軍のウクライナ領内への侵攻は認めておらず、いわゆるグレーゾーンの事態を現出させています。

column

「ハイブリッド戦」と「グレーゾーンの事態」

いわゆる「ハイブリッド戦」は、軍事と非軍事の境界を意図的に曖昧にした現状変更の手法であり、このような手法は、相手方に軍事面にとどまらない複雑な対応を強いることになります。例えば、国籍を隠した不明部隊を用いた作戦、サイバー攻撃による通信・重要インフラの妨害、インターネットやメディアを通じた偽情報の流布などによる影響工作を複合的に用いた手法が、「ハイブリッド戦」に該当すると考えています。

いわゆる「グレーゾーンの事態」とは、純然たる平時でも有事でもない幅広い状況を端的に表現したものです。例えば、国家間において、領土、主権、海洋を含む経済権益などについて主張の対立があり、少なくとも一方の当事者が、武力攻撃に当たらない範囲で、実力組織などを用いて、問題に関わる地域において頻繁にプレゼンスを示すことなどにより、現状の変更を試み、自国の主張・要求の受け入れを強要しようとする行為が行われる状況をいいます。

顕在化する国家間の競争の一環として、「ハイブリッド戦」を含む多様な手段により、グレーゾーン事態が長期にわたり継続する傾向にあります。〈出典〉令和元年版『防衛白書』

２０１５年にはじまったロシアのシリア紛争への軍事介入は、１９７９年のソ連軍によるアフガニスタン侵攻以来、36年ぶりの本格的な国外軍事展開となり、その間、ロシアは、湾岸戦争（１９９１年）とコソボ紛争（１９９８年～99年）などで驚異的な威力を発揮した米国の軍事能力を睨みながら開発した各種新型兵器の実験場としてシリアを活用しました。そして、細部は後述しますが、陸、海、空に宇宙空間を加え、さらにサイバー、電磁波領域の戦いを組み合わせた、まさにＭＤＯともいえる戦いを展開したのです。

このように、エストニアでの国家に対する破壊妨害を目的とした世界初のサイバー攻撃に始まったロシアのＭＤＯは、実戦を重ねるにつれてその作戦を電磁波、宇宙の領域へと拡大させてきました。ロシアは、世界に先駆けて、いち早くＭＤＯを実戦に取り入れていると見られており、これから出現する近未来戦におけるＭＤＯの姿を予見させるのに十分な方向性を示しているのです。

そこで本章では、ロシアのエストニアに対するサイバー攻撃、ロシア・グルジア戦争、ウクライナ紛争、そしてシリア紛争への軍事介入の順に、ロシアのＭＤＯの発展過程を追って見ることにします。

2　エストニア（国家）に対する破壊妨害を目的とした初のサイバー攻撃

（1）きっかけはロシア系住民の暴動

2007年4月にエストニアが大規模なサイバー攻撃を受けて、インターネット関係のインフラの一部が麻痺し、政府機関、銀行、物流、オンライン・メディア等が被害を受けました。この攻撃を誰がやったのかは特定されていませんが、1991年のエストニア独立以来の親西欧政策とそれに反発するロシアとの関係に加え、ロシア系住民の暴動と同時に起こったサイバー攻撃のタイミング、その規模、ウェブサイト情報等から見てロシア政府が何らかの形で関与していることは明らかでしょう。

エストニアは、バルト海の東岸を占めるバルト三国（エストニア、ラトビア、リトアニア）の一番北の国です。北はフィンランド、東はロシア、南はラトビアと接し、バルト海を経て北はスウェーデン、西はデンマーク、ポーランド、更にはドイツとも近く、中部欧州と北・西部欧州を繋ぐ要衝にあります。このため14世紀にドイツ騎士団が占領し拓いた都市も多く存在し、エストニアの首都タリンは、ドイツの都市が結んだハンザ同盟に所属する港町として栄えた町です。17世紀に一時スウェーデン領となりますが、北方戦争の結果、1721年にロシア領となりました。その後三国は、ロシア革命勃発にともない、1918年に独立を宣言し、1920年にはソ連と平和条約（タルトゥ条約）を結び国境が画定しました。第2次世界大戦中、一時ドイツに占領されましたが、戦後

「青銅の兵士像」

TUNDMATULE SÕDURILE
НЕИЗВЕСТНОМУ СОЛДАТУ
1941-1945 гг.

＜出典＞RUSSIA BEYOND 日本語版ウェブサイトから抜粋

は再びソ連軍の占領するところとなり、1991年のソ連崩壊までソ連領でした。

ロシア（帝政ロシア、ソ連）の支配下にあった期間が長いため、エストニアの人口約130万人の20％以上がロシア系住民であり、全人口の3分の1近くが住む首都タリンではロシア系住民の比率は更に高いようです。そのタリンの中心部に、1944年のエストニアのナチス・ドイツからの解放を記念して作られた「青銅の兵士像」があり、ロシア系住民はその像の前で、毎年5月9日に対独戦勝記念日のお祝いをしていました。一方、エストニア人にとってこの像は、ロシアによる占領の象徴であり、2007年3月に行われた国政選挙では、銅像の移転を公約に掲げたアンシプ改革党が大勝利しました。これを踏まえて、エストニア政府は、「青銅の兵士像」をタリン郊外の戦没者墓地に移動させることを決定しました。

そうして4月26日に像の移設準備のために周辺にフェンスを設置したところ、ロシア系住民がこれに反発して集合し、数千人規模の暴動に発展し、周辺の施設に対する破壊行為などが行われ、1人の死者、数百人の負傷者、約1300人の逮捕者を出す事態にまで至りました。この事態に対し、ロシアのプーチン大統領が像の撤去を非難し、モスクワにおいては、エストニア大使館前で反対デモが繰り広げられ、駐露エストニア大使が襲撃を受けるという事態まで起きています。

エストニアに対する大規模サイバー攻撃は、このような状況下で発生したものであり、ロシアの関与が疑われるのは当然でしょう。

(2) 国家に対する、破壊妨害を目的とした初めてのサイバー攻撃——その実態

サイバー攻撃は、2007年4月27日の夜遅く、エストニア政府及び民間メディアのウェブサイトに対する攻撃で始まりました。当初は、標的のサーバに対して大量のデータを集中して送信する手法を用いた単純なDoS(Denial of Service:サービス妨害)攻撃でしたが、次第に洗練された手法が用いられるようになります。エストニアの代表的な通信会社のサーバが標的となり、複数のウイルス感染パソコンなどから同時にDDoS(Distributed Denial of Service:分散サービス妨害)攻撃が行われ、インターネット通信が断続的に遮断されました。

ロシアの戦勝記念日である5月9日のモスクワ時間0時から始まり、5月10日にかけて、DDo

S攻撃は最高潮に達し、政府機関を含む58のウェブサイトが同時に中断に追いこまれ、多くの銀行が営業を停止せざるを得ない状況に陥りました。5月18日に攻撃が収まるまでの間、議会、政府各省庁、通信会社、電話、マスメディア、銀行、クレジットカード会社などが標的となり、DDoS攻撃、ウェブサイトの改ざん、通信インフラに対する攻撃、大量の迷惑メールによる通信妨害などが行われたのです。

この約3週間にわたるサイバー攻撃の間、エストニアのコンピューター緊急対応チーム（Computer Emergency Response Team-Estonia, CERTEE）は、国内・国外のサイバーセキュリティ専門家から支援を受けつつ、24時間体制で大規模サイバー攻撃への対策を講じてきました。DDoS攻撃に対しては、通信事業者やセキュリティ企業の協力を受け、政府ネットワークの回線増速とサーバ処理能力の増強、ファイヤーウォールの設置により対応しつつ、攻撃パターンの分析により、通信会社において効果的な設定変更を行い、多くの攻撃を遮断することに成功しました。

このエストニアに対するサイバー攻撃は、タイミング、規模などのほか、ロシア政府からの指示があった等の情報もあり、ロシアによるものであることは明確に推測できます。この点に関し、毎日新聞ウェブサイトの記事（2018年11月22日付）の中で次のように述べています。

エストニアのアンシプ首相はサイバー攻撃がロシアのサーバから来たと非難した。エストニア国防省は、サイバー攻撃手法の指示がロシア語のウェブサイトに出ていたと指摘している。ただし、国防相はその後、「ロシア政府による攻撃だという証拠はありません」とテレビ番組で述べた。

結局、19歳のロシア系エストニア人の学生がタリン市内で逮捕され、アンシプ首相に対する抗議活動として単独でサイバー攻撃を行ったと主張した。08年1月に有罪判決が出て、エストニア改革党のウェブサイトとエストニア政府のシステムを攻撃した罪により1万7500クローン（18万円）の罰金が科せられた。

ただし、この学生が3週間にわたるＤＤｏＳ攻撃を単独で行ったかは疑わしい。サイトに出ていたロシア語の指示を見たさまざまな人々やグループが攻撃に参加したと見られている。

このエストニアに対する一連のサイバー攻撃は、破壊妨害を目的とした史上初のサイバー空間における対国家攻撃と呼ばれています。

（3）サイバー先進国エストニア

エストニアは、１９９１年に独立した当時、国家の基盤となり得る産業がありませんでした。そこでサイバー分野での立国を目指して電子政府を推進するなど、ＩＴ化の進んだ国であったが、セキュリティの分野では必ずしも進んではいませんでした。このためサイバー攻撃の標的として格好の対象となったと考えられています。

2007年のサイバー攻撃を契機に、エストニアは、「NATOサイバー防衛センター」（Cooperative Cyber Defence Centre of Excellence, CCDCOE）を首都タリンに誘致し、サイバーセキュリティに積極的に取り組むようになりました。

2012年にCCDCOEから出されたサイバー戦に関する国際法についての重要な研究文書「サイバー戦に適用される国際法に関するタリン・マニュアル」は、そのタイトルに「タリン」が冠されていることからも、エストニアがNATOのサイバーセキュリティへの取り組みの象徴的存在であると言ってよいでしょう。

なお、日本は、NATO諸国の防衛当局との間でサイバー協議などを実施するとともに、CCDCOEが主催する「サイバー紛争に関する国際会議」（CyCon）への参加、サイバー防衛演習（Locked Shields）へのオブザーバー参加のほか、2019年3月より、防衛省から同センターに職員を派遣し、NATOとのサイバー分野での協力関係を発展させています。

3　ロシア・グルジア戦争における通常戦と連携したロシアのサイバー攻撃

（1）ロシア・グルジア戦争に至る背景

グルジア紛争あるいは南オセチア紛争とも呼ばれるロシア・グルジア戦争の火種となった南オセ

チアは、イラン系民族でキリスト教徒のオセット人が多数住んでいる地域で、旧ソ連時代、スターリンの巧妙かつ冷酷な民族分割政策によって、オセット人たちは南北2地域に分けられ、北はロシア共和国、南はグルジア共和国の行政管轄下に属することになりました。

当時は、両共和国ともソ連邦の一部だったので、この分断はそれ程深刻な意味を持ちませんでしたが、1991年末にソ連邦が崩壊・解体されたことにより、北オセチアは北オセチア共和国としてロシアを構成する連邦構成主体の一つとなる一方、南オセチアはグルジアの自治州となり、別個の二つの国家に引き裂かれました。

以来、南オセチアは、グルジアからの分離を求めて武力闘争を続け、1992年に国家独立法を採択しましたが、世界のどの国家や国際機関からも公式の承認を得ることができなかったために、「未承認国家」の地位に止まっていました。

その後、停戦合意（ソチ合意）が行われ、この合意に基づき、南オセチアに、ロシア、グルジア及びオセチアの合同平和維持部隊が展開されました。

（2）ロシア・グルジア戦争の概要

2008年8月に勃発したロシア・グルジア戦争は、親欧米路線をとるグルジアがロシア寄りの政策をとる南オセチアおよびアブハジアによる分離独立を求める動きの活発化を危惧し、自国領土保全のためにその動きを軍事力で抑えようとして、南オセチアに展開していたロシア軍を中心とす

ロシア・グルジア戦争（関係地図）

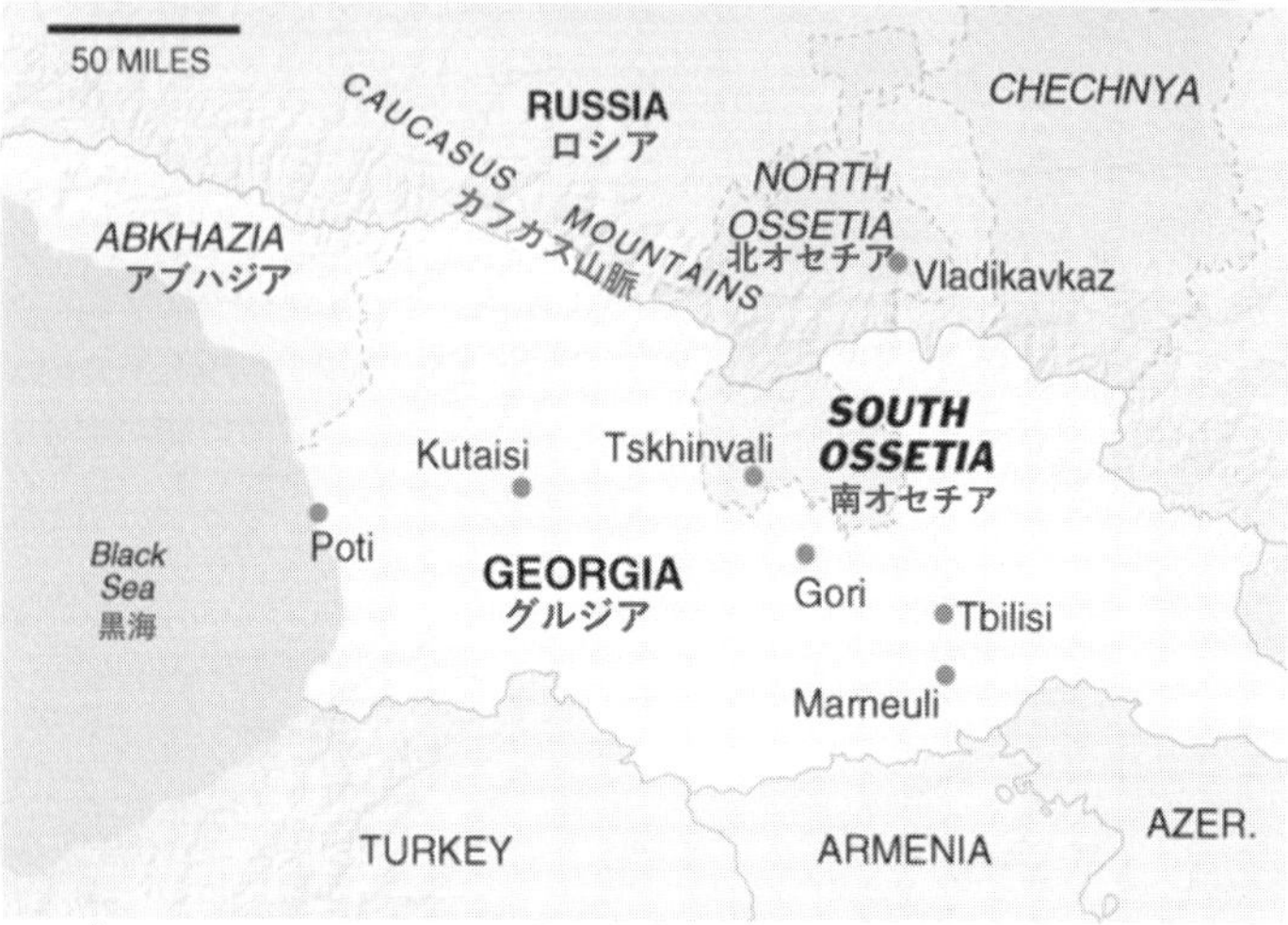

＜出典＞**"Georgia and Russia Nearing All-Out War", freerepublic.com**を筆者一部補正

る合同平和維持部隊と衝突したことにより始まりました。そして、ロシアが南オセチアに部隊を増援し大規模な軍事介入を行ったため、本格的な軍事衝突に発展したのです。

武力衝突自体は、当時の欧州連合（ＥＵ）議長国であったフランスなどの和平仲介努力もあり、５日間で収束しました。そのため、「５日間戦争」とも呼ばれています。

しかし、同年8月26日にロシアが南オセチアとアブハジアのグルジアからの独立を一方的に承認したことなどもあり、グルジアの領土保全の原則に基づく平和的解決を主張する欧米とロシアとの関係が悪化しました。

南オセチアは、かねてよりグルジアからの独立を求めてきており、１９８９年には独立を認めないグルジアとの間で紛争が発生していました。また、２００４年の大統領就任以来、グルジアの再統合を標榜するサアカシヴィリ大統領は、国内の独立運動を抑圧するとともに、グルジアのＮＡＴＯ加盟を目指して親欧米政策を進めてきたため、独立国家共同体（ＣＩＳ）各国を外交の最優先地域と位置づけ、欧米に対して強硬姿勢をとるロシアとは緊張関係にありました。

ロシア・グルジア戦争後、ロシアは、２００９年４月に、南オセチアおよびアブハジアとの間で国境警備協定を結んだほか、２０１０年２月に、アブハジアとの間でアブハジア領内にロシア軍基地を設置する協定に署名するなど、南オセチアおよびアブハジアとの間で軍事的協力関係を強化する動きをみせました。

ロシアによる南オセチアとアブハジアの独立承認が、ロシア領内のチェチェン共和国やアゼルバイジャン内のナゴルノ・カラバフ、モルドバ内の沿ドニエストルといったＣＩＳ域内の分離独立を求める動きにどのような影響を与えるかも注目された事態でした。

column

独立国家共同体（CIS）とは

独立国家共同体（Commonwealth of Independent States, CIS）は、旧ソ連邦から独立した国々の共同体で、加盟国は、ロシア、ウクライナ、ベラルーシ、ウズベキスタン、カザフスタン、キルギス、タジキスタン、トルクメニスタン、アルメニア、アゼルバイジャン、モルドバ、グルジア（ジョージア）の合計12か国。

ロシアは、ＣＩＳに加盟する旧ソ連邦の諸国を、伝統的な友好善隣関係や歴史的なつながりによって結ばれた特別な国々とみなして積極的な外交を展開しており、ロシア外交の最優先地域として位置付けている。

〈出典〉外務省ＨＰ「ロシア連邦基礎データ」を基に、筆者作成

（３）ロシア・グルジア戦争におけるロシアのサイバー攻撃

２００８年8月にグルジア紛争が勃発した際、グルジアの大統領府、国防省、メディア、銀行などのウェブサイトが大規模なサイバー攻撃を受け、ウェブサイトの閲覧が困難になったり、改ざんが行われたりしました。

これらのサイバー攻撃は、グルジア軍の活動には直接重大な影響を及ぼすことはなかったとされていますが、紛争についてのグルジア政府の公式見解を示したウェブサイトを閲覧できなくなったほか、政府の機能の一部が阻害されたと見られています。

なお、２０１２年10月にグルジア法務省は、このサイバー攻撃を行った組織を追跡するためにわざとウイルスを窃取させ、そのウイルスを使った攻撃がドイツとロシアのハッカーグループ（Russian Business Network, RBN）のハッカーによるものであることを、実際に攻撃者のパソコンのカメラを使って確認しました。また、この攻撃で使われた通信環境が、ロシア連邦保安庁（ＦＳＢ）の本

部があるルビャンカ広場に関係していたことが分かっています。

この戦いの特徴は、従来の陸海空の戦いにサイバー戦を交えてロシアがグルジアを攻撃した点にあり、通常戦と連携してサイバー攻撃を行った歴史的に前例のない新たな戦争の形態として世界の関心と警戒心を高めました。

特に欧米とロシアとの関係に与えた影響は大きく、それまでは、テロとの闘いにおける協力などを通じて、さまざまな分野において進展を見せていましたが、本戦争を契機として、欧米はロシアの軍事行動や内政の動向に、一方ロシアはＮＡＴＯの東方拡大などの対外政策に、それぞれ懸念を表明するようになりました。

２００９年２月に米国務省が公表した「２００８年の人権状況に関する年次報告書」では、「昨年８月、ロシアは、不釣り合いに大規模な兵力を使用し、グルジアの国際的に認められた国境を越えて、軍事的侵攻を行った。グルジア部隊およびロシア部隊による軍事作戦には、無差別の武力行使が含まれ、多数のジャーナリストを含む民間人死傷者が出た」と記述しています。

また、米国国家情報長官（ＤＮＩ）の「年次脅威評価」報告書（２００９年２月）では、ロシアと中国を含む多くの国々が米国の情報インフラをサイバー攻撃によって混乱させる能力を有していると指摘し、サイバー攻撃の脅威が安全保障上の重要な課題の一つとなって浮上しているとの新たな認識を示したことが特筆されます。

このように、南オセチアを巡るグルジアとロシアの軍事衝突は、ポスト冷戦期において欧米とロ

グルジア法務省によるサイバー攻撃を行った組織の追跡

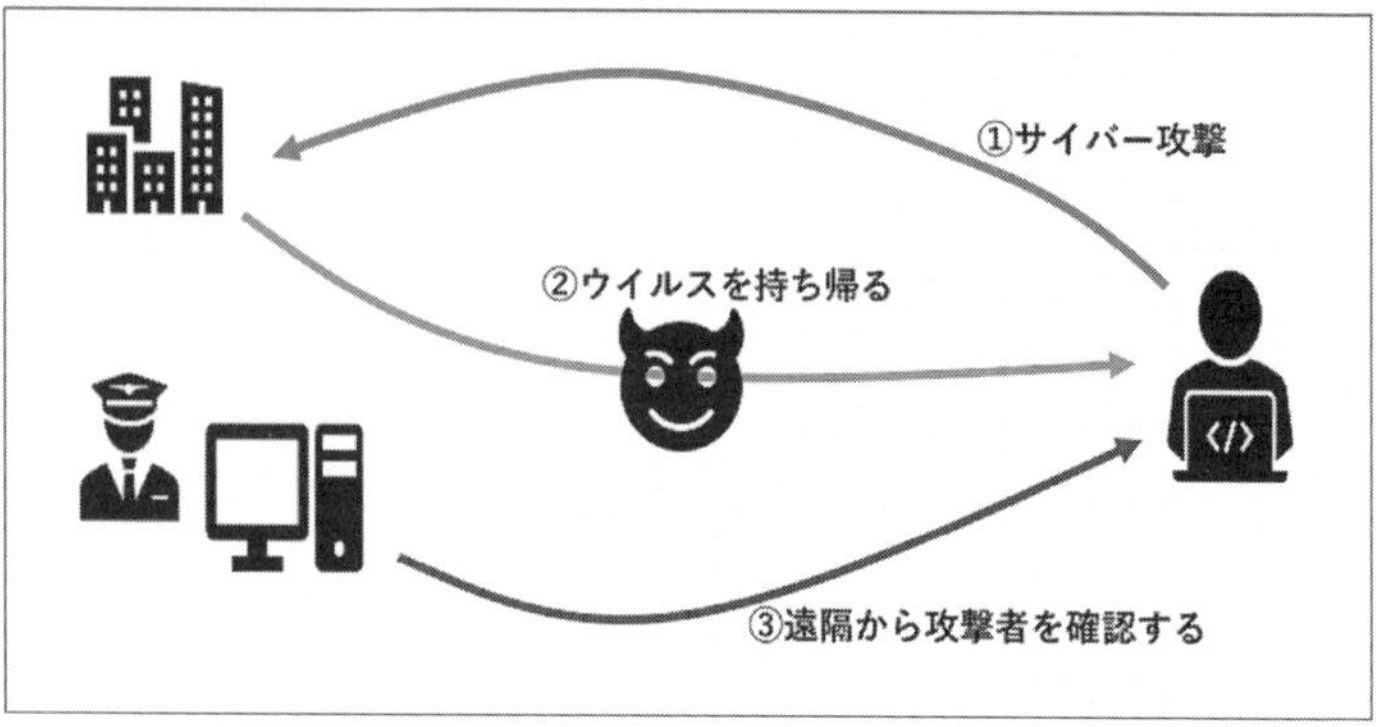

＜出典＞筆者作成

ロシアのグルジア政府に対するサイバー・スパイ活動 —攻撃通信基盤の住所と地図—

＜出典＞ CYBER ESPIONAGE Against Georgian Government, Ministry of Justice of Georgia, CERT.GOV.GE
https://dea.gov.ge/uploads/CERT%20DOCS/Cyber%20Espionage.pdf

シアとの関係を悪化させる転換点となり、また、軍事的には従来の陸、海、空域の作戦と連携したサイバー戦の脅威を際立たせることになったのです。

4 ウクライナ紛争 ――ロシアのクリミア半島併合と東部ウクライナへの軍事介入

(1) ウクライナ紛争の背景

ア 地理的・歴史的背景

ウクライナには、民族的にウクライナ人が77・8%、ロシア人が17・3%、ベラルーシ人が0・6%、その他にモルドバ人、クリミア人、タタール人、ユダヤ人が居住し、宗教はウクライナ正教、東方カトリック教、その他にローマカトリック教、イスラム教、ユダヤ教等がありますが、各民族の構成等は地域により大きく異なります。

ロシアが併合したクリミアの人口の過半数はロシア人であり、また、独立を宣言した東部ウクライナのドネツク州およびルガンスク州の人口に占めるロシア人の比率は3分の1を超えています。このため、ウクライナの西部と東南部との間には、政治的志向や民族・宗教の違い、経済格差などがあり、国内外の対立を招く要因となっています。

ウクライナの地域別人口・民族構成

（注）円の大きさは人口規模、パイの色分けは、だいだい色がウクライナ人、赤がロシア人、水色がその他民族をあらわしている。地図の色分けは2012年議会選挙における多数派政党をあらわしている。地域名の日本語表記はロシア東欧貿易調査月報2006年4月号による。
（資料）The Economist Mar 1st 2014
<出典>「社会実情データ図録」(https://honkawa2.sakura.ne.jp/8990.html)

第1次世界大戦後の体制を決定したパリ講和会議などにより、ウクライナは、西部及び南西部の一部を、ポーランド、ルーマニア、チェコスロバキアに分割され、ウクライナの大部分を掌握下に収めたソ連との4か国での分割統治となっていました。以降、ウクライナの主要部分は、1991年までソ連邦を構成する共和国として、黒海北岸の肥沃な土地を利用した穀倉地帯ならびに南西部の鉱業資源とそれを利用した工業生産物の供給地としての役割を果たしてきました。

第2次世界大戦後、ソ連のフルシチョフ首相は、「ロシアのウクライナの兄弟愛と信頼」に基づき、1954年、それまでロシア領の一部であったクリミア半島を連邦構成国のウクライナ共和国に移管しました。それは、ウクライナを懐柔するとともに、ウクライナのロシア人比率を高める狙いがあったと言われています。

その後、１９８６年にチェルノブイリ原子力発電所の爆発事故を経験したウクライナ共和国は、ソ連解体に先立つ１９９０年7月16日にウクライナ最高議会で主権宣言を行いました。さらに、１９９１年8月24日には国名をウクライナに改め、独立を宣言しました。その後12月1日に完全独立の是非を問う国民投票と初代大統領選挙とが行われ、90％以上が独立に賛成しましたが、最もロシア系住民の比率が大きいクリミアでは、54％の賛成でようやく過半数になったに過ぎませんでした。

イ　冷戦後の動き

冷戦終結以降、欧州の多くの国では、国家による大規模な侵略の脅威は消滅したと認識される一方で、欧州域内やその周辺における地域紛争の発生、国際テロリズムの台頭、大量破壊兵器の拡散、サイバー空間における脅威の増大といった多様な安全保障課題が懸念されてきました。

また、欧州では、北大西洋条約機構（North Atlantic Treaty Organization, NATO）や欧州連合（European Union, EU）といった多国間の枠組みを更に強化・拡大する、いわゆるＮＡＴＯの東方拡大が進みました。かつてソ連邦の衛星国であったチェコ、ハンガリー、ポーランドが１９９９年3月に、エストニア、スロバキア、スロベニア、ブルガリア、ラトビア、リトアニア、ルーマニアが２００４年3月にそれぞれＮＡＴＯに加盟しました（その後、２００９年4月にアルバニアとクロアチアが、２０１７年6月にモンテネグロがそれぞれ加盟しました）。

NATO・EU加盟国の拡大状況

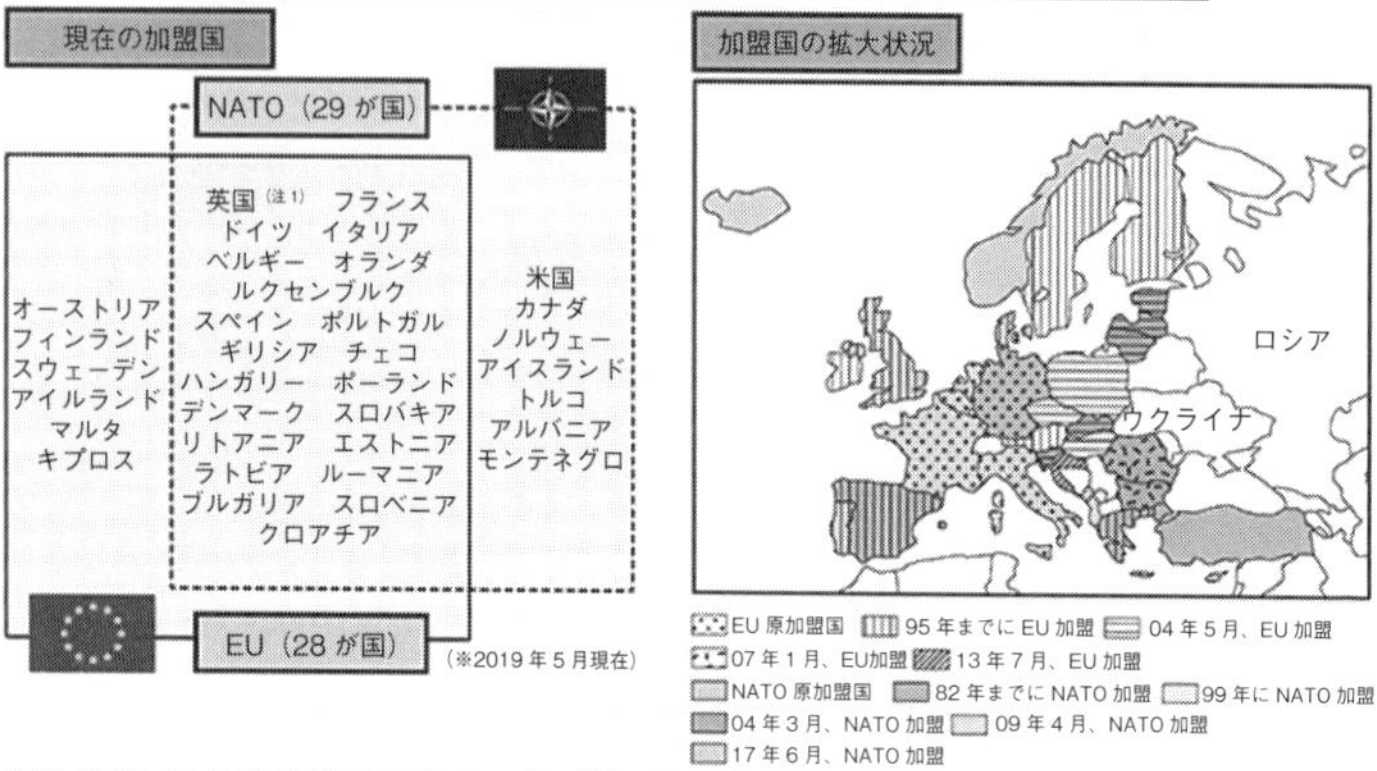

（注1）英国は、17（平成29）年3月29日、EUに対し、離脱の意思を正式に通知。
（注2）2019年中に北マケドニア共和国のEUへの加盟交渉が開始する見通し。
（注3）2019年2月、NATOと北マケドニア共和国は、同国のNATO加盟を正式承認する議定書に署名、2019年中に正式加盟する見通し。
＜出典＞令和元年版『防衛白書』

ウクライナでは、2004年11月に、それまで欧米重視の外交を展開してきた第2代クチマ大統領の任期満了に伴う大統領選挙が行われ、親ロシア派のヴィクトル・ヤヌコーヴィチの勝利が発表されました。しかし、不正選挙の疑いで大規模な市民の抗議行動が湧き起こり、12月26日に再選挙が行われ、親EU派のヴィクトル・ユシチェンコが第3代大統領となりました。この政変劇は「オレンジ革命」と呼ばれましたが、ユシチェンコ政権は、発足直後からの内部対立、西側との関係強化の停滞、ロシアとの間での天然ガス価格をめぐる対立等により、国民の支持を急速に失いました。

その結果、2010年1月17日に行われた大統領選挙により、2004年の大統領選挙で敗北した親露派のヤヌコーヴィチが第4代大統領に就任します。ヤヌコーヴィチは、各州の人口の1割以上を占める少数派の言語も公的な場所での使用を認める「国家言語基本法」を制定しました。これにより、ロシア系住民の多いクリミア自治共和国や東部のルガンスク州、ドネツク州などではヤヌコーヴィチの人気が高まる一方、ウクライナ人の民族主義者などからの強い反発を招きました。さらにヤヌコーヴィッチは、ロシアからの圧力もあり、２０１３年11月に予定されていたＥＵとの連合協定（ＡＡ）の交渉プロセスの停止を決定し、それまでの政権が維持してきた欧米寄りの政策を、大きくロシア寄りに変更しました。

それが発端となり、欧州統合支持者や政権の汚職に反対する市民による大規模反政府デモが発生しました。特に２０１４年２月18日から20日にかけては１００名以上の死者を出す大規模衝突に発展し、ヤヌコーヴィチ大統領はロシアへ亡命し、それを受けて、親欧米派のヤツェニューク首相による新政権が発足することになりました。

一方、ウクライナは、ソ連崩壊後もロシアの大陸間弾道ミサイル（ＩＣＢＭ）の整備などに協力してきた経緯があり、両国関係の悪化を受けたウクライナからの技術支援の停止により、ウクライナへの依存度が高いロシアの装備に関しては、その運用に支障が出る可能性が指摘されていました。

このような情勢の下、ロシアは、ＮＡＴＯの軍事インフラのロシア国境への接近や隣国でのロシアの利益を脅かす政策を行う政権の成立、国外勢力によるロシア国内における民族的・社会的・宗教的対立への扇動などについて懸念や恐れをいだくようになり、新たな軍事的脅威とみて警戒を強めようになりました。

そして、ウクライナのロシア離れを契機に、２０１４年３月、クリミア自治共和国において、

「共和国政府」による違法な「住民投票」を実施し、いわゆる「ハイブリッド戦」を展開してロシアはクリミアを「併合」しました。同時に、東部ウクライナでも情勢が不安定化し、親ロシアの分離派武装勢力等が地方行政府各施設を占拠したことを受け、ウクライナ政府軍と分離派武装勢力の戦闘が開始されました。

このようにして、クリミア半島の併合と東部ウクライナ紛争へと発展していくことになりました。

(2) ロシアのウクライナ侵攻

ア　ロシアのウクライナ侵攻の概要

ロシアによるウクライナへの侵攻は、クリミア半島併合及び東部ウクライナへの軍事介入と呼ばれ、クリミア半島のロシアへの併合(編入)ならびに東部ウクライナのロシア系住民の多いドネツク州およびルハンスク州のウクライナからの分離独立をめぐる戦いとなり、ロシアが直接的な軍事介入によって全面的支援を行っていると見られていました。

ウクライナの親欧米派勢力の政権掌握に危機感を持ったロシアのプーチン大統領は、2014年2月にウクライナとの国境を含む西部軍管区などで陸海空軍が参加する軍事演習を命じました。その後、インターファックス通信は、ロシア国防省の話として、ロシア西部の国境沿いの戦闘機が戦闘警戒態勢に入り、国境地域では戦闘機が絶えず空中哨戒を行っていることを伝えていました。

こうした中で、ロシア軍のクリミア半島への侵攻が始まり、東部ウクライナ地域でのウクライナ政府軍と親ロシア派武装勢力や反政府組織、ロシア連邦軍との対立や軍事衝突に発展していくことになります。

これらの戦いは、いずれもウクライナ国内における親欧米派勢力と親ロシア派勢力の対立から生じた混乱に乗じて、ロシアがウクライナに侵攻した一連の事案であり、現在も紛争は継続しています。

（ア）クリミア半島のロシアへの併合（編入）

クリミア半島では、２０１４年2月の政変により、ヤヌコーヴィチ政権が崩壊し、野党主導の暫定政権が発足すると同時に、ウクライナ南部のクリミア自治共和国では、ロシア軍とみられる武装勢力（リトル・グリーン・メン、67頁参照）が、地方政府庁舎と議会の建物を占拠するとともに、空港やウクライナ本土に通じる幹線道路、主要なウクライナ軍の施設などを制圧しました。クリミア自治共和国を事実上の支配下に置いたロシアは同年3月、ロシアへの「編入」の賛否を問う、同共和国における「住民投票」を敢行し、その結果を受けてクリミアを「編入」したのです。

このように、ロシアは、国籍を隠した不明部隊を用いた作戦に加え、通信・重要インフラへのサイバー攻撃、インターネットやメディアを通じた偽情報の流布などによる影響工作などを組み合わせた作戦を遂行することで、軍事と非軍事の境界を意図的に曖昧にした現状変更の手法、いわゆる「ハイブリッド戦」を採っており、相手方に軍事面に止まらない複雑な対応を強いるようになっています。

（イ）東部ウクライナへのロシアの軍事介入

一方、クリミア半島のロシアへの編入とほぼ同時並行的に、２０１４年4月には、ウクライナ東部や南部において、ロシア系住民とみられる分離派武装勢力などによるウクライナ暫定政権への抗議活動や攻撃が活発化し、地方政府庁舎などの建物が占拠されました。これに対し、ウクライナ暫定政権は、このような事態にロシアが関与しているとして非難するとともに、軍などを投入して占拠している勢力の排除を試みました。しかし、事態の解決には至らず、同年5月には、ウクライナ東部のドネツクおよびルハンスク州の一部において、分離派武装勢力の管理下で自治権拡大の賛否を問う「住民投票」が行われる事態になりました。

その後も、同地域においては、ウクライナ軍と分離派勢力との間で散発的な戦闘が続いており、２０１４年4月以降、死亡者が1万人を超えたとされています。

ロシアによる違法なクリミア「併合」後、不安定化したウクライナ東部に関する停戦合意（ミンスク合意）が２０１４年9月に結ばれましたが、それに定められた分離派支配地域における地方選挙の実施や自治権拡大などの政治プロセスも滞っており、クリミア「併合」や不安定化したウクライナ東部の状況は固定化の様相を呈しています。

イ 「ハイブリッド戦」を駆使したクリミア半島のロシア編入

（ア）リトル・グリーン・メン（ＬＧＭ）の登場

ヤヌコーヴィチ政権が崩壊し西寄りの暫定政権になると、ロシア系住民が多く住むクリミア半島や東南部各州では、反ウクライナ暴動が活発となり、治安が悪化していきました。この事態に乗じて登場したのが、リトル・グリーン・メン（ＬＧＭ）と呼ばれる武装集団です。

この得体のしれない武装集団に関しては、親露派住民の武装集団、ロシア軍、ロシア軍の支援を受けた武装集団など、様々な憶測がありましたが、プーチン大統領は、最終的にロシア軍の特殊部隊であることを認め、イゴール・カサトノフ退役提督も、ロシアのスペツナズ（Spetsnaz、ロシア語で特殊部隊）のメンバーであることを明らかにしました。ウクライナ紛争は、結局、ウクライナ政府軍とＬＧＭの間で繰り返された武力紛争の側面が強い戦いであったといっても過言ではないでしょう。

（イ）クリミア危機の発生とロシアによるクリミア半島併合

ＬＧＭは、２０１４年2月、クリミアのウクライナ政府庁舎と議会を占領し、続いて首都のシンフェロポリの空港を占拠しました。ＬＧＭが占拠中のクリミア議会は、ウクライナの暫定政権を承認したモギリョフ自治共和国首相を解任し、親露派のアクショーノフを新首相に任命しました。

クリミア議会は、3月に独立を宣言するとともにロシア編入の宣言を行いました。このときの住

ロシアの特殊部隊：リトル・グリーン・メン（LGM）

LGMの装備は、新型EMRカモフラージュユニフォームに、新型の6Sh112又は6Sh117戦闘ベストを着用し、新型の6B27、6B7-1Mヘルメットをかぶり、新型7.62mmPKPマシンガンを所持している。

＜出典＞ Photo : REUTERS, "Little green men" or "Russian invaders"?, BBC NEWS JAPAN,11 March 2014

民投票は、ほぼ満票とされていますが、投票率が不正にかさ上げされておりクリミア・タタール人の大部分は投票をボイコットしたとの見方もあります。選挙後に開かれたクリミア議会による自治共和国首相の解任や任命は、自治共和国憲法で規定されていますが、ウクライナ大統領の同意を得ていないことや、首相解任や新首相選出はLGMが議会を封鎖したなか、非公開で行われ、かつ、出席議員数が定数の半数以下であったとして批判があり、その正当性に問題があると指摘されています。

これに対しロシアを除くG8諸国は、オランダのハーグで緊急首脳会談を開催し、ロシアに対し経済制裁の強化とG8の枠組みからのロシア除外を決定しました。国連総会は、同年4月、ロシアによるクリミア編入は無効である旨の決議を採択しました。

一方ロシアは、西側諸国の非難や制裁決議をよそに、3月にはクリミアとセヴァストポリ特別市をロシア領に編入する条約を結び、プーチン大統領が編入を宣言して、ロシア軍が事実上クリミア半島を占領し、クリミアのウクライナ海軍基地等も支配下に置きました。
それ以降、クリミア半島はロシアの実効支配下にあり、「ケルチ海峡でのウクライナ艦船の拿捕」など、クリミア編入を認めないウクライナとの対立が続いています。

（ウ）ロシアの「ハイブリッド戦」

ロシアは、MDOあるいはハイブリッド戦という言葉を使用していません。しかし、2009年5月にメドベージェフ大統領が承認した「2020年までのロシア連邦国家安全保障戦略」では、国家の主権と国益擁護のためには、政治的、法的、対外経済的、軍事的その他の手段を行使するとし、ハイブリッド戦を想起させるものとなっています。

また、2014年にプーチン大統領が承認した「ロシア連邦軍事ドクトリン」では、政治的、外交的、法的、経済的、情報その他の非攻撃的性格の手段を使用する可能性が尽きた場合のみ、自国及びその同盟国の利益のために軍事的手段を行使するとの原則を固守するとし、最終手段としての軍事とその他の手段との連続性を示唆しています。また、同ドクトリンでは、「現代の軍事紛争の特徴及び特質」と題して次のような項目を挙げ、ハイブリッドという言葉こそ使っていませんが、ハイブリッドな戦い方が現代戦の特色であることを強調しています。

①（敵国）国民の抗議ポテンシャル及び特殊作戦軍の広範な活用を含む、軍事力、政治的・経

済的・情報その他の非軍事的性格の手段の複合的な使用
②兵器及び軍用装備の大量使用、精密誘導型極超音速兵器、電子戦兵器、核兵器に匹敵する効果を持つ新たな物理的原理に基づく兵器、情報・指揮システム、並びに無人航空機及び自動化海洋装置、ロボット化された兵器及び軍用装備
③グローバルな情報空間、航空・宇宙空間、地上及び海洋において敵領域の全縦深で同時に圧力を加えること
④選択的アプローチを行うこと及び施設に大きなダメージを与えること、部隊（軍）の迅速な機動及び異なる機動グループ化した部隊（軍）の運用
⑤軍事作戦の実施に必要な準備期間の短縮
⑥指揮統制の厳格な垂直システムへの移行の結果生じる部隊（軍）及び兵器の指揮統制の集権化と自動化の強化
⑦相手の領域内において常時軍事作戦が行われる地域の設定
⑧非正規軍事組織及び民間軍事会社の軍事作戦への参加
⑨間接的及び非対称的な手段の利用
⑩政治勢力、公益団体に対する外部からの財政支援及び指導
（The Embassy of the Russian Federation to the United Kingdom of Great Britain and Northern Ireland Diplomacy Online（https://www.rusemb.org.uk/press/2029（as of 10 November 2019）、筆者訳）

この2014年の軍事ドクトリンは、前年にロシアのゲラシモフ参謀総長が発表した「予測における科学の価値（The Value of Science Is in the Foresight）」という論文（ゲラシモフ論文）の考え方を踏まえて作成されたとみられています。その論文の中でゲラシモフは、「21世紀には近代的な戦争のモデルが通用しなくなり、戦争は平時とも有事ともつかない状態で進む。戦争の手段としては、軍事的手段だけでなく非軍事的手段の役割が増加しており、政治・経済・情報・人道上の措置によって敵国住民の『抗議ポテンシャル』を活性化することが行われる」と述べています。

欧米諸国などは、ロシアによるウクライナへの直接的な軍事介入の存在を明確に指摘しつつ、今般のロシアによる直接的または間接的介入を、破壊工作、情報操作など多様な非軍事手段や秘密裏に用いられる軍事的手段を組み合わせた、外形上「武力攻撃」と明確には認定しがたい方法で侵害行為を行う、いわゆる「ハイブリッド戦」であったと非難しました。そして、ウクライナの主権および領土の一体性、ならびに、国連憲章などの国際法に反するものと指弾し、厳しい制裁措置をロシアに対し発動しました。国際社会は、ロシアによるクリミアの「編入」を承認していませんが、このような強い非難や制裁措置によっても、ロシアによる力を背景とした現状変更の試みを阻止することはできず、いわゆる「ハイブリッド戦」への対応が国際社会の大きな課題として強調されるようになっています。

ウ　サイバー戦などを絡めたロシア軍の東部ウクライナ侵攻

（ア）ロシア軍の東部ウクライナ侵攻と関係国の動き

一方、２０１４年4月には、ウクライナ東部や南部において、ロシア系住民とみられる分離派武装勢力などによるウクライナ暫定政権への抗議活動や攻撃が活発化し、地方政府庁舎などの建物が占拠されました。これに対し、ウクライナ暫定政権は、このような事態にロシアが関与していると非難するとともに、軍などを投入して占拠している勢力の排除を試みましたが事態の解決には至らず、同年5月には、ウクライナ東部のドネツクおよびルハンスク州の一部において、分離派武装勢力の管理下で自治権拡大の賛否を問う「住民投票」が行われる事態になりました。この選挙では、９割前後の住民が賛成票を投じたとされていますが、多くの不正行為が目撃されたと伝えられています。

ウクライナにおける大統領選挙を経て、同年6月に就任したポロシェンコ大統領は、分離派武装勢力との一時的停戦を発表し、平和計画を公表しましたが、分離派武装勢力との交渉が整わず、ウクライナ軍は同年7月、分離派武装勢力に対する掃討作戦を再開しました。

これを受けて分離派武装勢力は、ウクライナ軍の攻勢による支配地域の分断・縮小など、危機的状況に陥りましたが、同年8月以降、ロシアによる直接的な介入と見られる各種支援などを受け、失地を回復し、引き続きウクライナ軍と対峙できる勢力基盤を獲得したのです。

その際、ロシアは、分離派武装勢力に特殊部隊を一体化させて展開するとともに、メディアを利用した宣伝戦を繰り広げながら、コサックなどの法的地位が曖昧な民兵勢力などを逐次投入し、最終的には正規軍を侵入させたとみられています。

２０１４年8月以降、ロシアの人道支援物資を搭載したトラックのウクライナ領内への侵入のほか、ロシア軍とみられる空挺部隊やT－72戦車、自走砲などの部隊のウクライナ領内における活動が伝えられる一方、ロシアは、ウクライナにロシア軍は存在しないとの立場を貫いてきました。

同年9月には、プーチン大統領の働きかけもあり、ウクライナ政府は分離派武装勢力との間で停戦に合意し、和平実現に向けた文書に調印しました。

合意文書は、双方による武器の使用を即時停止し、武器の使用停止を欧州安全保障協力機構（Organization for Security and Co-operation in Europe, OSCE）が監視すること、ウクライナとロシアの間に安全地帯を設置し、ＯＳＣＥが監視することなどの12項目から構成されています。

しかし、その後も停戦ラインなどが定まらず、小規模な衝突が継続し、２０１５年に入り、再びウクライナ軍と分離派武装勢力の間で戦闘が激化したことを受けて、同年2月にドイツ、フランス、ロシアおよびウクライナの首脳が会談し、停戦して、重火器を撤去し、幅50～１４０キロメートルの安全地帯の設置と、ＯＳＣＥによる停戦監視を含む13項目について合意しました。

ＮＡＴＯは、これまでのロシアの一連の不法行動を国際社会に訴えるため、２０１４年8月にウクライナ領内で軍事作戦に従事するロシア軍の戦闘部隊の様子を示すとされる衛星画像を公表しました。また、同年8月にラスムセンＮＡＴＯ事務総長とブリードラブ作戦連合軍最高司令官が連名で、ロシアはウクライナから部隊を撤退させ、ハイブリッド戦を中止するとともに、危機の政治的解決を見出すべく、国際社会およびウクライナ政府と連携すべきである旨の記事をＮＡＴＯ作戦連合軍ホームページに掲載しました。

そして、欧米諸国は、ロシア政府高官の資産凍結や自国への渡航禁止などの制裁を実施しており、ウクライナ危機の推移にともない、段階的に制裁対象の人物・組織などを追加しています。

（イ）ロシア軍の東部ウクライナへの軍事介入

ウクライナ外務省が公表した『ウクライナに対するロシアの武力侵攻について、10の知っておくべき事実』（２０１８年1月15日）には、次のように記述されています。

ロシアは、ドンバスに配備したロシアの通常部隊や違法な武装組織を増強するため、非管理の国境地帯を通じて占領した地域へ武器、弾薬、燃料を供給し続けている。

ＯＳＣＥ特別監視ミッションは、ロシア軍のみが採用している武器や軍用機材がドンバスに存在する事実を繰り返し報告した。ドンバスの特別監視団は、重火器システム「Buratino」、通信妨害システムＰ－３３０「Zhitel」、無人偵察機「Orlan-10」、携帯型ロケットランシャーシステム「Grad-P」などを発見した。

ウクライナとロシア国境の非管理地帯を通じ、ロシアの正規軍と傭兵がロシアからドンバスに侵入し続けている。ロシアの傭兵は、2014年9月24日付国連安保理決議2178（2014年）が定義する「外国人テロ戦闘員」に該当する。彼らは1または2の軍団（ロシアの将校や将軍の指揮系統下）の形成に大きな割合を占めている。ドンバスでのロシア正規軍の数は3600から4200人である。

ロシアとその代理人たちは、ミンスク合意に違反する形で、OSCE特別監視団の非管理国境地帯へのアクセスを妨げ続けている。監視団の訪問は、ロシア代理人の立ち会いのもとで行われる散発的かつ短時間のものとなっている。

ロシアは、ドンバスに隣接し、ウクライナの管理が及ばない国境に続く2つのロシアの国境交差点「グコヴォ」と「ドネツク」に配置されているOSCE監視団の任務拡大を阻止する唯一のOSCE加盟国である。

ロシアは、2014年9月5日付ミンスク議定書第4項に定めた、国境地域における安全保障区域の設置およびOSCEによる恒久的な国境監視および国境審査実施を保証する義務を履行していない。

……

武力侵攻はロシアがウクライナに仕掛けるハイブリッド戦争の一要素に過ぎず、次の要素も含んでいる。

①嘘や捏造に基づくプロパガンダ、②貿易および経済的圧力、③エネルギー供給の停止、④ウ

ロシアのBUK地対空ミサイルに撃墜されたマレーシア航空MH17便
―ウクライナ外務省の報告書―

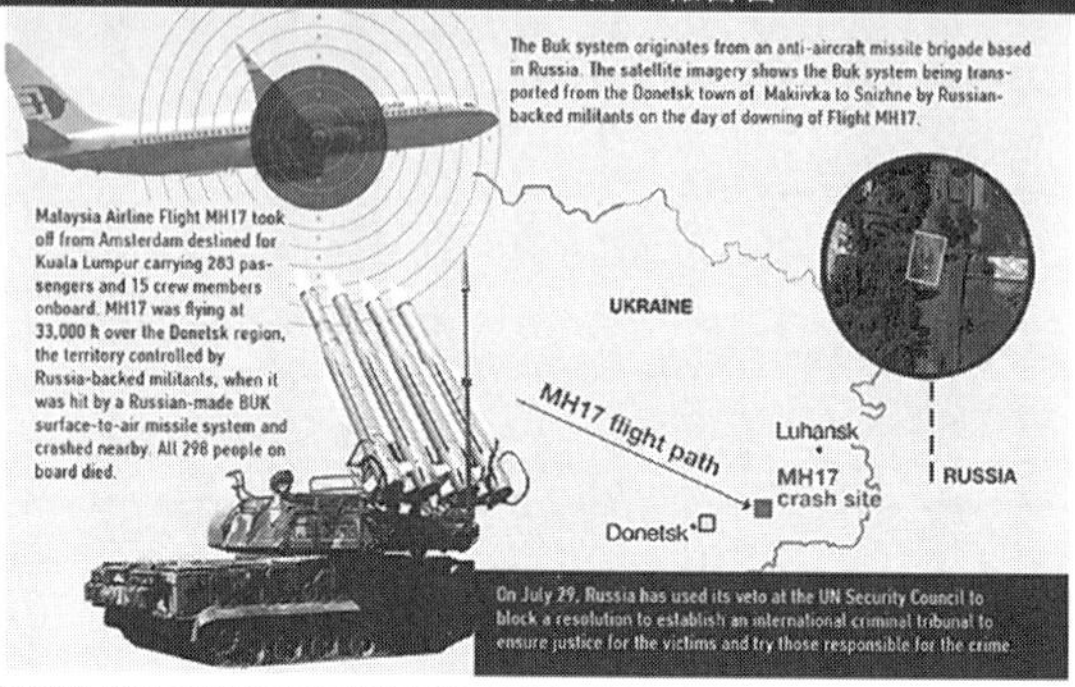

<出典>ウクライナ外務省：MH17便撃墜, MFA Statement on the Publication of the MH17 Joint Investigation Team's Preliminary Results , 29 September 2016, 05:02
https://greece.mfa.gov.ua/en/press-center/news/51188-zajava-mzs-u-zvjazku-z-oprilyudnennyam-poperednih-rezulytativ-roboti-spilynoji-grupi-z-rozsliduvannya-katastrofi-litaka-malajzijsykih-avialinij-mn17

クライナ国民へのテロと脅迫、⑤サイバー攻撃、⑥反駁できない広範な証拠があるにもかかわらず、ウクライナへの戦争行為を強く否定すること、⑦自国の利益のために親ロシア軍と衛星国を利用すること、⑧自国が犯した犯罪で相手国を非難すること。

このように、ロシアの東部ウクライナへの軍事介入には、LGM等の軍組織によるゲリラコマンド攻撃や直接侵攻、親露派の独立派武装勢力への武器・装備等の提供、航空攻撃やロシア領内からの国境越えの砲撃等の火力支援、そして、諜報戦、経済戦、政治戦、心理戦等、様々な手段が使われています。このハイブリッドな戦いの全体を通じて常に考慮しなければならない脅威が、サイバー攻撃です。

また、同公表資料は、2014年7月17日、ウクライナ東部でマレーシア航空MH－17便が撃墜され、子供80人を含む298人の乗客が犠牲となった事件は、ロシア連邦から占領下のドンバスに持ち込まれたロシア軍の地対空ミサイルシステム「ブク」（ＢＵＫ）をロシア軍兵士が使用し撃墜したと断定しています。犠牲者の約3分の2がオランダ人だったこともあり、オランダを中心とする国際合同捜査チーム（Joint Investigation Team, JIT）が編成され、ＪＩＴはロシアから運搬された「ブク」が親露派支配地域から発射されたものとし、２０１９年6月にはロシア情報機関の元大佐ら4人を殺人罪で起訴しています。

■陸海空および宇宙空間における戦い

前述の通り、ロシアは、空挺部隊やＴ－72戦車、重火器システム「Buratino」、地対空ミサイルシステム「ブク」（ＢＵＫ）、無人偵察機「Orlan-10」、携帯型ロケットランチャーシステム「Grad-P」などの兵器システムを運用し、空中哨戒や航空偵察、航空攻撃に支援された地上作戦を遂行するとともに、これらの作戦は、人工衛星による情報収集や指揮通信、測位などの宇宙空間における活動に支援されています。

また、海上においては、２０１８年11月、黒海に位置するクリミア半島沖においてロシア連邦保安局（The Federal Security Service, FSB）連邦国境警備庁国境軍所属艦船4隻が、アゾフ海に進出するためケルチ海峡を通航しようとしたウクライナ海軍所属艦艇3隻（砲艦2隻、タグボート1隻）に対して銃撃やタグボートに対する体当たりを行い、引き続きロシアの特殊部隊が当該船団に乗り組み、拿捕した事件も発生しました。

■サイバー攻撃

他方、例えば、２０１５年12月にウクライナで大規模な停電を発生させたサイバー攻撃が発生しましたが、ロシアが通常戦にサイバー攻撃を絡めた作戦を実施したと見られています。

ウクライナに対するロシアのサイバー攻撃は、ウクライナ危機および紛争の初期の段階と、２０１５年の停戦後の戦線が膠着した段階とではその態様が異なっています。

初期の段階までは、情報の窃取や政府や軍のＣ４Ｉ系統の混乱等のためのサイバー戦が主であり、一般国民の目に触れるような目立った攻撃はみられませんでした。

２０１５年の停戦以降、ロシアおよび親露派勢力の占領地域と紛争地域を除くウクライナ国内が比較的安定してくると、ウクライナ全体に影響するような社会インフラ、統治機構等の混乱を目的とした大規模なサイバー攻撃が行われるようになりました。


＜危機・紛争初期におけるロシアのサイバー戦＞

ウクライナでの危機・紛争の初期においては、ロシアは、ウクライナの情報網を遮断して情報優位を確保するために、サイバー攻撃よりも低コストで期待した効果の得られる可能性のある物理的な軍事行動を採るという戦略的判断をしたようです。

例えば、クリミア半島の占領に当たって、インターネットの交換所は、本土とのケーブル接続を遮断することによって情報優越を確保できるため、ロシアにとって重要な攻撃目標でした。この目標は、サイバー攻撃でも破棄できたでしょうが、ロシアは特殊部隊の最初の占領目標としました。このことは、インフラが時代遅れで、ＩＴに依存していないウクライナでは、軍事的な目的を達成するために破壊的、攻撃的サイバー作戦を行う現実的な必要がなかったことを意味しています。

＜２０１５年暮れ以降の大規模サイバー攻撃による社会インフラの破壊＞

◆電力インフラへの攻撃の始まり

２０１５年12月に入って、ロシアのサイバー戦は、ウクライナのインフラに対する攻撃を始めました。ウクライナ西部で、サイバー攻撃による停電が世界で初めて発生しました。また、２０１６年12月には、再びキエフやその周辺への電力供給がストップしました。

このように、ウクライナに対するサイバー攻撃は、社会インフラの中核である電力網まで機能停止に追い込み、世界に衝撃を与え震撼させました。

調査の結果、電力システムへの不正侵入は２０１０年に始まっていたことが明らかになりました。実行犯は、６年かけて電力システム全体を調べ尽くし、遠隔操作が可能な最新設備の入った変電所に狙いを定めた模様です。

このように、ウクライナに対するサイバー攻撃は、異次元の世界に入ったことを白日の下にさらしました。サイバー攻撃が単に犯罪者のハッカーが企業から情報や金銭を盗み出す手段にとどまらず、一国の社会生活を混乱させるうえで有効な手段であり、政府が後手に回れば隙を突かれることを証明したからです。

◆２０１６年12月以降の攻撃

２０１６年12月下旬、ウクライナでまたしてもハッキングによる停電が起きたことが分かりました。ちょうど1年前の２０１５年12月にも同様の事件が起き、冬の最も寒い時期に、22万５０００

人の住民が電気のない生活を強いられました。

何者かがマルウェアを使って停電を起こした事例は、知られる限りではこの時が初めてでした。ウクライナ当局は、ロシア政府の仕業だと断言し、民間のセキュリティ企業もこの主張と一致する証拠を公表しました。複数のセキュリティ研究者によれば、今回の停電もコンピューターへの侵入が原因で、前回と同じ特徴がいくつも見られるそうです。

電力会社への停電に関する照会の電話を通じ難くするため、電話システムへのDOS攻撃も発生しました。

その他、ウクライナでは、インフラを狙った悪質なハッキングが相次ぎ、鉄道システムのサーバや政府の省庁、国の年金基金が被害を受けています。また、政府機関や病院ではパソコンが使えなくなり手書きでの作業を強いられました。銀行の店舗は、3000か所以上が閉鎖され、地下鉄やガソリンスタンドではクレジットカードでの決済が不能となりました。キエフの国際空港では発着時間などを知らせる電光掲示板が表示不能となり、チェルノブイリ原発では放射線監視システムも故障しました。

あたかも、サイバーテロで全米が大混乱する様子を描いた人気アクション映画「ダイ・ハード4・0」を彷彿《ほうふつ》させる事態がウクライナでは頻発しました。

世界の情報セキュリティ関係者は、政府機関や電力網などが大きな被害を受け、社会が混乱する事態に陥ったウクライナに対する大規模なサイバー攻撃について、その周到な準備や戦略的脈絡、組織的活動などの観点から、軍事的に対立するロシアが仕掛けたとの見解が大勢を占めています。

■電子戦

ロシアは、敵の電磁波使用を妨害する電子攻撃を、サイバー攻撃などと同様に敵の戦力発揮を効果的に阻止する非対称的な攻撃手段であると認識し、「連邦軍事ドクトリン」において、電子戦装備を現代の軍事紛争における重要な装備の一つと位置付けています。また、ロシア軍では電子戦を攻撃手段の一環と位置付けており、近年ではその実戦的な能力の向上が指摘されています。

ロシアの電子戦部隊は、陸軍を主力とし、軍全体で5個の電子戦旅団が存在しているとされ、ウクライナ東部において、多種類の電子戦装備を使用し、ウクライナ軍の指揮統制を遮断したほか、GPSなどを遮断してウクライナ軍の無人航空機の活動を妨害するなど、ウクライナ側の戦力発揮を妨害したと指摘されています。

例えば、ウクライナの軍事施設は固定電話や有線通信に依存していたので、その指揮通信を断ち切るため、ロシアのスペツナズ（Spetsnaz）がこれらの回線を切断する、いわゆる物理的攻撃による電子戦を行いました。また、野戦では、ウクライナ軍の野外無線通信システムにジャミングをかけ、同軍が携帯電話システムに切り替えること予め承知していたロシア軍は、そのネットワークに待ち受け攻撃を行って作戦を混乱させるなどの手法も用いたようです。

エストニア国防省の「Russia's Electronic Warfare Capabilities to 2025」には、ロシアがウクライナで使用したドローン搭載の新電子戦装備として「RB-341V Leer-3」など10種類が掲載されています。

このように、ロシアは、東部ウクライナへの軍事介入において、陸、海、空領域の作戦を宇宙空間の活動によって支援し、さらにサイバー空間、電磁波空間を加えたあらゆる領域を横断する戦い、いわゆるMDOを遂行しているのです。

（3）ウクライナ侵攻で見せたロシア流のMDOの戦い方

ウクライナ等で見せたロシア流の戦い方は、帝政ロシア時代そしてソビエト連邦時代を通じて一貫して持続している「あらゆる手段を使って目的を達成する」という考え方に由来するものと見られています。この考え方は、軍事・非軍事、合法・非合法、ハードパワー・ソフトパワーなどを問わず、あらゆる手段を用いて、平時・戦時に関わりなく相手国を攻め続けることです。すなわち、まず平時から相手国に核となる人物を埋め込むことで、ロシア人を移住させ、親露勢力を作り、彼らを支援し親露政権を樹立してロシアの勢力圏に取り込みます。それが上手くいかなければ、親露勢力を支援して反政府活動を活発化させるとともに、特殊部隊を送り込み相手国内の親露勢力を煽動して合法・非合法の手段を使って親露的でない相手国政府の転覆を図り、機が熟したならば軍事的な行動に移行して、目的を達成するというものです。ロシアは、従来のこのような戦い方に、宇宙、サイバー、電磁波の手段をいち早く採り入れました。特にサイバーは、平時・戦時を問わず手軽に使用可能であり、相手国を混乱させ、軍事行動にも影響を及ぼせる手段として、活用しています。その現われが、エストニアであり、グルジアであり、ウクライナなのです。

ロシアのこのような平・戦両時を連続した戦い方は、１９９０年代末頃から表れた中国の「超限戦」（第2章参照）の概念と類似しており、西側諸国では「ハイブリッド戦」と呼ばれ、２００８年版の米陸軍の教範FM-3-0-C 1「Operation（作戦）」に、はじめて「THE EMERGENCE OF HYBRID THREATS（ハイブリッド脅威の出現）」として特別に記述されました。

ロシアのハイブリッド戦は、戦争を戦いの領域（空間）という視点から捉えた米国のＭＤＯに対して、視点を戦いの手段という面に置いたものであり、本質的には陸海空に宇宙をくわえた領域にサイバー、電磁波空間を横断的に使用した戦い方という意味では同じであるといえます。ただし、米国のＭＤＯが戦場を中心に考えているのに対し、ロシアのハイブリッド戦は、平時、戦時の区別のないグレーゾーンでの戦いが大きなウエイトを占めていると言えます。

このようにロシアは、米国が２００1年の９・11以降、対テロを最重視した軍事力整備に力を入れている間に、ロシア流の新たな戦い方を着々と整備し、実戦で使用しています。

これらの戦いに見られるロシア流のＭＤＯは、米国のＭＤＯが戦場を中心に考えているのに対し、平時戦時の区別のないグレーゾーンでの戦いに大きなウエイトを置いた戦い方と言えるでしょう。

しかしロシアは、グレーゾーンでのハイブリッドな戦いだけでなく、戦場でも引けを取らない戦力整備も進めています。その成果の一端を見せたのがシリア紛争への軍事介入です。

5　ロシアのシリア紛争への軍事介入――各種新型兵器の実験場とその成果としてのMDOの進展

（1）軍事介入の概要

ロシアは、2015年9月末からシリアでの軍事作戦を開始しました。

その目的は、①ロシアと友好的なアサド政権の存続、②シリアにおけるロシア軍基地などの権益の防衛、③過激派組織「イスラム国」（ISIL）をはじめとする国際テロ組織による脅威への対応および④中東地域での影響力確保などが考えられ、これまでのところ、アサド政権による支配地域の回復とロシアの権益擁護に資しているとみられます。

なお、②について、ロシアは、地中海に面したシリアのタルトゥースにロシア唯一の恒久的な海軍基地を維持しており、艦船に対する燃料・食料などの供給や艦船を修理できるドックがあるようです。

2015年9月以降、ロシア軍は、シリア西部ラタキアの空港を拠点に空爆を開始しました。その後、前述したシリア国内のタルトゥース海軍基地のほか、同国のラタキア市南東にあるフメイミム航空基地を拠点として確保しつつ、戦闘爆撃機や長距離爆撃機による空爆のほか、戦略爆撃機からの衛星誘導を活用した精密誘導弾による攻撃、カスピ海や地中海に展開した水上艦艇や潜水艦からの巡航ミサイル攻撃、一時的に展開させた空母の艦載機による空爆などを実施してきました。ロシアによる一連の軍事行動は、自国の長距離精密打撃能力などの軍事能力を誇示するとともに、その能力を作戦で実証するために行われたもので、シリアが各種新型兵器の格好の実験場として利用されたとの指摘があります。また、軍事作戦の真の標的はＩＳＩＬではなく、アサド政権と対立する反体制派であるとの指摘もなされています。

２０１６年12月には、シリア全土でロシア及びトルコ主導によるアサド政権と反体制派との間の停戦合意が発効し、２０１７年1月以降、ロシアはＩＳＩＬおよび「ハヤート・タハリール・シャム」（ＨＴＳ、旧ヌスラ戦線）との闘いを継続しつつ、トルコおよびイランとともにシリア和平協議をカザフスタンのアスタナで開催するなど、将来の政治的解決を見据えた取組もみせながら、中東での存在感を増しています。

こうしたロシアの支援を受け、アサド政権は主にシリア南部や東部におけるＩＳＩＬの拠点を制圧しました。そして、２０１７年12月には、プーチン大統領がシリアの基地を訪問し、①シリアにおけるテロとの戦いがおおむね解決されたこと、②シリア内の2つの基地を今後も恒常的に運用していくこと、③シリアに展開していたロシア軍の一部を撤退させることなどを発表しました。

２０１８年9月、ロシアは地中海東部のシリア沖に北洋艦隊、バルト艦隊、黒海艦隊およびカスピ小艦隊の海軍艦艇26隻を集結させ、戦術爆撃機を含む航空機34機も参加する大規模な合同演習を初めて実施するなど、シリア紛争を口実に中東における海上戦力の増強や航空戦力との連携強化を図っています。

このように、ロシアのシリアへの軍事介入がアサド政権の帰趨に重大な影響を与えていることや、ロシアとトルコやイランなど周辺国との連携拡大を考慮すると、今後のシリアの安定や、中東の政治的解決プロセスにおけるロシアの影響力は無視できないものとなっています。

（2）海上作戦：カスピ海・地中海からの巡航ミサイル攻撃

ア　カスピ海に展開した水上艦艇からの巡航ミサイル攻撃
2015年10月7日、ロシアのショイグ国防相は、ロシア海軍がカスピ海から巡航ミサイル26発を発射して、約1500キロ離れたシリア領内にあるISILの11拠点を攻撃し、同組織の拠点を完全に破壊したことを明らかにしました。

シリア西部ラタキアの空港を拠点に空爆を開始して以来、プーチン大統領は「地上作戦は行わない」と説明していましたが、海軍も参戦させたことで、ロシアの軍事作戦は一気に拡大しシリア紛争への軍事介入は新たな段階に入りました。空軍はすでに衛星誘導爆弾やレーザー誘導ミサイルによる精密攻撃をシリアで実施しているものの、ロシアが実戦で海上からの長距離巡航ミサイル攻撃を行ったのはこれが初めてのケースです。

世界最大の湖カスピ海には、ロシア海軍の小艦隊（フローティラ）が配備され、最新鋭の巡航ミサイル「カリブル-NK」を8発搭載したミサイル・コルベットが4隻展開し、合計で32発のミサイ

ロシア海軍：巡航ミサイル搭載21361型ミサイル・コルベット

ロシア海軍が使用した3M14巡航ミサイルの模型

コルベットから発射された巡航ミサイル

カスピ海上に展開した4隻のロシア海軍艦艇(コルベット）から合計26発の巡航ミサイルが発射され、シリア国内の「イスラム国(ISIL)」拠点11か所を破壊。
飛行距離は約1500km／最大射程約2000～2500km

＜出典＞写真：ロシア国防省

ルが発射可能であったことから、ほぼ全力に近い規模の巡航ミサイル攻撃が行われたことになります。

ロシアは湾岸戦争以降、巡航ミサイルの集中使用を含む西側の長距離精密攻撃能力をつぶさに観察し、その開発に注力してきました。今般、ロシアが米国のトマホークに匹敵する長距離精密攻撃能力を初めて実戦で証明したこと、内陸のカスピ海に配備され、安価で、小型高速のコルベットが長距離パワープロジェクションの戦略的役割を担えることなどが浮き彫りになりました。今後、ロシアの外洋艦隊にもこの種の巡航ミサイル搭載艦が続々と配備予定であることを考えれば、ロシア海軍の長距離戦力投射能力はこれまでより格段に向上し、この種の精密誘導兵器の集中使用が近未来戦の帰趨を決するようになるとの見通しを示した意味は大きいと言えます。

イ　地中海に展開した潜水艦からの巡航ミサイル攻撃

２０１５年10月、シリアでＩＳＩＬなどへの空爆を続けるロシア国防省は、地中海に展開した同国の潜水艦がＩＳＩＬの拠点へ向けて巡航ミサイルを発射したと発表しました。

ロシアのショイグ国防相は、ロシア軍によるシリア領内空爆の一環として、地中海に展開した新型ディーゼル潜水艦「ロストフナドヌー」から初めて巡航ミサイル攻撃を実施したと明らかにしました。この空爆で70か所の司令部センター、21か所の訓練施設、43か所の物資保管施設、６か所の石油精製施設、６か所の兵器製造施設などを破壊した模様です。

実戦での巡航ミサイルの水中発射はロシア軍初ということで、２０１５年９月末から始まったロシアのシリアへの軍事介入は、水上艦艇に加え、潜水艦がＩＳＩＬ拠点に巡航ミサイルを撃ち込むなど海上作戦が多面的に拡大されました。

また、２０１７年10月にロシアの潜水艦は、地中海から、シリア・マヤーディーンにあるダーイシュのＩＳＩＬ拠点に向け、巡航ミサイル「カリブル」10発を発射し、戦闘員にも兵器にも重大な損害を与えたと発表しました。

ロシアによる潜水艦からの巡航ミサイル攻撃は、装備の運用や性能を実戦において確認することと核弾頭も搭載可能な精密誘導兵器による多彩な攻撃能力を誇示する狙いがあるとみられています。

（３）航空・防空作戦

ア　フメイミム航空基地等および空母からの航空作戦

ロシア空軍によるシリア領内のISIL拠点に対する空爆

2016年7月21日モスクワ時間５時、
６機の長距離爆撃機Tu-22M3（バックファイアC）が、
諜報により発見されたシリアのISIL拠点を空爆
＊戦闘行動半径：1500～2400 km

＜出典＞ Photo : Ministry of Defence of the Russian Federation

前述の通り、ロシア軍は、２０１５年９月以降、シリア西部ラタキアの空港やフメイミム航空基地を拠点として航空作戦を実施してきました。

航空作戦実施に当たっては、最新鋭のレーザー誘導爆弾搭載Ｓｕ－30（スホイ30）やＳｕ－34（スホイ34）戦闘爆撃機、Ｔｕ－22Ｍ３（バックファイアＣ）長距離爆撃機による空爆のほか、Ｔｕ－１６０（ブラックジャック）、Ｔｕ－95ＭＳ（ベアＨ）などの戦略爆撃機からの衛星誘導を活用した精密誘導弾により、ダーイシュなどのＩＳＩＬ拠点への攻撃などが行われました。

また、ロシア国防省は、２０１６年11月、地中海東部に展開した空母「アドミラル・クズネツォフ」がロシア海軍史上初めて、空母から艦載機を発艦させ地上の標的に対する攻撃を実施した旨発表しました。

この空母艦載機は２か月にわたる戦闘活動において４２０回出撃し、１２５２箇所のテロリスト施設を空爆したとされますが、その多くは空母からの空爆開始から間

シリアのフメイミム空軍基地に配備されたS400

多目標同時交戦能力を持つ
超長距離（約400km）地対空ミサイルシステム
＜出典＞写真：ロシア国防省提供（Photo: Russian Defence Ministry / Agence France-Presse/Getty Images）

もなくフメイミム航空基地に移動し、同基地から空爆を実施していたとの指摘もあり、空母の作戦能力として評価すべきかどうかは疑問の余地がありそうです。

イ　フメイミム航空基地等の防空作戦

ロシアは、最新鋭の多目標同時交戦能力を持つ超長距離（射程約４００㎞）地対空ミサイルシステムＳ４００をフメイミム空軍基地に配備し、同基地の防空に任じさせました。同時に、クリミア半島のセヴァストポリにもＳ４００が配備された模様です。

他方、ロシアは、フメイミム空軍基地を敵のミサイル攻撃等から掩護《えんご》するため、その周辺にクラスハ－４（Krashuka-4 jammer）などの電子戦装置を搭載した数両の特殊車両を配置し、半径約３００㎞の「電子戦ドーム」を構築したと言われています。そして、この掩護下に作戦を遂行し、また、NATO軍の指揮統制やレーダーを妨害したと伝えられています。

(4) 宇宙戦

ロシアの宇宙活動は、旧ソ連時代から継続しています。旧ソ連は、1957年10月、人類初の人工衛星「スプートニク1号」の打ち上げを皮切りに、数々の人工衛星を打ち上げ、旧ソ連解体に至るまで世界一の人工衛星打ち上げ数を誇っていました。その中には多数の軍事利用の衛星も含まれ、冷戦期間中、米国とともに旧ソ連による宇宙空間の軍事的な利用が進展しました。1991年の旧ソ連解体以降、ロシアの宇宙活動は低調な状態にありましたが、近年、再び活動を拡大しています。

政策面としては、宇宙活動を展開していく今後の具体的な方針として2016年3月に「2016-2025年のロシア連邦宇宙プログラム」を発表し、国産宇宙衛星の開発・展開、有人宇宙飛行計画などを盛り込んでいます。

組織面では、国営宇宙公社ロスコスモス(Roscosmos State Corporation for Space Activities)がロシアの科学分野や経済分野の宇宙活動を担う一方で、国防省が安全保障目的での宇宙活動に関与し、航空宇宙軍が実際の軍事面での宇宙活動や衛星打ち上げ施設の管理などを担当しています。なお、ロシアは、空軍と航空宇宙防衛部隊を統合して航空宇宙軍を創設し、2015年8月に任務を開始しています。

ロシアの宇宙戦略

根拠	ロシア連邦 国家安全保障戦略2015	・NATOの活動活発化や加盟国の拡大は国家安全保障に対する脅威 ・米国のミサイル防衛（MD）システムの欧州及びアジア太平洋地域などへの配備をグローバルかつ地域的な安定性を低下させるものとして警戒感	
	ロシア連邦 軍事ドクトリン2014	主要な任務：ロシア軍の活動を支援する周回軌道宇宙飛翔体群の展開及び維持	
組織	国防省	安全保障目的での宇宙活動全般に関与	
	航空宇宙軍（＊）	軍事面での宇宙活動や衛星打ち上げ・施設の管理等を担当 ＜任務＞ ①航空兵力の集中的な戦闘指揮、②防空・ミサイル防衛、③人工衛星の発射及び制御、④ミサイル攻撃警戒、⑤宇宙空間の監視など	＊空軍と航空宇宙防衛部隊を統合して創設。2015年8月に任務開始
	国営宇宙公社 ロスコスモス	科学分野や経済分野の宇宙活動を担任	
主な打ち上げ衛星	・画像偵察、早期警戒、電波情報収集、通信、測位など ・キラー衛星や衛星と地上局間通信の電波妨害装置（ジャマー）など対衛星兵器（ASAT）の開発		Krashuka-4

＜出典＞平成30年版『日本の防衛』第1部第3章第4節「宇宙空間と安全保障」

安全保障面での動向としては、２０１５年12月に承認された「ロシア連邦国家安全保障戦略」において、米国による宇宙への兵器の配備が、グローバル及び地域的な安定を阻害している要因の一つと指摘しています。また２０１８年、米国が「ミサイル防衛見直し」（ＭＤＲ）を公表したことを受け、ロシアは同計画の実施が宇宙における軍拡競争を引き起こすことは必至であり、国際的な安全保障及び安定にとって最もマイナスの結果を招くこととなるなどと懸念を表明しました。

他方、ロシアは宇宙能力を軍事作戦の遂行に利用しており、２０１５年のシリア空爆作戦においては、画像収集衛星やデータ中継衛星（通信衛星の一種）などの人工衛星を計10基使用し、シリア国内の状況を把握していたと見られています。

また、ロシアは地上発射型の対衛星ミサイルの発射試験を繰り返しているほか、ＭｉＧ－31（ミグ31）から発射する対衛星ミサイルを開発していると指摘されています。極

ロシアのサイバー戦に係わる主要な国家機関

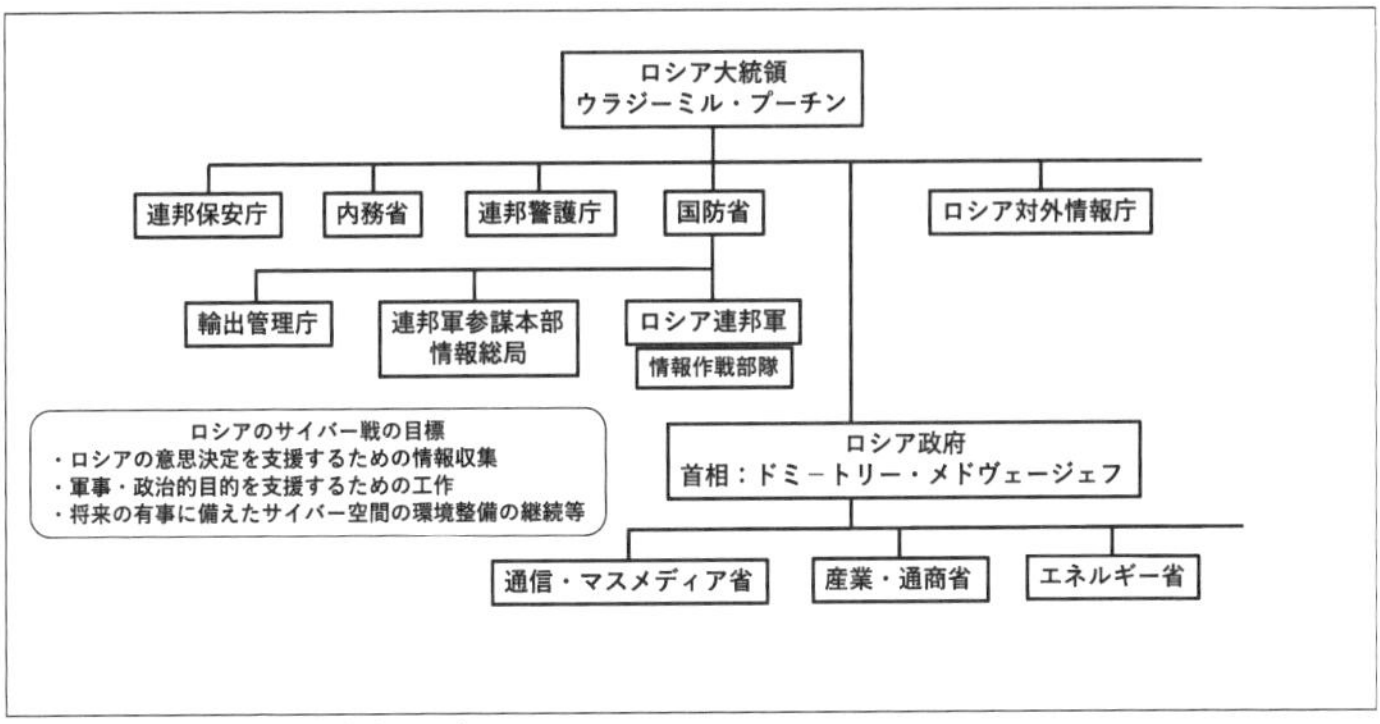

<出典>各種資料をもとにIBT作成（2019.12）

東のボストーチヌイでは、宇宙センターの整備をおおむね完了させていますが、新たな発射場を建設中とされ、同センターへの軍の関与を含め今後の動向が注目されます。

（5）サイバー戦

ロシアのサイバー戦については、軍のサイバー部隊の存在が明らかとなっており、敵の指揮・統制システムへのマルウェア（破壊工作プログラム）の挿入を含む攻撃的なサイバー活動を担っていると指摘されています。

すでに、（1）、（2）、（3）項において、ロシアのサイバー戦の実態について詳しく述べましたので、繰り返し述べることは避けますが、ロシアは、サイバーを用いた情報作戦により、民主主義プロセスに挑戦しているとの認識が広がっています。

例えば、２０１８年10月、米英両政府は、世界アンチ・ドーピング機関、化学兵器禁止機関、米国民主党全国大会などに対する一連のサイバー攻撃事案はロシア軍参謀本部情報総局によるものと発表しています。

このように、ロシアは、平時からサイバー戦に関与していることが指摘されており、今後とも厳重な警戒が必要です。

（6）電子戦

ロシアは、「連邦軍事ドクトリン」において、電子戦装備を現代の軍事紛争における重要な装備の一つと位置付けています。また、ロシア軍では電子戦を攻撃手段の一環と位置付けており、近年ではその実戦的な能力の向上が指摘されています。

ロシアの電子戦部隊は、陸軍を主力とし、軍全体で5個の電子戦旅団が存在しているとされています。

ロシアは、ウクライナ東部において、多種類の電子戦装備を使用し、ウクライナ軍の指揮統制を遮断したほか、GPS波などを遮断してウクライナ軍の無人航空機の活動を妨害するなど、ウクライナ側の戦力発揮を妨害したことは、先に述べたところです。

さらに、シリアにおいてクラスハ－4をはじめとする複数の電子戦装備を使用し、フメイミム航空基地の防空を行いつつ、NATO軍の指揮統制とレーダーを妨害したとされています。

例えば、クラスハ－4（Krashuka-4 jammer）は、敵のレーダーの周波数などの電波放射源に対し強力なジャミングをかけたり、巡航ミサイルなどの高性能兵器誘導システム、人工衛星の無線電子装

ロシア軍の電子戦装置：クラスハ-4（Krashuka-4 jammer）

<出典>令和元年版『防衛白書』：クラスハ-4【Jane's by IHS Markit】

置の機能発揮を妨害・制圧する能力を有すると見られています。

これらの電子戦装備については、序章で紹介した日本安全保障戦略研究所編著『中国の海洋侵出を抑え込む――日本の対中防衛戦略』（国書刊行会、2017年）によると、ロシアは、「シリアの軍事作戦において、敵のミサイル等を電子的に妨害し、その能力を発揮させないようにするために、主要な地点に2～3両の特殊車両（クラスハ－4など）を配置しており、半径約300kmの「電子戦ドーム」を構築しているといわれています。そして、この防御網の中で安全を確保して作戦を実施している」（括弧は筆者）とされ、電子（電磁波）戦の領域でも大きな進展を見せています。

わが国周辺においては、電子偵察機などが日本海上空で長距離飛行したことが確認されています。

以上述べたように、ロシアは、エストニアでの国家に対する破壊妨害を目的とした初のサイバー攻撃に次いで、ロシア・グルジア戦争におけるサイバー攻撃を交えた通常戦を遂行しました。その後、ハイブリッド戦に特筆されるウクライナへの武力侵攻では、国籍を隠した不明部隊を用いた特殊作戦や通常戦に宇宙、サイバー、電子領域での戦いを横断的・有機的に結合し、そして、シリア紛争では、自国の陸、海、空領域における各種新型兵器を実験場として試すと同時に、宇宙、サイバー、電子空間での戦いを更に前進させ、先鋭化させています。

エストニアでその端緒を見せたロシアのMDOは、4度に及ぶ実戦を重ねるにつれて6つの領域（マルチドメイン）の相乗（シナジー）効果を高める作戦へと発展拡充されつつあり、これから出現する近未来戦におけるMDOの姿を予見させるに十分な方向性を示していると言っても過言ではないのです。

第2章 中国のマルチドメイン作戦としての「情報化戦争」

1 中国のマルチドメイン作戦（ＭＤＯ）としての「情報化戦争」

序章で述べましたが、中国では、日米などが新たな戦いの形として追求しているマルチドメイン作戦（ＭＤＯ）という言葉は使われていませんが、それに相当する概念を「情報化戦争（後述する「情報戦」、「情報作戦」を含む）」と呼んでいます。

中国は、２０１６年７月に公表された情報化による発展のための国家戦略である「国家情報化発展戦略綱要」（中国共産党中央弁公庁、国務院弁公庁）などで表明しているように、経済と社会発展のための道は情報分野に依存しているとしています。そして、情報化は、国際競争力の側面から中国の総合国力を高めるための基盤であるとし、また、軍事的側面から情報化時代の到来が戦争の本質を情報化戦争へと導いていると認識しています。

そのように、中国は、将来における総合的な国力の造成とそれを基盤とした戦争を成功裏に遂行する能力の骨幹に「情報」を位置付けています。そして、軍事戦略（国家）、作戦（戦区）および戦術（部隊）のいずれのレベルにおいても、競争相手や敵対国よりも迅速かつ正確に情報を収集し、分析、活用する一方、相手の能力発揮を妨害無力化して情報優勢を獲得することを中心的要素と考えています。

特に、「戦場の霧」を払い、戦勝を至上の命題とする軍事領域の視点に立てば、ＩＤＡサイクル、すなわち①情報（Information）、②決心（Decision-making）、③実行（Action）のサイクルにおける最初の①のステップで敵に対する情報優越が獲得できれば、続く②、③のステップでも優位に立ち、戦いに勝利できると考えるのは日米などの列国と同じでしょう。なお、ＩＤＡサイクルに代えて、ＯＯＤＡループ、すなわち監視（Observe）、情勢判断（Orient）、意思決定（Decide）および行動（Act）という用語が使われる場合もあります。

column

「戦場の霧」とは

プロイセン（ドイツ）の軍人・軍学者であるカール・フォン・クラウゼヴィッツが、

その著書『戦争論』の「第六章　戦争における情報」と「第七章　戦争における障害」の項で戦争における情報の欠如や不確実性について指摘したもので、今日では、それが「戦場の霧」という言葉で理解され、広く用いられている。

クラウゼヴィッツは、「戦争中に得られた情報の大部分は相互に矛盾しており、誤報はそれ以上に多く、さらに他のものといえども大部分は何らかの意味で不確実ならざるを得ないはずである」と記している。そもそも戦争においては、計画したことがそのまま実行に移されることはまれである。計画の際には考えもしなかったような、大小取り混ぜた無数の障害が発生して実行を妨害する。例えば天候による障害として、「霧が立ちこめるや、いちはやく敵を発見することは不可能となり、時期を失せず砲火を開くことも不可能となり、報告者もまた報告を受けるべき将校（指揮官）の所在を発見することが不可能となる。また、雨が降り出せば、三時間の行軍予定が八時間にもなり、そのためにある大隊は到着できずじまいになる」とクラウゼヴィッツは例をあげて説明している。このような現実の戦争における予期できない数々の障害に着目し、戦場での情報の欠如や不確実性といった「戦場の霧」によって予測不能な事柄が積み重なり、それらが指揮官の決定や部隊の士気・行動に影響を及ぼすと指摘している。

〈出典〉クラウゼヴィッツ著『戦争論』（清水多吉訳、中公文庫、2001年）から引用・加筆

このように、「情報戦で敗北することは、戦いに負けることになる」として、情報を生命線と考えるのが中国の情報化戦争の概念であり、そのため、電磁波スペクトラム領域、コンピューター・ネットワーク（サイバー）空間および宇宙空間を特に重視して情報優越の確立を目指すとしています。そして、中国軍は、情報化戦争に関する作戦レベルの概念として「網電一体戦」という造語も使っています。

網電一体戦は、2002年に中国共産党中央軍事委員会直属の総参謀部第4部（電子部）の戴清民部長（当時）がまとめたと言われています。英語で「Integrated Network Electronic Warfare」と表現され、Network Warfare（サイバー戦）とElectronic Warfare（電子戦）を融合一体化させたもので、「一体化ネットワーク電子戦」（ディーン・チェン著『中国の情報化戦争（CYBER DRAGON）』）ともいわれています。なお、網電一体戦については、第3項で詳しく説明することにします。

『孫子』は、「敵を知り己を知らば、百戦危うからず」や「戦わずして勝つ」ことを教えています。その忠実な実践者である中国は、情報化戦争の一環として政治戦を重視し、「輿論《よろん》戦」、「心理戦」および「法律戦」の「三戦」を軍の政治工作の項目に加えたほか、それらの軍事闘争を政治、外交、経済、文化、法律など他の分野の闘争と密接に呼応させる方針を掲げているのもその特徴なのです。

column

『孫子』について

『孫子』十三篇は、春秋末期に呉王闔盧《こうろ》に仕えた将軍で、放浪の軍師であった孫武の語録を弟子たちが書き残したという体裁をとっている。

孫子にとって、勝利とは、単に軍隊の勝利ではなく、軍事行動が究極の目標とする政治的な目的を達成することにある。そのため、孫子は、心理的、政治的優位を通じて勝利することに力点を置き、むしろ直接的な戦闘を避けることを説く戦略思想を生み出した。したがって、指揮官が、戦闘を回避できるような相対的に優位な立場を占め、敵を絶体絶命の窮地に追い込み、その軍隊や国が無傷のままで降伏するように仕向けることを最善の策とする。

孫子は、勝利を獲得するには、戦ってよい場合と戦ってはならない場合の分別や、計略を仕組んでそれに気づかずにやってくる敵を待ち受けることなどが重要であるとし、そのために、「敵を知り己を知らば、百戦危うからず」と説く。また、「戦わずして勝つ」には、敵の心理的な弱みを突く心理戦や詭道《きどう》〈正道〈正常な戦法〉の対義語で、相手を詐り欺くやり方あるいは詭詐・権謀を重視する戦法〉など、間接的攻撃と策略的なアプローチを推奨している。

中国は、『孫子』の忠実な実践者と言われ、「情報化戦争」には『孫子』の戦略思想が大いに反映されている。このように、中国の戦略では、軍事は平・戦両時を通じて重要な役割を果たすが、純粋に軍事的というよりも、心理的、政治的要素に重点を置いている点に特徴がある。

〈出典〉キッシンジャー回顧録『中国』（岩波書店、2012年）、浅野裕一『孫子』（講談社学術文庫、1997年）を参考に、筆者作成

column

「三戦」とは

中国は2003（平成15）年12月に改正した「中国人民解放軍政治工作条例」に輿論戦・心理戦・法律戦の展開を政治工作に追加し、これらをまとめて「三戦」と呼んでいる。

米国防省によると、①輿論戦：中国の軍事行動に対する大衆及び国際社会の支持を築くとともに、敵が中国の利益に反するとみられる政策を追求することのないよう、国内及び国際世論に影響を及ぼすことを目的とするもの、②心理戦：敵の軍人及びそれを支援する文民に対する抑止・衝撃・士気低下を目的とする心理作戦を通じて、敵が戦闘作

戦を遂行する能力を低下させようとするもの、③法律戦：国際法および国内法を利用して、国際的な支持を獲得するとともに、中国の軍事行動に対する予想される反発に対処するもの。

〈出典〉平成30年版『防衛白書』

中国では、後述する「超限戦」(Unrestricted Warfare) という「何でもあり」の無制限戦争のような思想も出現しており、詭道や謀略、奇法、虚実など孫子的発想から出てくる戦略概念の多様化や複雑化の傾向が、ますます強まることが予測されます。

今後日本は、そのような変化に対応するため、既存の政策や前提条件にとらわれず、従来の延長線上にはない、より柔軟で、創造的な戦略的思考が求められるようになるでしょう。

一方、中国の情報化戦争の考え方は、米国から受けた影響が大きく、むしろ米国の後追い（模倣）との指摘があります（マーク・ミリー米陸軍参謀総長など）。

すでに述べたとおり、中国は、湾岸戦争やコソボ紛争、イラク戦争（第2次湾岸戦争）などにおいて見られた世界の軍事動向、なかでも米軍の統合化と軍事革命の一体的進展に、自国の完全な時代遅れを感じ危機感を覚えたと伝えられています。特に、サイバー戦、電子戦、そして宇宙空間の重要性を認識させられました。そして、米軍の先駆的改革にキャッチアップしなければならないとして、「情報化局地戦に勝利する」との軍事戦略を立て、軍事力の情報化を主な内容とする「中国の特色ある近代軍事力の体系を構築する」ことに努めるとの方針をとったのです。

情報化局地戦といえば、自国周辺の極めて限られた地域での作戦を想定しているかのような印象を受けますが、中国は、東シナ海・南シナ海はもとより、太平洋からインド洋へ進出するなど、より遠方の地域における作戦を含んだ概念と考えられ、そのための戦力を着実に向上させていることに重大な関心を払わなければなりません。

そのペースについては、中国共産党第19回全国代表大会（第19回党大会、2017年10月）の習近平総書記の政治活動報告において、2020年までに機械化・情報化建設の重大な進展・戦略能力の大幅な向上を基本的に実現できるよう保証すること、2035年までに国防・軍近代化を基本的に実現すること、21世紀中葉までに人民解放軍を世界一流の軍隊にすること、という目標が掲げられました。これらは、「三段階発展戦略」（「三歩走発展戦略」）【コラム】参照）において、従来掲げていた「21世紀中葉に国防と軍隊の近代化の目標を基本的に実現する」とした目標時期をそれぞれ前倒しした格好になっており、国力の向上に伴い軍事力も当初予定したよりも格段に速いスピードで、加速度的に強化されている実態が明らかになっています。

column

中国の「三段階発展戦略」（「三歩走発展戦略」）とは

中国の現代化の基本的実現に向けた青写真として鄧小平が提起した段階式発展の戦略。

第1段階は1981年から1990年で、国民総生産（GNP）を2倍に増やし、衣食が満ち足りた状態を実現する。

第2段階は1991年から2000年で、GNPを再度2倍に増やし、「小康社会」（いくらかゆとりのある社会）を実現する。

第3段階は21世紀中ごろまでで、GNPを4倍に増やし、中等先進国の水準に到達させる。このように、鄧小平は、社会主義初期段階における経済発展の戦略的目標と道筋を示したが、それに沿って国防と軍隊の近代化の目標も設定されていた。

2 中国の軍改革と「情報化戦争」

中国の軍事力は、人民解放軍、人民武装警察部隊（武警）と民兵から構成されており、習近平が主席を務める中央軍事委員会の指導及び指揮を受けています。人民解放軍は、陸・海・空軍とロケット軍などからなり、中国共産党が創建し、指導する人民軍隊とされています。

本書では、以下、人民解放軍を、世間で一般的に使われている「中国軍」と呼称することにします。

（1）軍改革

中国は、現在、建国以来最大規模とも評される軍改革に取り組んでいます。

2015年11月の18期3中全会（中国共産党第18期中央委員会第3回全体会議）において、習近平国家主席は、軍改革の具体的方向性について初めて公式の立場を表明し、「戦区」の設置及び統合作戦指揮機構の創設や軍の人員30万人の削減などからなる軍改革を2020年までに推進する旨発表しました。

一連の軍改革のなかで特に注目されたのが、統合作戦能力の向上と情報化戦争への対応であり、それらを念頭に置き、中国がどのような組織機構改革を行うかという問題でした。

この問題は、前胡錦濤政権（2002〜12年）時代から模索されてきたもので、戦争形態が機械化から情報化に急速に変化を見せ、情報化条件下で一体化した統合作戦を遂行しなければならない時代の要請にどのように応えるかが大きな課題となっていたのです。

以来、軍改革は急速に具体化しており、2016年末までに、第1段階の「首から上」の改革と呼ばれる軍中央レベルの改革は既成したとされています。

具体的には、中国軍におけるこれまでの陸軍を中心とした「七大軍区」が廃止され、統合作戦指揮を担当する「五大戦区」、すなわち東部戦区、南部戦区、西部戦区、北部戦区及び中部戦区が新たに編成されました。また、陸軍指導機構、ロケット軍、戦略支援部隊、聯勤《れんきん》保障部隊（軍の統合

中国軍の配置（五大戦区）

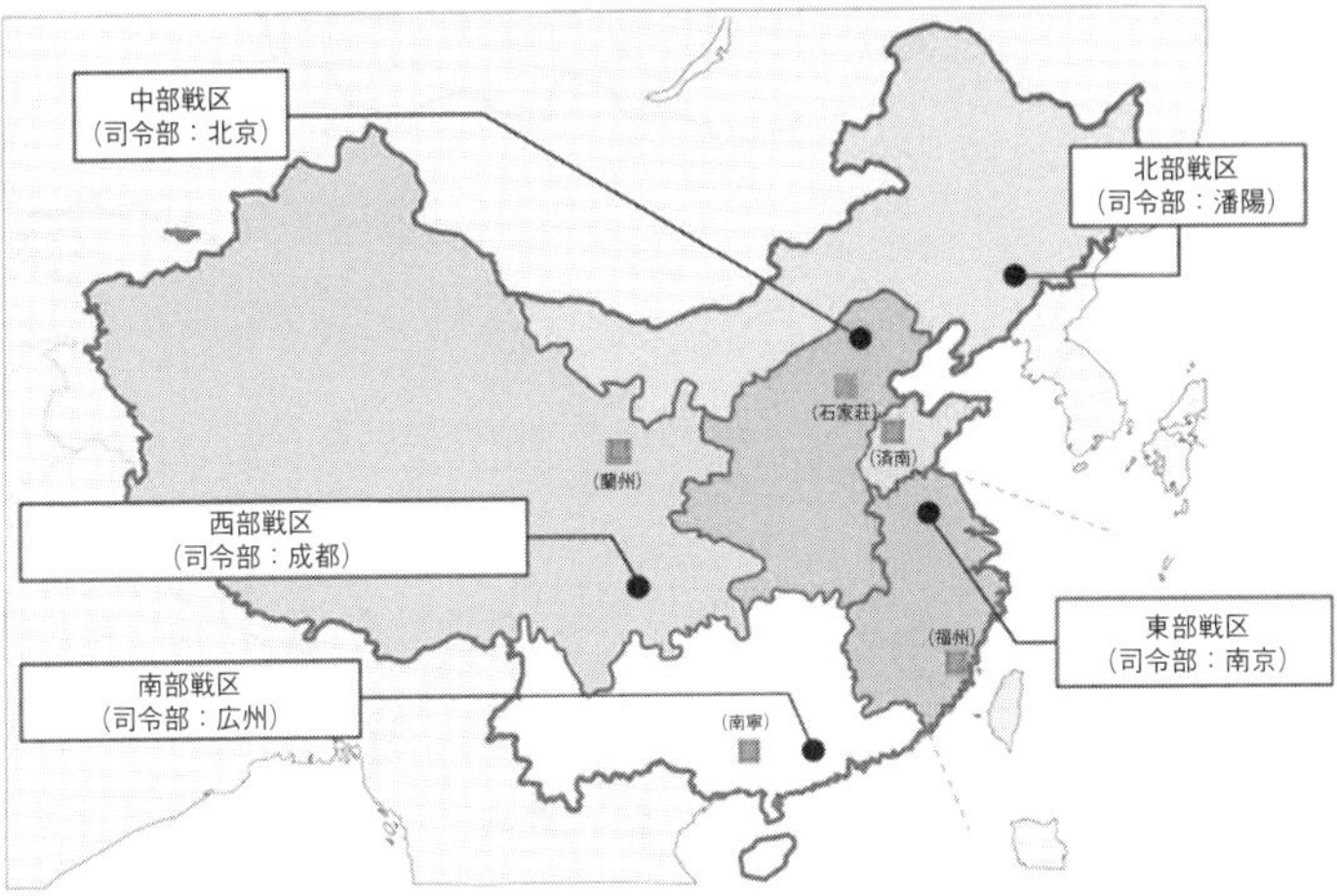

（注 1）●戦区司令部　■戦区陸軍機関
（注 2）戦区の区割りについては公式発表がなく、上地図は米国防省報告書や報道等を元に作成

＜出典＞平成 30 年版『防衛白書』

人民解放軍の組織図（2015 ～ 16 年の軍改革）

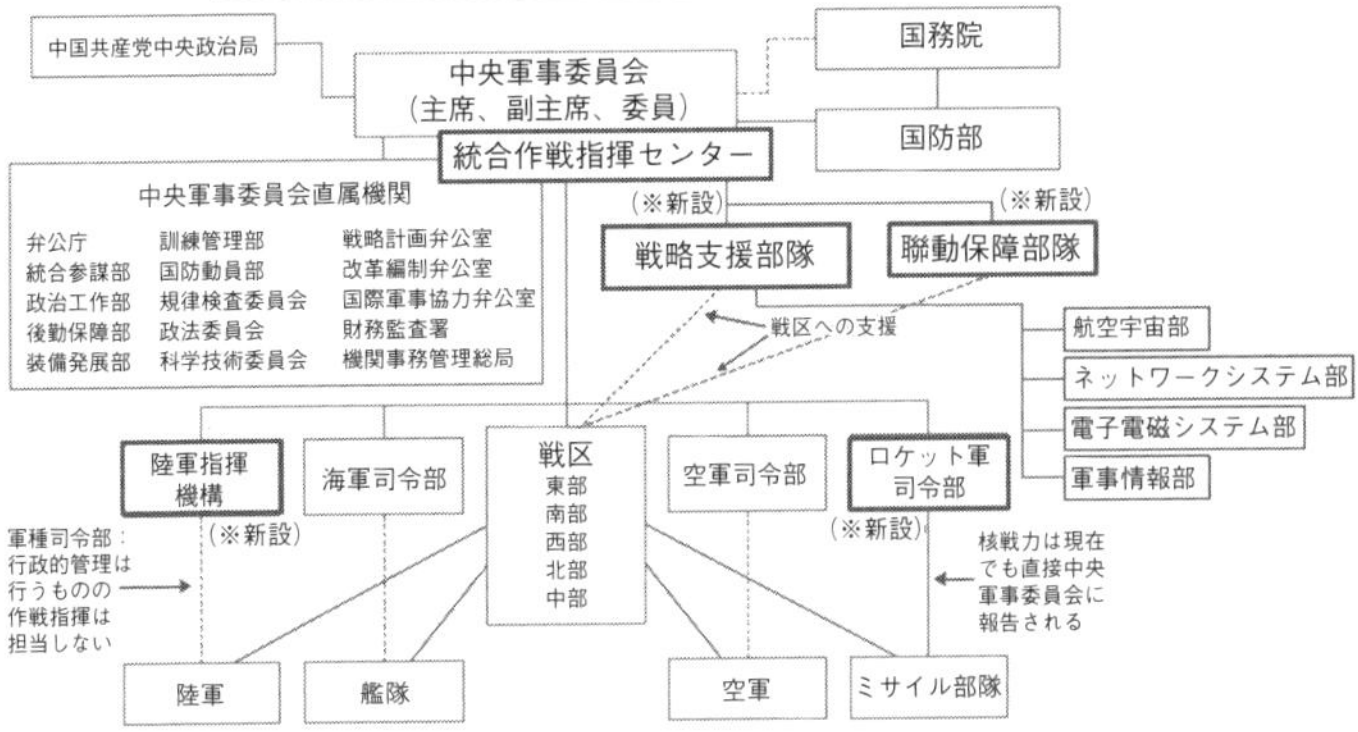

*Phillip C. Saunders and Joel Wuthnow, "China's Goldwater-Nichols?――Assessing PLA Organizational Reforms", *Strategic Forum*, No.294, April 2016, p.3 より作成。

＜出典＞杉浦康之「中国人民解放軍の統合作戦体制」（防衛研究所紀要第 19 巻第 1 号、2016 年 12 月）を一部補正

後方支援を専門とする初の部隊）が成立しました。さらに、中国軍全体の指導機構が、中央軍事委員会の隷下に、統合参謀部、政治工作部、後勤保障部（軍の後方勤務（兵站）部門を一元管理する部署）、装備発展部など15の職能部門を含む中央軍事委員会直属機関へと改編され、中央軍事委員会に「統合作戦指揮センター」が新設されました。

２０１７年以降は、第2段階の「首から下」と呼ばれる現場レベルでの改革にも本格的に着手しながら、軍改革は着実に進展しているとみられています。

例えば、着上陸作戦などを任務とする海軍陸戦隊の編制拡大や、武警の指導・指揮系統の中央軍事委員会への一元化、陸軍集団軍の18個から13個への改編や軍事院校の改革などが２０１７年以降に確認されています。２０１８年3月には、軍の人員30万人削減が基本的に完了した旨、中国国防部が公表しました。

さらに、中国は、「神経の改革」と呼ばれる第3段階の改革に着手していると言われ、軍事政策や制度の改革がその中心テーマとなっている模様です。

中国は、これら一連の軍改革を通じて、統合作戦能力を向上し情報化戦争への体制整備を急ぐとともに、平素からの軍事力整備や組織管理を含めた軍事体制の強化を図ることにより、より実戦的な軍の建設を目指しているとみられています。

（2）軍改革における「統合作戦」と「情報化戦争」の一体的強化

中国は、湾岸戦争やコソボ紛争などを通じて、統合作戦の重要性・必然性および将来の戦いは情報の戦いになることを学びました。そして、軍事体制の近代化は、統合化と情報化の一体的推進が中心的課題であると認識してその推進に注力しています。

ア「統合作戦」の強化

まず、中央軍事委員会に「統合作戦指揮センター」が新設されたことは、「統合作戦」体制強化の象徴的な出来事といえます。

中国各紙（２０１６年4月21日付）は、習国家主席が、２０１６年4月に異例の迷彩服姿で中央軍事委員会の「統合作戦指揮センター」（北京）を視察したことをこぞって報じました。そして、習主席の肩書に初めて統合作戦指揮センター「総指揮」が加わり、軍事作戦の最高指揮官であることを公式に伝えました。これで、習主席が、統合参謀部や政治工作部などによって構成される中央軍事委員会直属機関の補佐を受け、統合作戦指揮センターにおいて中国全軍の総指揮を執る体制が整ったことになります。それは同時に、「習近平の軍」としてその統制力が一段と強まったことを意味し、中国共産党中央委員会総書記、中央軍事委員会主席そして終身国家主席の地位に、さらに軍事作戦の最高指揮官の地位が加わったことは、習近平に独裁的権力をことごとく集中させる動きに他ならないとも指摘されています。

これまでの「七大軍区」が廃止され、作戦指揮を担当する「五大戦区」が成立したことも統合作戦体制の強化に向けた大きな変化です。

もともと中国軍は、大きな陸軍の組織とされ、従来の「七大軍区」は陸軍中心で管理されてきました。しかし、中国は、「A2／AD」戦略および「一帯一路」構想にもとづいて、海洋進出を推進するために戦力をより遠方に展開させる能力、すなわち海空軍戦力を中心とした軍事力の広範かつ急速な強化の必要性が高まっていました。そのことから、いわゆる「大陸軍」主義を放棄し、統合作戦体系における陸軍の位置付けを如何に調整するかの課題を突き付けられていたのです。

その結果、陸軍構成員を中心とする軍の人員30万人削減とそれを財源とした海空軍戦力の増強を進めることになったのです。

陸軍は、他の軍種、すなわち海・空軍及びロケット軍と同格とされ、海・空軍司令部及びロケット軍司令部と横並びの「陸軍指導機構」（いわゆる陸軍司令部に相当）が創設されました。そして、軍全体で統合運用能力を高めるため、名称も「軍区」から「戦区」に変え、各軍種を一体的に運用する5つの地域別統合作戦指揮機構を設けたのです。

現在、各戦区の司令員（司令官）は、これまでの経緯もあり、すべて陸軍出身で占められ、政治委員の多くも陸軍出身者が就任していますが、各戦区の副司令員や副政治委員は陸軍、海軍、空軍の三軍種から選出され、統合化を増進する工夫がなされています。

これに先立つ2014年7月、中国共産党の機関紙「人民日報」系列の国際版である環球時報（電子版）は、中国軍が2013年11月、東シナ海に防空識別圏を設定したのに続き、中央軍事委員会の統括の下、「東海（東シナ海）合同作戦指揮センター」を新設したと伝えました。合同指揮センターは、中国各軍区の海、空軍を統合し、東シナ海の防空識別圏を効果的に監視し、日本の軍事的軽挙妄動を防止するのが目的だと報じています。

このように、中国は、「首から上」と呼ばれる軍中央レベルから「首から下」と呼ばれる現場レベルでの統合作戦強化の改革を精力的に進めています。

イ 「情報化戦争」の強化

軍改革の注目点の一つは、新たに「戦略支援部隊」が設立されたことです。同部隊には、コンピューター・ネットワーク戦（サイバー戦）、電子戦および宇宙戦に関する任務が一元的に与えられているとみられています。

戦略支援部隊は、従来、総参謀部が持っていた多くの作戦支援部門の機能を統合して編成されたもので、航空宇宙部、ネットワークシステム（サイバー）部、電子電磁システム部および軍事情報部から構成されているとみられ、情報の戦いを一元的に遂行できる機能を保持しているようです。

戦略支援部隊は、中央軍事委員会（統合作戦指揮センター）の直下に組織され、地域別統合作戦指揮機構である5個の戦区を支援する形になっています。つまり、戦略支援部隊は、中央軍事委員会（統合作戦指揮センター）の指導指揮を受け、戦区とは上下の指揮関係にはありませんが、情報化戦争の機能をもって戦区が行う統合作戦と情報戦を支援し、その作戦能力を強化する重要な役割を果たすものとみられます。

戦略支援部隊の性格は、その名称が示す通り、いわゆる「兵種（職種）」でも「軍種」でもなく、その中間的立場にある、直接中央軍事委員会の指導指揮を受ける「戦略部隊」です。また、直接作戦を行う部隊ではなく、あくまで作戦を支援する部隊であり、その支援は戦略（国家）レベルであり、作戦（軍区）および戦術（部隊）レベルではないところに特色があります。

このように中国は、戦略（国家）レベルにおいて、戦略支援部隊という情報化戦争の専門部隊を創設し、その体制を強化しています。

では、作戦（軍区）レベルおよび戦術（部隊）レベルはどのようになっているのでしょうか。

次図に示す通り、作戦（戦区）レベルは「情報戦」、戦術（部隊）レベルは「情報作戦」として位置付けられていますが、これらについては、次の項で詳しく説明することにしましょう。

3 「情報化戦争」の戦い方

（1）「情報化戦争」の体系と「網電一体戦」の位置づけ

では、中国の情報化戦争の体系と「網電一体戦」の位置づけは、どのようになっているのでしょうか。この点については、次図を参照しながら説明します。

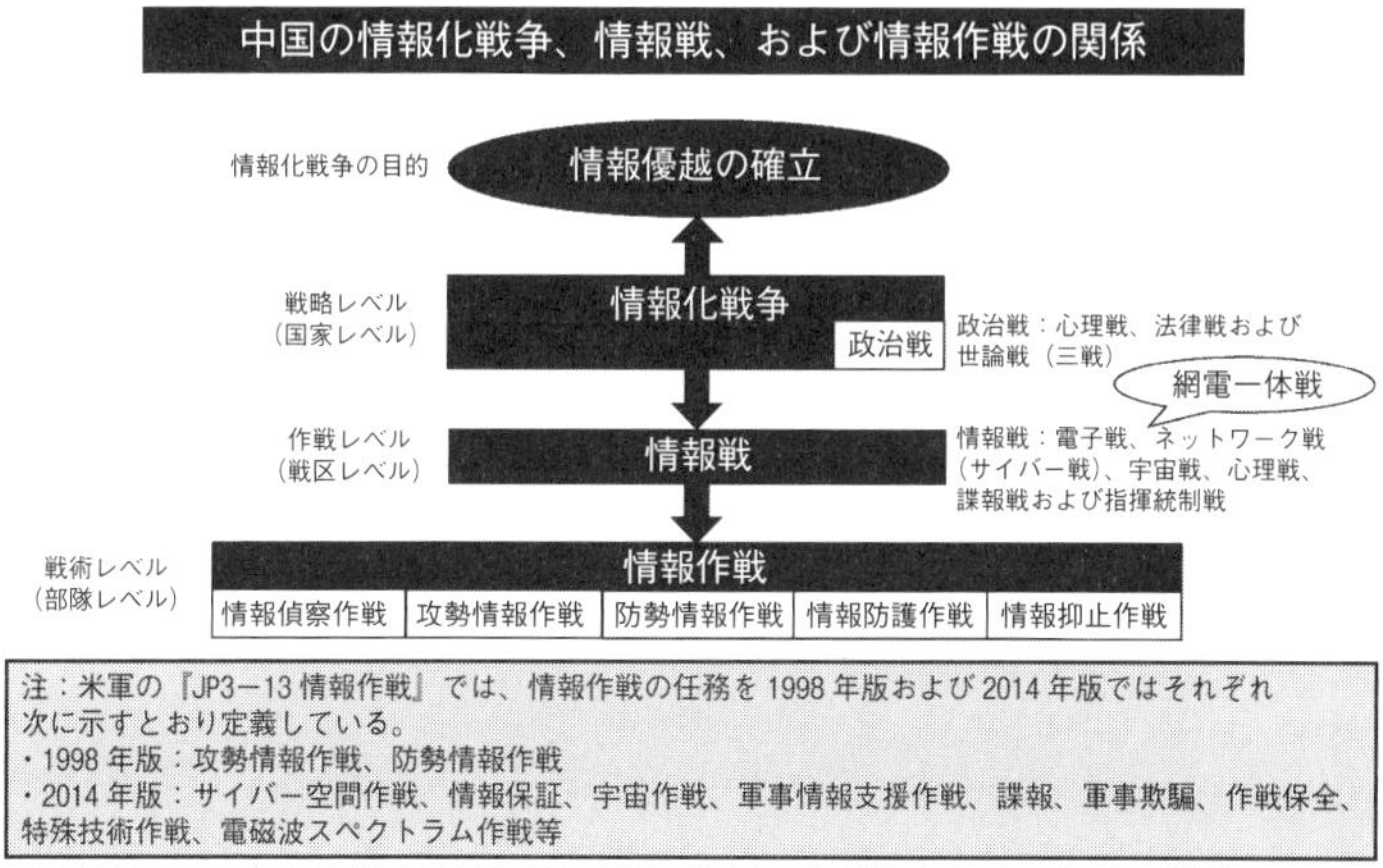

＜出典＞ディーン・チェン著『中国の情報化戦争（CYBER DRAGON）』（原書房、2018 年 6 月）を一部補正

（ア）情報化戦争

中国は、ここ4分の1世紀以上にわたり情報化時代の世界と戦争の本質を探究し、それに備えることに多大なる精力を注ぎ込んできました。その結論が、情報こそが現在および将来の戦いにおける決定的な要因であり、将来戦が情報能力の活用の戦いになることを意味する情報化戦争であると認識し、すべての作戦行動は戦場における情報の優越を獲得するという点に集約されると考え、戦いに勝利する必須かつ最大の要件として「情報優越の確立」を掲げたのです。

情報化戦争は、戦略（国家）レベルの概念であり、軍事や政治だけではなく、より大きな経済社会および技術的傾向などの関数としてとらえられています。そして、その下部概念を構成するのが、作戦（戦区）レベルの「情報戦」と戦術（部隊）レベルの「情報作戦」です。

中国は、軍事や戦争に関して、物理的手段のみならず、非物理的手段も重視しているとみられ、三戦と呼ばれる輿論戦、心理戦および法律戦を軍の政治工作の項目に加えています。

三戦の定義は、前掲の【コラム】「三戦」とは（102頁）に説明されている通りですが、輿論戦、心理戦および法律戦は、それぞれが単独ではなく、組み合わされ、全体として一体化した形で運用されることになっており、さらに軍事作戦との協同連携の必要性が強調されています。

また、三戦は、「政治戦」とも呼ばれ、情報化戦争の主要な手段としても用いられるものであり、中国はこの軍事闘争を政治、外交、経済、文化、法律など他の分野の闘争と密接に呼応させるとの方針を掲げています。

したがって、情報化戦争の矛先は軍事の最前線に限定される訳ではなく、敵対国の政治指導者や国民へ向けられ、その思考および心理に対して執拗に工作や攻撃を仕掛け、最終的に敵の抵抗意志を破砕喪失させるために情報を使用することに焦点が当てられます。

日本ではよく知られていませんが、中国軍は作戦系統と政治系統の二つの指揮系統を持っており、「三戦」は、その性格上、かつては中国軍を動かした四総部の一つであった「総政治部」の政治将校が担任していましたが、現在は中央軍事委員会直属組織の「政治工作部」に移管されたとみられます。

＜「三戦」あるいは「政治戦」の実態＞

そこで、「三戦」あるいは「政治戦」の実態について、具体的に触れることにしますが、その矛先が、日本の固有の領土である尖閣諸島の領有に向けられているのは、周知のところです。

中国は、日本との間で、大変重要な約束をしました。

2008年5月、日本を公式訪問した中国の胡錦濤国家主席は、福田康夫総理大臣と首脳会談を行い、「戦略的互恵関係」の包括的推進に関する日中共同声明に署名しました。その中で、「共に努力して、東シナ海を平和・協力・友好の海とする」と約束したのです。

しかし、それも束の間、半年後の同年12月、中国公船（中国政府に所属する船舶）2隻が突如として尖閣諸島周辺のわが国領海内に初めて侵入し、度重なる海上保安庁巡視船からの退去要求および外交ルートを通じた抗議にもかかわらず、約9時間にわたりわが国領海内を徘徊・漂泊し続けました。

中国公船がわが国の主権を侵害する明確な意図をもって航行し、実力によって現状変更を試みるという、尖閣諸島をめぐり従来には見られなかった中国の新たな姿勢が明らかになった歴史的事件でした。

2010年9月に尖閣諸島周辺の日本領海内で起きた「中国漁船衝突事件」以降は、中国公船が従来以上の頻度で尖閣諸島周辺海域を航行するようになりました。さらに、2012年9月にわが国が尖閣諸島のうち3島（魚釣島・北小島・南小島）の民法上の所有権を、民間人から国に移した、いわゆる尖閣諸島の国有地化を口実として、それ以降、中国公船等が荒天の日を除きほぼ毎日接続水域への入域や領海侵入を繰り返すようになり、現在も日々厳しい対応を迫られています。

中国は、明らかに日本との国際約束を破りました。「東シナ海を平和・協力・友好の海とする」との約束は、中国が尖閣諸島を領有するという真の意図を隠すための計算の産物あるいは策略として利用されたと見られても仕方ありません。言うなれば、中国が使う平和・協力・友好などの言葉は、悪意を悟られないための甘言あるいは隠れ蓑に過ぎず、結局、中国は、約束を破るために約束したのであり、「言行不一致」というより「謀略詭計」が中国の外交戦の常とう手段であるという事実が白日の下に晒された瞬間でもあったのです。それは、「平和的発展」を主張しつつ、南シナ海で領有権を巡って係争中の岩礁を一方的に埋め立てて人工島化・軍事基地化した「力による現状変更」や「一帯一路」構想における「債務の罠」外交にも見て取ることができます。

尖閣諸島は、歴史的にも国際法上も日本の固有の領土であることに疑う余地はなく、現にわが国はこれを実効支配しています。それでもなお中国は、その領有権を主張するため、つじつまが合うように歴史を改ざんし（歴史戦）、「領海及び接続水域法」を制定して尖閣諸島を中国領と規定し（法律戦）、これらの捏造した根拠をもって「釣魚島（尖閣諸島の中国名）は中国の核心的利益（妥協の余地のない国益）に属する」と国際社会に向けて堂々と発信する（輿論戦、心理戦）ことを、ためらいもなく、また恥ずかしげもなく実行しています。

中国は、嘘偽りで塗り固め、事実を捻じ曲げた歴史を外交戦の手段とするだけでなく、中国共産党体制の維持のためのイデオロギー的支柱ともしています。また、法律や情報（輿論戦、心理戦）なども、その政治目的達成のために従属させられ、悪意を隠ぺいして統一戦線工作に使われているのです。

そして、海上民兵が乗り組んだ漁船を先兵として、漁船の取り締まりや保護の名目で海警（海上保安機関）の船艇を出動させ、その後ろに軍事介入の口実を探りつつ手ぐすねを引いて待ち構える海軍艦艇を置く重層的な体制をもって、サラミスライス戦術やキャベツ戦術と呼ばれるグレーゾーンの戦いあるいはハイブリッド戦を仕掛け、いつの間にか既成事実化してしまうのです。

column

「サラミスライス戦術」と「キャベツ戦術」について

中国の海洋への侵出戦略の特徴として言われているのが、「サラミスライス戦術」です。これは、「サラミ一本全部を一度に盗るのではなく、気づかれないように少しずつスライスして盗る」という寓意です。つまり、一度に力を行使すると、それは戦争につながってしまう恐れがあります。そこで、一つ一つの小さな行動を積み重ねていき、気がついてみたらすっかり変わっていたということを狙うのです。この場合の武器は〝時間の経過〟です。ゆっくり、ゆっくりでいいから、サラミの一枚一枚を積み重ねていくわけです。

では、具体的にどうやるのでしょうか？

最初は、漁船です。本当に漁猟のために、狙った島や岩礁の近海にやって来るのです。しかし、漁船には海上民兵が乗っていたりします。最初は2、3隻でも、やがて船団となり、ついには何百隻の大船団になったりします。そうなると、中国海警局の巡視船（要するに「公船」）が付いてきます。漁船と漁民を守るという口実でやって来るのです。公船による常続的な哨戒活動が始まります。そういうことが続くと、この状態が当たり前になり、だんだん、他国の漁船が近づけなくなります。そのうち、中国公船は、近づいてくる他国の漁船に、海域からの退去を求めるようになります。これは、海洋法令執行活動と言い、自国領域であることのアピール行動です。この段階で阻止しないと、もう中国公船の活動は大っぴらになり、「ここは中国領、中国の主権が及ぶから、警察権を行使する」ということになります。

ここまで来たら、「キャベツ戦術」が始まります。漁船、公船の後方に海軍の戦闘艦を待機させ、島や岩礁をぐるりと囲んでしまうのです。こうした様子が、一枚ずつ包み込んでいるキャベツの葉に似ているので、これを「キャベツ戦術」と言うようになったのです。こうされると、もう他国の船はアクセスできません。となれば、あとは、島や岩礁に上陸して、そこに建物を築いたりして領土化してしまえばいいわけです。フィリピン領だった中沙諸島のスカボロー礁はまさにこうして奪われてしまったのです。現在、中国にこの戦術を仕掛けられているのが、尖閣諸島であることは言うまでもありません。

〈出典〉樋口譲次編著『日本と中国、もし戦わば』（SB新書、2017年）から引用

そのような具体的事例が、南シナ海にあることを忘れてはいけません。（【コラム】参照）
中国は、南シナ海において、国際法やフィリピンによる南シナ海での中国の行動に対する提訴を受けた南シナ海仲裁裁判所の裁定（2016年7月）を完全に無視し、南シナ海のほぼ全海域に「9段線」を引き自国の主権と関連する諸権利を主張しています。そして、領有権問題が解決していないスプラトリー諸島（中国名は南沙諸島）の7つの岩礁を埋め立て、人工島を造成し軍事基地化しました。
この事実こそが、中国の真意と行動を如実に物語るものであり、中国のこのような暴挙を、日本をはじめ、周辺地域そして国際社会が許してしまえば、現在の国際秩序は完全に破壊され、決して望まない中華的秩序に取って代わられることを深刻に認識すべきでしょう。

column

フィリピンが中国を提訴した南シナ海問題に関する国際仲裁裁判所の裁定について

2016年7月、国際仲裁裁判所は、フィリピンが起こした南シナ海での中国の行動に対する提訴への裁定を下した。この裁定は、一言で言うと、中国がこれまで主張してきたことがことごとく否定されたということであり、大まかにまとめると、次のように

なる。

①中国の「9段線」内の海域における「歴史的権利」の主張には如何なる法的根拠も存在しない。

②海洋地形の自然条件（natural condition）で南沙諸島には「岩」はあっても「島」は存在しない。

③中国の行動はフィリピンの主権を侵害している。中国は特にスカボロー礁（黄岩島）において、フィリピンの伝統的な漁業権利を妨害してきた。南沙諸島のリード堆付近での中国の石油探査は、フィリピンの主権を侵害している。

④中国の行為は国連海洋法条約が定めている海洋の環境を守る義務的条項に違反している。魚の乱獲や人工島の建設といった活動によって、南沙諸島の生態系の一部に損害を与えてきた。

⑤中国の人工島建設などの行為は調停手続き進行中の紛争悪化防止を義務付けた規定に違反している。

〈出典〉南シナ海仲裁裁判所の裁定を基に、筆者要約。

（イ）情報戦

戦略（国家）レベルの情報化戦争という枠組みの下で、その成果を拡大活用しながら戦われるのが、作戦（戦区）レベルに位置付けられる情報戦です。したがって、情報戦は、より軍事領域内での情報優越を獲得しようとする戦いといえます。

情報戦は、将来の戦いで重要性を増す統合作戦と密接な関連があり、中国軍は、情報戦と統合作戦の一体的推進が将来の「情報化条件下の局地戦」を戦い、勝利するための核心であると考えています。

情報戦は、コンピューター・ネットワーク戦（サイバー戦）、電子戦および宇宙戦を重視しつつ、心理戦や諜報戦、指揮統制戦などを総合的に運用し、敵の行動に対して攻撃、あるいは抵抗して反撃する行動です。情報戦は、網電一体戦とも呼ばれ、本書の主題であるＭＤＯに最も近い概念です。迅速で効率的な戦力の発揮には欠かせない軍事分野での情報収集および指揮統制通信などは近年、人工衛星やコンピューター・ネットワークへの依存を高めています。そのような軍事作戦環境の中で、戦争や紛争時には自身の情報システムやネットワークなどを防護する一方、敵の情報システムやネットワークなどを無力化し、情報優勢を獲得することが重要であると中国は認識し、そのための情報戦に資する能力の強化を重視しているとみられています。

■コンピューター・ネットワーク戦（以下、サイバー戦）

中国は、「宇宙空間及びネットワーク空間は各方面の戦略的競争の新たな要害の高地（攻略ポイント）」であるとし、「サイバー空間における状況に対する認識、サイバー防御、国家のサイバー空間戦争を支援する能力を向上させる」と表明しています。

戦略（国家）レベルでは、２０１５年末に設立された戦略支援部隊にサイバー戦、電子（電磁波）戦、宇宙戦に関する任務を一元的に担わせ、作戦（軍区）以下のレベルでは、ネットワーク化された相手部隊の妨害やインフラの破壊などのために、軍のサイバー攻撃能力を強化している模様です。

中国のサイバー戦の動きについて、平成30年版『防衛白書』は、下記のように説明しています。

実際に、２００８（平成20）年以降の主要な軍事訓練には、攻撃・防御両面を含むサイバー作戦などの要素が必ず含まれていると指摘されている。最近の訓練の中では、敵の指揮通信システムの妨害が成功裡に行われたと伝えられている。

……。

また、サイバー攻撃で地域全体における敵のネットワークを破壊することで、その「Ａ２／ＡＤ」能力を強化しているとの指摘もある。

サイバー戦において、中国は、敵のネットワーク上にあるデータを調査・窃取するとともに、敵のネットワークを攻撃し、我のネットワークを防御するために、敵がどのような手順や技術レベルでネットワークを維持・管理、運用しているかを偵察する「ネットワーク偵察」が平時からの重要な任務とされています。なかでも、サイバー戦の優劣を決めるのは常日頃の偵察活動（例えば、マッピングといわれる攻撃目標の下見など）により、いかに相手システムの脆弱性を掌握しているかにかかっており、その点が重視されることになります。

そのうえで、ネットワーク内のデータだけでなく、ネットワーク自体に対して「ネットワーク攻撃」を行います。その攻撃は、マルウェア、論理爆弾（logic bomb）、ハッカーなどの手段によってネットワーク化されたシステムを混乱させ、運用を妨害し、またそれらが持っている情報を損傷・破壊するなど、サイバー領域における「敵の行動の自由を拒否する」ことを目標としています。

その際、敵に情報の窃取や操作を感知されないような隠密的な行動の必要性を指摘するとともに、ネットワークシステムに対して同時多発的に攻撃を行うことの重要性を強調しています。この際、「ネットワーク偵察」と「ネットワーク攻撃」は密接に繋がっており、両者を区別することは困難で、同時に遂行されていることにも注意が必要です。

一方、自身のネットワークシステムおよび施設の円滑な運用を確保するため、敵が自身のネットワークにアクセスし、その運用を混乱させ、またシステム上の情報の信頼性を危うくすることを防ぐために「ネットワーク防御」の取り組みを強化しています。

このように、中国のサイバー戦は、「ネットワーク偵察」、「ネットワーク攻撃」および「ネットワーク防御」の3つの機能から構成されていますが、それぞれ相互に密接に連携しており、それらの間に具体的な境界線を引くことができないのがその特徴です。

また、中国は、反スパイ法やインターネット安全法などを次々に制定し、「法治」の名の下でソーシャルメディアに対する政府統制やインターネットの情報統制を強化しており、それもサイバー戦の一環と見なければなりません。
なお、中国が日本や台湾などに仕掛けているサイバー戦の実態については、この後第4項で詳しく説明します。

■電子（電磁波）戦

電子戦（Electric Counter Measure, ECM）は、第2次世界大戦時から使用された情報戦の中でも最も初期の形態の一つですが、米国やロシアなどに比べて中国の出遅れが目立った分野でした。しかし、中国は、電磁波空間を、陸海空及び宇宙に次ぐ新たな作戦領域とみて、近年、急速に能力の向上を図っています。

平成30年版『防衛白書』は、「わが国周辺にたびたび飛来しているY－8電子戦機のみならず、J－15艦載機やH－6爆撃機の中にも、改良され、電子戦能力を有するものがあると言われている」と指摘しています。

論じるまでもなく、陸上、海上、航空および宇宙における作戦は、電磁波システムに依存しています。したがって、電磁波戦は、概念的に、センサー（例えばレーダー）、通信システム（例えば無線）だけでなく兵器の管制・誘導システムなどに影響を及ぼすもので、その領域における敵の能力を低下あるいは混乱させる一方、我の能力を防護する戦いの形態です。

中国の作戦（戦区）レベルの電子戦は、「電子偵察」、「電子攻撃」および「電子防御」の３つの任務分野から構成されています。

「電子偵察」は、日本など西側の電子情報（Electronic Intelligence, ELINT）や通信情報（Communication Intelligence, COMINT）、信号情報（Signal Intelligence, SIGINT）、音響情報（Acoustic intelligence, ACINT）などに相当し、「電子攻撃」と「電子防御」遂行の基盤となる不可欠なもので、平時からの活動の重要性が強調されています。

「電子偵察」は、敵が使用する通信ネットワーク、レーダー、電気工学システム、ソナーと水測システムなどの電磁波情報を収集するばかりでなく、電磁波の発信源である重要施設を特定し監視すること、部隊作戦における行動パターンや信号とミサイル発射等との関係を解明することなどを目標として遂行されます。

「電子攻撃」は、敵の通信ネットワーク、レーダー、電気工学システム、ソナーと水測システムなどに対し、電磁波的な混乱、妨害あるいは破壊活動を行うことによって、電磁波に依存する兵器・システムの能力を減殺、麻痺、阻止するものです。

また、敵の兵器・システムに対しては、「電子攻撃」だけではなく、爆弾、ロケット、火砲、対レーダーミサイル、核・非核の電磁パルス（ＥＭＰ）などの物理的な破壊手段も使用されます。物理的手段による攻撃は、「電子攻撃」と比べてより大きなダメージを与えるだけでなく、長期にわたって破壊効果を持続させることができる利点があり、電子破壊と併用するとされている点に注意が必要です。

「電子防御」は、敵の電子偵察、電子妨害あるいは電子破壊などによって、電子システムの運用または実効性を低下させ、電子戦遂行能力を最小限にするものです。いわゆる「対電子対策」(Electronic Counter Countermeasures, ECCM)を中心として、敵の電子偵察や電子攻撃から防護するための対スパイ活動や情報セキュリティ、戦術機動、隠蔽と欺編あるいは物理的防護などを含む広範な概念として位置付けられています。

〈網電一体戦：一体化ネットワーク電子戦〉

前述の通り、網電一体戦は、英語で"Integrated Network Electronic Warfare"と表現され、Network Warfare(サイバー戦)とElectronic Warfare(電子戦)を融合一体化させ、二つの手段を敵の情報システムに対して複合的に使用するもので、「一体化ネットワーク電子戦」とも呼ばれています。

網電一体戦は、サイバー戦・電子戦の非物理的打撃力と物理的打撃力、例えば火砲による集中砲撃、航空機による広域爆撃あるいは特殊作戦部隊によるゲリラコマンド攻撃などを合わせて運用し、敵の戦闘力や兵力投射能力、C4ISR(指揮、統制、通信、コンピューター、情報、監視、偵察)、兵站システムなどを支える情報ネットワークシステムを妨害する概念です。

このように、中国は、ソフトパワーだけでなく、ハードパワーを網電一体戦の有力な手段と見做しています。また、この作戦を戦力的弱者が強者の優位と均衡させせるための実効性ある手段と考えており、いわゆる「非対称戦」として、敵の機先を制して先制攻撃を行う「積極攻撃」の重要性が強調される背景ともなっています。

■宇宙戦

中国の宇宙プログラムは世界で最も短期間に発達したといわれています。2016年12月に発表された「中国の宇宙」白書は、宇宙空間の平和利用を強調していますが、軍事利用を否定していません。また、中国の宇宙利用に関わる行政組織や国有企業は、中国軍と密接な協力関係にあると指摘されており、実際に、中国は宇宙における軍事的能力の向上を企図していると考えられています。

中国の推進するプロジェクトの例としては、2020年までにグローバル衛星測位システムを形成することを目的とした、中国版GPSとも呼ばれる測位衛星「北斗」の打ち上げや、軍用の偵察衛星としての役割を担う可能性が指摘されている地球観測衛星の打ち上げなどがあります。さらに、紛争時に敵の宇宙利用を制限・妨害するため、レーザー兵器や対衛星兵器を開発しているほか、「天空」宇宙ステーションや衛星攻撃衛星などの開発を進めているとも指摘されています。

中国は、米国とロシアの宇宙空間における能力を分析して、宇宙ベース情報が情報戦および将来戦で極めて大きな役割を果たすことになると判断した模様です。そのうえで、中国軍は、将来の統合作戦が、かなりの距離・空間にわたって、複数の軍種が一体となって作戦するとの認識に至り、広範囲にわたる通信ばかりでなく正確な航法や位置情報、そして伝統的な陸上、海上、航空に加えて宇宙空間にわたる作戦の指揮統制が必要になるとの理解を深めたと伝えられています。

そのような認識の下に、「情報化条件下の局地戦」を成功裏に実行するために必要な情報の支援には、宇宙ベースの情報源を含まねばならないとして宇宙戦と情報戦を密接に関連付け、宇宙作戦は情報優勢を確立するための中心的手段であるとしています。そして、中国軍は自軍のための宇宙への自由なアクセスを確保する必要があり、他方、最小限、敵に宇宙を自由に使用する能力を与えないようにしなければならないと結論付けています。つまり、宇宙優勢の確立を通じて情報優勢の確立を目指しているということです。

そのため、中国の宇宙作戦は、「宇宙情報支援作戦」、「宇宙抑止」、「宇宙封鎖」、「宇宙攻撃作戦」そして「宇宙防御作戦」の5つの任務分野から構成されています。

中国の宇宙作戦は、「宇宙情報支援作戦」という情報戦によってすでに始まっています。

中国軍の統合作戦が進化し宇宙戦力が発展する中で、その作戦地域が太平洋からインド洋へと拡大し、地上ベースの情報支援基盤がある中国領土からますます遠く離れて行動するにつれて、中国軍は宇宙ベースの情報支援システムへの依存度を高め、「宇宙情報支援作戦」の重要性が一段と増大しています。

「宇宙情報支援作戦」には、宇宙作戦を構成するあらゆる作戦を支援する重要な任務があり、その役割は、宇宙空間の状況認識、宇宙偵察および監視、ミサイル発射に関する早期警戒、通信およびデータ中継、航法および測位、そして測地、海象および気象を含む地球観測など広範多岐にわたっています。そのため、次頁の図表に示すように、多種多様な機能を持つ人工衛星を打ち上げています。

このような宇宙ベースの情報支援を受けて、中国軍は、「宇宙抑止」、「宇宙封鎖」、「宇宙攻撃作戦」そして「宇宙防御作戦」を遂行します。

まず、聞きなれない「宇宙抑止」について説明します。

現在の世界では、宇宙から又は宇宙を通じて得られる情報が、軍事だけではなく政治、経済、外交および一般の社会活動などの広範な分野に影響を及ぼしています。

そこで、中国は、自身の強力な宇宙能力を誇示し、それを使用する意思と決意を示すことによって、宇宙で得られる情報へのアクセスの喪失とその結果として生じる甚大な損壊について敵国の戦略的意思決定者に対し衝撃と恐怖を与え、もって紛争の勃発を防止し、紛争が起きた場合にその範囲を限定することを狙っているのです。これが、中国の「宇宙抑止」の理論であり、目的です。

この目的に照らすと、「宇宙抑止」は、他の宇宙作戦と比べて高い次元の役割を与えられており、したがって、作戦（戦区）レベルというよりも戦略（国家）レベルの概念と捉えた方が適切であり、それがゆえに、本格的な戦争は宇宙から始まると想定しておいた方が賢明かも知れません。

中国の宇宙攻撃の恫喝によって、宇宙システムがリスクにさらされる敵は費用対効果を考えなければなりません。その結果、敵にとって中国の目的に挑戦しない方がより有利であるとの結論に導くよう仕向けるものであり、宇宙空間を人質にして中国に危機管理と抑止の利益をもたらそうとす

宇宙戦力（space forces）の構成要素・任務と中国の宇宙戦略

構成要素・任務	細　項	中国の宇宙戦略	備　考
①宇宙支援 （space support）	人工衛星の打ち上げ 軌道上のシステムの日常的管理 （故障、寿命切れなどの）人工衛星の新たな補充	・情報収集、通信、測位など各種人工衛星の打ち上げ ・「天宮」有人宇宙ステーションの建設 ・月面基地の建設	中国版GPS：測位衛星航法システム「北斗」、地球観測衛星などの打ち上げ
②戦力強化 （force enhancement）	ミサイル監視システム	・地球観測衛星 ・超大型プラットフォーム衛星	通信・高軌道リモートセンシング・宇宙探査用
	衛星通信	・超大型プラットフォーム衛星 ・高速ブロードバンド衛星→５Ｇへ（※）	・高速大容量通信の提供
	ナビゲーション	・測位衛星航法システム「北斗」の運用 ・海上偵察監視センサー・ネットワークの構築	・中国版GPS, 2020年までに35基→宇宙回廊／一帯一路 ・対艦弾道ミサイル発射諸元用リモート・センシング衛星
	地球観測	地球観測衛星	
③宇宙コントロール （space control）	対宇宙作戦 宇宙優勢（space superiority）	・レーザー兵器・地対衛星兵器（ASAT）、衛星と地上局間通信の電波妨害装置（ジャッマー）の開発 ・「天宮」有人宇宙ステーションの建設 ・月面基地の建設	衛星破壊用ミサイル(24基）、キラー衛星
④宇宙戦力の応用 （space force application）	宇宙空間からの／同空間を経由した対地攻撃（戦力投射）	「天宮」有人宇宙ステーションの建設	

＜出典＞構成要素・任務は、ベンジャミン・ランベス（米ランド研究所、エアーパワーの理論家）の区分による。

細項等は、平成30年版「防衛白書」及びディーン・チェン著『中国の情報化戦争（CYBER DRAGON）』から引用・補正

中国の衛星群

中国語	衛星群名（英語）	機　　能
北　斗	Beidou（Big Dipper）	位置評定、誘導、計時、通信
烽　火	Fenghuo （Signal Fire）	軍事通信
風　伝	Fengyun（Wing and Clouds）	気象
高　分	Gaofen（High Resolution）	高解像度地球観測
海　洋	Haiyang（Ocean）	海洋監視および偵察
環　境	Huanjing（Environment）	環境監視
神　通	Shentong（Permeating）	軍事通信
実　践	Shijian（Practice, or Implementation）	技術実験、おそらく軍事的利用
実　験	Shiyan（Experiment）	技術実験、おそらく軍事的利用
天　鏈	Tianlian（Sky Link）	データ中継
遥　感	Yaogan（Remote Sensing）	リモートセンシング（遠隔探査）
資　源	Ziyuan （Resource）	地球観測

＜出典＞ディーン・チェン著『中国の情報化戦争（CYBER DRAGON）』表6.1「中国の衛星群」

るのです。

この「宇宙抑止」について、中国軍は、いわゆる「エスカレーション・ラダー」の考えを採り、次のような手順で遂行するとみられています。

まず、平時または危機の初期段階に「宇宙部隊と兵器の展示」を行って、敵に紛争に至る行動の実行を思い止まらせるための警告を発します。

それによって敵に対して行動の変更を強制できない場合、弾道ミサイル防衛の実験、対衛星兵器の実働演習、宇宙システムからのリアルタイムの情報支援の展示などの「宇宙軍事演習」を行います。

次の段階的拡大措置として、宇宙抑止の重要な取り組みとなる「宇宙部隊の配備と増強」へと移行します。これによって万一抑止が失敗した場合でも、自らの作戦準備を向上させるとともに、追加のプラットフォームおよびシステムの展開によって、敵に対し局地的な宇宙優勢を獲得する好機が生まれます。

宇宙抑止の最終段階は、「宇宙兵器の運用」によって敵の宇宙兵器に対しハードキルとソフトキルの両手段を組み合わせた打撃を行って、敵の国家意思決定者に心理的な動揺を与え、その敵対的行動を思い止まらせるものであり、宇宙抑止を宇宙作戦における第一の任務に位置付けています。

「宇宙封鎖」とは、敵が宇宙に侵入し、または宇宙を通じて情報を収集し伝達するのを妨害するものであり、次のような活動が含まれます。

・敵の地上宇宙関連施設や宇宙支援機能を遮断・封鎖すること
・意図的に宇宙デブリの雲を発生させ、あるいは宇宙機雷を配備するなどによって敵の周回衛星の軌道を妨害すること
・敵の衛星打ち上げの時間帯を妨害して正確な軌道に到達させないこと
・地上管制所と衛星間のデータリンクを妨害・混乱させ、あるいは衛星のセンサーなどに低出力の指向性エネルギー兵器を運用して衛星を幻惑させて情報封鎖を行うこと

このように、中国軍は「宇宙封鎖」の目的達成のために多種多様な手段を駆使するものとみられています。

「宇宙攻撃作戦」は、敵の宇宙関連アセットを目標として一連の攻撃作戦を仕掛けるものであり、そのターゲットには極めて重要な戦略的および作戦的な宇宙関連目標、すなわち「要点」が選定され、宇宙優勢および宇宙封鎖にとっても不可欠な作戦とされています。

「宇宙攻撃作戦」は、奇襲を重視し、敵の統合能力の発揮を妨害することを主眼に、敵の戦闘システム・オブ・システムズの重要かつ脆弱な目標に対して、敵の予期していない決定的な時期に、ハードキルとソフトキルを混合した方法をもって隠密裏に遂行し、敵を混乱させ、防護を困難にさせるとしています。

ハードキルには、指向性エネルギー兵器（レーザー兵器）、対衛星兵器、宇宙機雷、無人宇宙船や衛星攻撃衛星の対衛星システムなどの手段が用いられる可能性があります。なお、無人宇宙船は、

宇宙のみならず、即時全地球攻撃能力の基地として使用されることにも特段の注意が必要です。ソフトキルでは、「宇宙電子戦および宇宙ネットワーク戦」といった情報戦によって衛星システムを妨害し、混乱させることができると考えられています。

他方、敵の指揮統制中枢や地上の衛星打ち上げサイトおよびこれに付随するデータ、地上サイトと衛星間の通信システムなどを含む宇宙関連施設・宇宙支援機能を攻撃することも視野に入れています。その際、陸海空をベースとしたミサイルなどの火力、特殊作戦部隊なども宇宙攻撃作戦の役割を担うとされています。

「宇宙防御作戦」は、自身の宇宙システム（「天空」宇宙ステーションや軌道周回衛星、地上衛星関連施設、関連するデータリンクなど）を敵の宇宙攻撃や地上攻撃から防御し、国家の政経・軍事中枢などの戦略要点・要域を敵の宇宙システムや弾道ミサイルの攻撃から防護するものであり、「宇宙情報支援作戦」および「宇宙攻撃作戦」と並行して実施されます。

「宇宙防御作戦」は、パッシブとアクティブの両防御手段を組み合わせて行われます。

パッシブ防御手段には、宇宙システム自体のセキュリティ強化や分散があり、アクティブ防御手段には、衛星が敵の攻撃を感知したら、攻撃を避けるために自ら軌道を変える自律的な機動や敵の衛星攻撃兵器（ＡＳＡＴ）に対するターゲティングと、逆に敵が自身の人工衛星を追尾しターゲティングする能力を拒絶するための電波妨害などが含まれます。また、宇宙システムを混乱・抑制するための地上の宇宙支援施設等への攻撃も有効と考えられています。

（ウ）情報作戦

情報作戦は、作戦（戦区）レベルの情報戦の下で展開される、戦術（部隊）レベルの情報戦です。中国軍は、潜在的な敵に関する情報を収集、分析および活用し、また、自身の作戦を必要な情報で支援するとともに、敵が情報を収集し活用することを防止するための多種多様な攻勢および防勢情報作戦を実施します。

情報作戦は、「情報偵察作戦」、「攻勢情報作戦」、「防勢情報作戦」、「情報防護作戦」そして「情報抑止作戦」の5つの作戦から構成されています。

なお、情報作戦に関する内容は、部隊レベルの具体的で細部にわたる手続きや要領などの極めて軍事専門的分野に関する事項が中心であり、必ずしも十分な理解が得られそうもありませんので、これ以上の踏み込んだ説明は避けることにします。さらに、情報作戦に関する細部の内容を知りたい読者には、ディーン・チェン著『中国の情報化戦争（CYBER DRAGON）』（五味睦佳監訳、原書房、2018年）の第5章「情報作戦」の参照をお勧めします。

（2）官民一体の情報化戦争――「超限戦」という思想も

「超限戦」（Unrestricted Warfare）は、1999年に発表された中国空軍大佐の喬良と王湘穂による戦略研究の共著で明らかにされた軍事思想で、これからの戦争を、あらゆる手段で制限無く戦うものとして捉え、その新しい戦争の性質や戦略について論じています。

その中で、25種類にも及ぶ作戦・戦闘の方法を提案し、通常戦、外交戦、国家テロ戦、諜報戦、金融戦、ネットワーク戦、法律戦、心理戦、メディア戦などを列挙しています。そして、このような戦争の原理として、総合方向性、共時性、制限目標、無制限手段、非対称、最小消費、多元的協調、そして全ての過程の調整と支配を挙げています。

つまり、中国で議論されている新しい戦争の形は、軍事と非軍事の境界を曖昧にし、単に戦争手段の多様化を示すだけではなく、それに対応した安全保障政策や戦略研究の必要性を主張しているのです。

そのこともあって、中国は、２０１７年に軍隊と民間を結びつけ、軍需産業を民間産業と融合させる軍民融合（Civil-Military Integration, CMI）を国家戦略として正式採用し、習近平国家主席が代表を務める中央軍民融合発展委員会を新設しました。そして、国防動員と国防予備兵力を強化し、国防動員能力の向上と国防における実力を増強させるとしています。

また、最先端の軍民両用（デュアル・ユース）の技術を他国に先駆けて取得・利用することを重視していることから、非軍事分野での技術開発であっても、軍事分野に活用することは当然と考えられています。そのため、国有企業と民間企業の相互補完的な関係づくりに取り組みつつ、米国のような軍産複合体を目指しているとみられていますが、共産党一党独裁体制下での軍民融合は、軍事力の強化がすべてに優先する「軍国主義」化に拍車をかける危険性があります。

ここ数年、毛沢東の真の継承者を自認し、毛沢東流政治路線への回帰を目指している習近平国家主席は、国有企業の規模・シェアの拡大と民間企業の縮小・後退を意味する「国進民退」を積極的に推進しています。また、政府の官僚を「政務事務代表」としてアリババやAI監視カメラメーカーのハイクビジョン（海康威視）などの重点民営企業に駐在させ、政府官僚による民営企業の直接支配を始めています。それは同時に、外国の企業や研究者が意図せずして、あるいは気付かないうちに、人民解放軍によるドローンや人工知能（AI）などの民間の最先端技術や専門知識の取得を手助けし、新たなリスクを生み出していることを意味しており、その危険性について銘記すべきでしょう。

また、中国は、国防の基本を定めた国防法と人民防空法（いずれも1997年）を基礎として、改正兵役法（1998年）や国防教育法（2001年）、そして国防動員法（2010年）や国家情報法（2017年）など数多くの国防関連法を制定しています。

国防動員法は、国防関連法制の集大成として制定されたもので、戦争や武力衝突が発生した場合には、国防義務の対象者（18歳～60歳の男性、18歳～55歳の女性）は動員され、個人や組織が持つ物資や生産設備は必要に応じて徴用されます。その際、交通・港湾、金融、マスコミ、医療機関などは、必要に応じて政府や軍が管理することになっています。

この法律は、原則として国外にいる中国人にも適用されるため、現在日本に滞在する多数の中国人は、有事の際に中国軍に動員され、日本にいながらにして破壊活動や情報・軍事活動に従事する要員となる可能性があります。また、この法律は中国国内に進出している外資系企業も対象としていることから、現在中国に進出している日系企業は中国軍の意志ですべての財産や最先端技術などを没収される恐れがあります。

このように、中国は、国家を総動員して戦争や武力衝突に対処する体制を作っているのです。

column

小学校から始まる中国の国防教育・軍事訓練

中国は、「中華人民共和国兵役法」（1998年改正）と「中華人民共和国国防教育法」（2001年）に基づき、小学校から大学に至るまで国防教育・軍事訓練を実施している。「国防教育法」は、国防教育を強め、愛国主義精神を広め、国防と社会主義精神文明建設を促すために制定する（第一条）とし、基本的国防知識を把握し、必要な軍事技能を学習し、愛国心を呼び起こし国防義務を自覚させる（第三条）ことを目的としている。小学校と中学校では国防教育の内容を教育課程や課外活動に含める（第十四条）とし、高等学校（日本の大学に相当）と高等中学（日本の高等学校に相当）では軍事訓練を行う（第十五条）と定めている。

教育・訓練の期間は、小学校が数日、中学校が約1週間、高校が1

〜2週間、大学が半月〜1か月程度のようである。教育・訓練の具体的内容は、国防に関する基礎教育に加え、小中高校では基本的な整列や隊列行進及び格闘術などの訓練があり、大学では正規の軍事訓練が行われ、なかには小銃の実射訓練を実施している大学もあるようだ。なお、最近では、サイバー戦や情報戦などの新たな領域に関する教育も行われているとも伝えられている。中国の学生に対する国防教育・軍事訓練は、「国防教育は赤ん坊のときから始めよ」との鄧小平語録もあり、特に天安門事件（1989年）やソ連邦の崩壊（1991年）による民衆の軍部離れに危機感を抱いた中国共産党指導部が愛国主義と革命伝統教育の強化を迫られたという背景がある。

写真は、小学校における軍事訓練の一場面。

〈出典〉中華人民共和国兵役法・国防教育法等を基に、筆者作成

特に注意しなければならないのは国家情報法です。

同法は、「国家情報活動を強化及び保障し、国の安全及び利益を守るため」（同法第1条）、国内外の情報工作活動に法的根拠を与える目的で制定されました。国の情報活動に関する独立した法律が制定されたのは、中国においてはこれが初めてで、国内外の組織や個人などを対象に情報収集を強

める狙いがあるとみられています。

習近平政権は、すでに述べたように、反スパイ法やインターネット安全法などを次々に制定し、「法治」の名の下で情報統制を強めています。一方、国家情報法は、「いかなる組織及び国民も、法に基づき国家情報活動に対する支持、援助及び協力を行い、知り得た国家情報活動についての秘密を守らなければならない」（同法第7条）と定め、一般の組織や市民にも「援助及び協力」を義務付けています。

このような国防関連法を背景として、中国共産党が日本に仕掛けているのが、「友好」や「文化交流」など「日中交流」と銘打った浸透工作です。

すでに述べたとおり、中国は、「三戦」と呼ばれる「輿論戦」、「心理戦」および「法律戦」を軍の政治工作の項目に加えたほか、これらの軍事闘争を政治、外交、経済、文化、法律など他の分野の闘争と密接に呼応させる方針を掲げており、これらの工作あるいは闘争は「政治戦」とも呼ばれています。

それを遂行する中心的組織が中国共産党中央統一戦線工作部（中央統戦部）であり、その主な任務は、中国共産党の世界制覇の野望を果たすため、①中国共産党の政治運営への国際社会の支持を取り付けること、②海外での影響力を強化すること、そして③重要な情報を収集することとされています。

その上で、統一戦線工作は、外国政府の決定や社会の考え方、信念、行動に影響を与える巧妙な浸透工作を行い、たとえば政府・政界、メディア報道、財界、大学などの学術研究機関などを対象として、共産党への異論を抑制し、融和的な環境と脆弱な防衛体制にすることを狙いとしています。

中央統戦部の幹部養成用教材では、その手口について、「騙《だま》しと脅し」のテクニックを駆使し、特定の団体や個人を丸め込んだり、協力関係を築いたり、敵対勢力に対しては冷血無情に完全孤立させるための攻撃を行うことなどが指示されているようです。

政治戦は、国家の決定権を握る政治エリートに対する浸透工作を重視していると伝えられており、特に政権与党や有力野党の親中派がターゲットになっているようです。また、地域的には、基地問題を抱える沖縄における日本政府や米国への敵意、そして米軍の活動妨害と基地撤廃の目的で行われる米軍基地への反対運動を高める中国共産党の介入工作への懸念が広がっています。

日本に拠点を置く統一戦線の組織は、日中友好協会、日本国際貿易促進協会、日中文化交流協会、日中経済協会、日中友好議員連盟、日中協会、日中友好会館など、少なくとも7つの組織があるとみられ、教育組織としては、孔子学院が知られており、日本では15か所の存在が確認されています。また、中国文化紹介や日中文化交流を謳う中国文化センターやカルチャークラブも存在します。

また、日本にいる中国人留学生の多くは、中央統戦部の表の組織である「中国海外教育学者発展基金会」から奨学金を受け、その見返り（代償）として、在日本中国留学生協会を通じた中国大使館の指示に従い、水面下で世論操作などの政治活動を行っているとみられています。

このように、表向き「日中交流」を旗印にしている組織や大方の中国人留学生は、中国共産党あるいは中国政府を代弁して広報・工作活動を行う代理人であり、党・政府のために、日本国民の中国に対する態度や日本の政策、指導層に影響を与えることを狙った政治活動に従事しています。したがって、交流交際に当たっては、常にその認識と警戒心を持って臨むことを銘記すべきでしょう。

平成29年「警察白書」は、「対日有害活動の動向と対策」（第5章第2節1項）の中で、「中国の動向」について、次のように記述しています。

中国は、諸外国において多様な情報収集活動等を行っていることが明らかになっており、我が国においても、先端技術保有企業、防衛関連企業、研究機関等に研究者、技術者、留学生等を派遣するなどして、巧妙かつ多様な手段で各種情報収集活動を行っているほか、政財官学等、各界関係者に対して積極的に働き掛けを行うなどの対日諸工作を行っているものとみられる。警察では、我が国の国益が損なわれることがないよう、こうした工作に関する情報収集・分析に努めるとともに、違法行為に対して厳正な取締りを行うこととしている。

２０１７年現在の在日中国人の数は約73万人。その中には、工作員として「選抜、育成、使用」される可能性の高い「留学生」約12・5万人、「教授・研究・教育」約2千人、「高度専門職」約5・2千人、「技術・人文知識・国際業務」約7・5万人などが含まれています（２０１７年12月現在の政府統計の総合窓口「e-stat」）。

また、中国から日本への旅行者は約637万人（2016年、日本政府観光局（JNTO）統計）を数え、通年で、約710万人の中国人が日本に滞在しており、わが国に対する恐るべき「人口圧」となって不安を掻き立てています。

正確な数字は明らかではありませんが、これほど多くいる中国人の中には、相当数の工作員が含まれていると見なければならないでしょう。

中国には国防動員法があり、動員がかかれば、国防に従事する義務があります。また、国家情報法によって中国の情報工作活動を援助し協力する義務があり、在日中国人や中国人旅行者もその例外ではありません。彼らが、日本国内において、在日工作員あるいは潜入した武装工作員（ゲリラ・コマンド）と連携し、情報活動や破壊活動などに従事する事態を十分に想定しておかなければならないのです。

（3）「中国製造2025」を主因とする5G覇権争い

米中覇権争いが激化する中で、その争点の一つになっているのが次世代移動通信規格「5G」を巡る問題です。さらにその背後には、「中国製造2025」を主因とする核心的問題が横たわっており、日米欧からの強い反発を招いています。

中国は、先進的な技術やIoT（Internet of Things、モノのインターネット）技術を有する製造業の育成と国際競争力の強化が必要であるとの認識の下、イノベーション力の強化や第4次産業革命に向けたＩＣＴ産業と製造業の統合技術の深化などを目指した「製造強国化」が不可欠であるとし、その路線を明確にするため第13次５ヶ年計画期（２０１６～20年）に「中国製造２０２５」を打ち出しました。

「中国製造２０２５」では、「製造強国化」に向けた特に重要な産業として、ＩＣＴ産業、数値制御工作機械（Numerically Controlled Machine Tools）とロボット、航空・宇宙用機器、海洋土木設備およびハイテク船舶、先進型軌道系交通設備、省エネルギー・新エネルギー車、電力機器、農業設備、新材料、バイオ医薬品及び高性能医療機器の10分野を指定しています。また、これらの重点産業への政策実施に関するロードマップは、２０２５年までに多くの重点品目の国産製造比率を60～80％水準まで到達させることを目標とし、さらに、２０３５年までに世界のイノベーションをリードする能力を形成し、中国を中位の製造国レベルに引き上げ、２０４９年の最終ゴールの際には、製造業大国としての地位をさらに確固たるものとし、総合的な実力において世界トップレベルの製造強国と肩を並べるとしています。

この「中国製造２０２５」の推進を巡る動きは、すでに米中貿易戦争に発展していますが、その理由として米国は、技術移転の強制やサイバー空間での知的財産や機密情報の窃取、外国企業に対する規制の強化・乱用、利益を度外視した中国国営企業に対する補助金の供与などの問題が、不正に産業競争力を強化して国際間の自由公正な競争に不合理をもたらすとともに、米国の国益を大きく損なっていると指摘しています。

いうなれば、「中国製造2025」は、不正な手段に訴えて他国の技術を取得し重要技術の自給自足を目指す計画となっています。そのうえ、「中国製造2025」で重視されているICT産業、数値制御工作機械とロボット、航空・宇宙用機器などの分野は、安全保障上に脅威を及ぼす可能性が懸念され、ひいては今後の米中の覇権争いの行方を左右する重大問題を抱えているからです。

なかでも、サイバー空間で次世代移動通信システム5Gを制すれば、経済の強化だけでなく、安全保障の上で圧倒的優位に立つことができ、したがって、米中の覇権競争において、双方とも譲歩の余地はほとんどないのです。

米国防省の防衛イノベーション委員会は、報告書「5Gエコシステム：DoDのリスクと機会」（2019年4月）を発表し、中国通信メーカー（華為技術：ファーウェイ、筆者注）が世界で展開する5Gインフラの拡大は、中国共産党の広大な戦略の一つとして見なされるべきだと指摘している通り、5G分野におけるファーウェイのシェア拡大は、中国政府の国家プロジェクトの延長線上にあるといって間違いありません。

5Gは、現在の第4世代移動通信システム（4G）と比べて、「高速」、「大容量」、「大量接続」として「低遅延」に特徴があります。具体的には、実質的な通信速度は現行の100倍で、1平方キロメートル当たり100万台の端末を接続でき、通信による時間のずれは1000分の1秒程度といわれています。

軍事専門家は、上記の特徴を持つ5Gを軍事転用することによって、100機超のドローンで敵

ドローンの群れ（drone swarn）による攻撃（イメージ）

＜出典＞ Concept art from the US AIR Force Research Lab（Defense News, as of February 19,2019）

艦艇などを同時に攻撃し、原子力潜水艦をはじめ、陸海空の兵器プラットフォームを「無人化」し、敵の戦車、戦闘機、核兵器等を乗っ取ることも可能になるなどと指摘しています。また、米当局は、ファーウェイ製品に情報を未許可で送信する「バックドア」が仕込まれていると主張し、情報が中国に流れているとの危機感をあらわにしています（産経新聞、２０１９年３月16日付朝刊）。

その指摘の通り、軍事転用の可能性がある最先端技術の一例として、無人機（ドローン）の群れ（スワーム）技術があります。２０１７年６月に中国電子科技集団公司は１１９機からなるスワーム技術を披露し、米国の技術を上回っていることを誇示しました。

このスワーム技術と人工知能（ＡＩ）が結びついた場合、ＡＩが敵の行動や戦場環境の変化を認知した上で、ドローンが柔軟に各種作戦を行う可能性があることなどから、軍事面のインパクトの大きさは計り知れないと、各所で指摘されています。

このように、「中国製造2025」、なかでも5Gを巡る覇権争いは、関係国との間で熾烈なハイテク戦争を巻き起こすと同時に、今後米中間のみならず、日中間におけるマルチドメイン作戦（MDO）に重大な影響を及ぼすのは必至の情勢です。

4　平時から仕掛けられている熾烈な中国の情報化戦争
――サイバー戦の実態

（1）中国のサイバー攻撃の体制と繰り広げられる活発な活動

昨今、日本において、いろいろな会社や組織、個人、さらに政府機関などに対して、サイバー攻撃が行われたという報道を知る機会が増えています。

内閣サイバーセキュリティセンター（NISC）の2018年度報告に記載の国立研究開発法人・情報通信研究機構（NICT）の観測結果による攻撃の観測数は幾何級数的に増え、2013年は128・8億パケット（インターネットを流れるデータの単位）だったものが、2018年には2121億パケットと5年間で約20倍になっていることが示されています。

また、同報告に記載の警察庁の観測結果によると、通信制御やデータベースへの不審なアクセス件数において中国の管轄するIPアドレスを起点としたものが多いことが示されています。さらに、警察庁による広報資料「平成30年におけるサイバー空間をめぐる脅威の情勢等について」によれば、情報窃取を企図したとみられるサイバー攻撃のうち、標的型メール攻撃（特定のメールアドレスにサイバー攻撃を行うこと）の件数は2014年に1723件だったものが、2018年には6740件と約4倍に増えています。

column

IPアドレスとは

IPアドレス（Internet Protocol Address）は、インターネットにおいてコンピューター同士が通信をする際に利用する住所のようなもの。通信を行いたいコンピューターは、通信相手の住所（IPアドレス）に対して、自分の住所（IPアドレス）から通信データを送る。このIPアドレスは、ある一定の範囲ごとに階層的に管理されている。階層は、どの地域（アジアパシフィック、北米、南米、欧州など）、どのプロバイダ（インターネットへの接続を提供する会社）といった構造から形成されている。

IPアドレス全体

┬IPアドレスA（北米管理）

……

┬ＩＰアドレスＭ（アジアパシフィック管理：ｎ個）

　┬ＩＰアドレス（Ｘ国管理：ｍ個）

　─　┬プロバイダｓ管理

　─　┬プロバイダｔ管理

　　　…

〈出典〉各種資料を基に、筆者作成。

そのような報告に現れる攻撃には、中国政府機関の支援を受けた（ステートスポンサード）サイバー攻撃（以下、中国のサイバー攻撃）といった報道も多くみかけます。

セキュリティ会社のブログ記事や公開レポートによれば、中国のサイバー攻撃は、中国人民解放軍のサイバー部隊（総参謀部第三部／技術偵察部、戦略支援部隊網路系統部）や中国の情報機関である国家安全部によるものと分析されています。

以下、セキュリティ会社だけでなく、各国政府機関が、攻撃者として攻撃実施国を名指しした例を紹介します。

２０１１年11月に米国のシンクタンク「プロジェクト２０４９研究所」は、中国人民解放軍のサイバー部隊の構成を公開しました。中国人民解放軍のサイバー部隊は総参謀部第三部（総参三部）以下の各部局が担当していて、例えば上海の第二局（６１３９８部隊）は米国とカナダを担当し、青島の第四局（６１４１９部隊）は日本と韓国を担当していると指摘しています。また、両部隊以外に３つの研究機関を持つと指摘しています。

２０１３年２月、米国のセキュリティ会社 Mandiant（２０２０年現在 FireEye）は、ＡＰＴ１（Comment Panda）と呼ばれるサイバー攻撃グループが中国人民解放軍のサイバー部隊の６１３９８部隊であり、２００６年から日本を含む世界中のさまざまな業種の１４１組織へサイバー攻撃を実施し、情報窃取活動をしていたと報告しています。また、２０１４年６月９日には、米国のセキュリティ会社 CrowdStrike は、ＡＰＴ２（Putter Panda）と呼ばれるサイバー攻撃グループが中国人民解放軍のサイバー部隊の６１４８６部隊であり、２００７年から、防衛や航空宇宙技術の窃取活動をしていたと報告しています。同報告書によると、その中には日本を標的にした攻撃が含まれていたことが確認されています。

２０１４年５月には、米国司法省が米国企業の情報を窃取したとして６１３９８部隊の将校ら５名を起訴しました。

２０１７年５月には、米国のセキュリティグループ Intrusion Truth が、中国国家安全部（Ministry of State Security, MSS）に関係する中国のセキュリティ企業である広州博御信息技術有限公司（Boyusec）がサイバー攻撃グループＡＰＴ３（Gothic Panda 他）とかかわりがあることを突き止め、２０１８年12月に、米国司法省が起訴しました。

２０１７年８月には、米国に対するサイバー攻撃に使われた「Sakula ウイルス」を使った容疑で于平安（別名 GoldSun）を米国空港で入国時に逮捕しました。このウイルスは米国の米国人事管理局（ＯＰＭ）や医療保険会社の Anthem から大量の米国人情報を窃取した事案に使われ、また日本の三菱重工に対する攻撃でもその亜種が使われています。

２０１８年12月には、西側企業や政府機関など広範囲の組織に対してサイバー攻撃を行ったとして、ＡＰＴ10（Stone Panda, menuPass）と呼ばれる中国のサイバー攻撃グループに関与した中国人２名（朱華と張士龍）を起訴しました。この２人は天津で中国国家安全部に関係する会社に所属していることを、２０１８年８月に米国のセキュリティグループ Intrusion Truth が突き止めています。ＡＰＴ10は、米国以外にも日本や台湾、韓国など複数の国を攻撃していますが、この起訴では、ＡＰＴ10を構成する一部のメンバーが名指しされたと考えられます。

column

ＡＰＴとは

ＡＰＴ（advanced persistent threat）は、もともと米空軍が正体不明の敵を表す際に使い始めた言葉だと言われており、多数存在する中国やロシア、イラン、北朝鮮のサイバー部隊や、その活動を示した言葉としても使われている。

サイバーセキュリティの世界では、ＡＰＴを、組織や国に対する持続的なサイバー攻撃の状態を示す際に使うが、日本語ではＡＰＴ攻撃など、本来の意味だけでなく「組織や国を対象とした標的型サイバー攻撃」の意味で使うことが多い。

なお、ＡＰＴ1、ＡＰＴ2などの命名は、米国のFireEyeが識別上つけたものである。ＡＰＴ攻撃は、潜伏した活動なので、実行グループが犯行声明を発表したり、「我々は○○である」と名乗りを上げたりすることもない。

攻撃者名にはこのほかにも、動物名（Panda、Bear、Kitten、Chollima）、金属名、色名から、ウイルス名の文字列を使う場合など複数存在している。

〈出典〉各種資料を基に、筆者作成。


一方で、中国国内では、中国共産党による国内治安対策としてのサイバー攻撃を、公安部（Ministry of Public Security, MPS）が行っているとの報道もあり、中国国内で活動する日本の企業や、日本からの旅行者にとっても、無視できない状況といえます。

２０１５年1月に、中国温州の公安部が、コンピューターウイルスの発注を行い、武漢虹信通信技術有限責任公司が入札したという情報が中国政府サイトに掲載されました。この会社は、いずれも国営企業の烽火科技集団有限公司と武漢郵電科学研究院有限公司の合弁会社です。

２０１８年2月、世界ウイグル会議は、中国は国内で新疆ウイグル自治区へ移動する人に対して、所持するスマートフォンの情報を確認するために、情報を窃取するプログラムを使っていたと公表しました。セキュリティ研究者のプログラム調査によれば、烽火科技集団有限公司の子会社である陝西烽火通信集団有限公司と南京烽火軟件科技有限公司が作成したことが判明しています。

いずれも、中国公安部が利用するサイバー攻撃ツールを烽火科技集団有限公司が作成している点から、同公司が政府機関向けウイルス（ガバメントマルウェア）を内製（外注に対する言葉で、自ら作ること）していることを示しており、公安部以外の人民解放軍や国家安全部に対するサイバー攻撃ツールも内製し提供している可能性を示唆するものともいえるでしょう。

なお、２０１８年7月2日に香港の蘋果日報が、烽火通信科技集団が中国の通信機器大手ＺＴＥ（中興通訊）の全株式を取得したと報じましたが真偽は不明です。

以上のように、中国のサイバー攻撃は主に人民解放軍によるもの、国家安全部によるもの、公安部によるものが指摘されています。これらの各部署が、どのような役割分担をしているのかは解明されていませんが、２０１６年1月に人民解放軍の構造改革「深化国防和軍隊改革（深化国防和军队改革）」によって総参謀部が共産党指揮下の中央軍事委員会配下に改編された後、それぞれの部署の役割も明確になったという分析もあります。

一方で、２０１５年4月のChina Brief紙は、米国のシンクタンクJamestownの研究成果として、中国軍事科学院（Academy of Military Science of the Chinese People's Liberation Army, AMS）が２０１３年版

『戦略学』においてサイバー攻撃部隊を3つのタイプに分類していると伝えています。その3つのタイプは、次の通りです。

・軍隊専業網絡戦力量
サイバー攻撃とサイバー防御を行う専門部隊（軍人）

・授権力量
国家安全部や公安部、その他解放軍により認可された組織（政府機関）

・民間力量
これら以外の組織（民間企業や国が公式に認めたハッカー集団）

この分類は形式的であるものの、各セキュリティ会社やセキュリティ研究者による分析によれば、APT1、APT2、APT3やAPT10だけでなく、その他の中国のサイバー攻撃グループの分類にも合致するものが多いことがわかっています。

ところで、情報化戦争では、サイバー空間の中だけで、コンピューターウイルスを使ったり、ウェブページを破壊・改ざんしたり、ウェブページの閲覧を妨害したりするだけでなく、ソーシャルネットワークやオンライン報道による印象操作など、サイバー空間を利用した攻撃も増えており、選挙介入やフェイクニュース、情報統制（検閲）といった問題が指摘されています。

サイバー空間が生活や国家の運営で不可欠な領域であり、直接的、間接的、または副次的に関わる「情報活動」という意味では、おのずから情報化戦争に巻き込まれる恐れが高まります。これまでの単一方向の情報伝達が、双方向の情報伝達になったという意識のもと、報道などで得られる情報に対する理解・認識という点で、意識を変えていくことも情報化時代には必要となっています。

本書執筆時点では、日本に対するそのような大規模なサイバー攻撃についての具体的な情報はありません。しかし、２０１８年の台湾統一地方選挙では、ＰＴＴ（PTT Bulletin Board System、正式名称は批踢踢實業坊：台湾で最大規模のオンラインコミュニティを形成しているインターネット掲示板）といったソーシャルネットワークを使った印象操作がありました。また、２０１９年の香港の「逃亡犯条例」改正案に絡む抗議活動では、Facebook や Twitter といったソーシャルネットワークを駆使した印象操作とその対抗策としてのアカウントの大量停止が発生しました。

これらを振り返ると、サイバー空間を使った様々な「影響を及ぼす作戦（インフルエンス・オペレーション）」は、その伝播スピードと拡散力を考慮すると、人から人へ及ぼす影響と比較して、より一層、国家に及ぼす影響が大きいことから、その脅威に十分に対処できる仕組みが必要であることがわかります。

次に、具体的な情報化戦争、特にサイバー戦の実態を説明します。

（２）平時における中国のサイバー戦の実態

インターネットの歴史や、コンピューターウイルス作成の初期段階を知ることは、中国によるサイバー戦の実態を把握するにあたって重要な知見を与えます。

現在のインターネットは、米国の基礎研究を経て1980年代に大学など研究機関の計算機システムが国内外と相互接続を行った頃に始まります。日本のインターネットも1980年代に同様に発足し、中国や台湾でも同じ時期に学術系組織を内外接続する仕掛けとしてインターネットが発足しています。1990年ごろ、一般家庭などではパソコン通信と呼ばれる仕掛けを使って、電子掲示板システムに電話回線で接続していました。一部のコンピューター愛好者の中には、自分の力量を示すためにコンピューターウイルスを作成し、またその技術を愛好者同士で交換していました。

2000年代に入ると、商用のインターネットサービスが開始され、インターネットを使ったコミュニケーションが発達すると同時に、悪意のあるコンピューター愛好者（ハッカー、中国語で黒客）もインターネット上での活動を開始しています。このような愛好者の中には、中国で愛国無罪を旗印に活動する紅客（黒客のうち、政治的目的をもった集団）が現れました。このような紅客が、単に匿名で活動するハクティビスト（ハッカー＋アクティビスト（積極行動主義者））なのか、中国共産党の意図したステートスポンサードの集団なのかを判別することは困難です。

ア　日本に対する中国のサイバー戦

現在確認できる情報では、日本への中国からのサイバー攻撃は2005年頃が始まりと考えられます。このサイバー攻撃では、サイバー諜報（偵察）活動が実施されたことがわかっており、現在まで中国によるサイバー戦の活動の主要部分を占めています。

2000年に入り、中国国内の反日感情の高まりの中、韓国が不法占拠する日本の竹島に対して、島根県が2005年3月に竹島の日に関する条例を制定すると、韓国国内で反日運動が活発になりました。これに呼応するように、中国各地でも歴史教科書問題や日本の国連安保理常任理事国入り反対の署名活動が始まりました。2015年4月には、中国の成都、北京、上海で大規模な反日デモが行われ、時を同じくして日本の複数のウェブページが攻撃をうけ、ウェブページによっては閲覧ができなくなるなど、サービスを停止せざるを得ない状況に陥っています。

このような目に見える攻撃の裏側では、日本の政府機関を含む複数の組織に対して靖国神社参拝や、日本の安全保障、外交政策に関係するテーマを扱ったサイバー課報活動が行われています。2005年10月には、日本の外務省に対してサイバー課報活動が行われたと報道されています。

2010年と2011年には、満州事変（1931年）のあった9月18日に、中国の攻撃グループ「中国紅客聯盟」が日本政府を含む複数の組織のウェブページを改ざんし、中国が一方的に主張する政治的メッセージ（尖閣諸島に対する不当な領有権の主張）を含む画像にすり替える事案がありました。

東日本大震災のあった2011年には、震災に乗じたメール文面を使ってウイルスを散布するなど、日本の危機に乗じたサイバー攻撃が行われ、また衆議院のサーバに対するサイバー課報活動や重工業産業に対する複数のサイバー課報活動が行われたといった報道もあります。

2012年以降は、日本の安全保障政策や外交政策、エネルギー・海洋・航空宇宙などの先端科学技術に関わる組織に対して、執拗に攻撃が繰り返されています。

２０１５年には、中国の主導するアジアインフラ投資銀行（ＡＩＩＢ）発足前に、関係組織に対して執拗なサイバー課報活動の試みが、また２０１６年の台湾総選挙の前には台湾に関係する日本と台湾の組織に対して執拗なサイバー課報活動が行われました。

２０１５年は特にサイバー課報活動が活発で、日本の平和安全法制制定前後にも複数のサイバー課報活動が行われていたことがわかっています。時を同じくして、日本年金機構に対するサイバー課報活動が連日報道されていたことをご記憶の方も多いでしょう。

政府の報告によれば、この事案では巧妙な手段でウイルスつきのメールを送付して開封・感染させた後、システムへ侵入し、１００万件以上の日本人情報を略奪したとされています。２０１６年には大手旅行会社へのサイバー課報活動も行われていたことが報道され、８００万件弱の日本人情報が略奪されています。

２０１６年以降も同様に攻撃は続き、中国人民解放軍の組織改編や中国共産党の指導体制、情報活動やサイバーに関わる中国国内法規の制定にも関わらず、２００５年以降同様の執拗なサイバー課報活動が繰り返されている状況となっています。

以上は、各種報道や報告、関係機関へのヒアリングによって判明したものですが、これがすべてではないことに注意が必要で、表面化していない攻撃はまだまだあると見なければなりません。加えて、上記の事例は発覚後の被害として情報窃取活動であっただけであり、中国が「相手に気づかれずにシステムに侵入」している脅威に特に注目すべきです。侵入後の活動には情報窃取だけでなく、「破壊」「改ざん」「長期潜伏」といった結果をもたらすことも可能であることを想定すると、サイバー諜報活動の目的には、日本に対する隠密侵入の実地訓練・演習も含まれていると考えられます。

また、中国のサイバー攻撃は、ごく限られた範囲に対してのみ行われることが多く、いかにして攻撃に気づき、被害にあった場合は、その情報を日本国としていかに把握するかが重要であり、被害者は、すみやかに政府関係機関に被害情報を伝え、ともに対処することが必要です。

イ　台湾に対する中国のサイバー戦

台湾に対する中国のサイバー攻撃の歴史は、日本に対する攻撃と似通っていて、使われる攻撃ツールや、攻撃者像も同じことが多くあります。

1999年、当時の李登輝総統が中台関係を「特殊な国と国との関係」と定義した際に、中国の愛国ハッカー集団は台湾政府ウェブサイトに侵入し、中国が主張する表現や画像に改ざんしたといわれています（なお、このとき台湾の愛国ハッカー集団は、中国政府のウェブサイトに侵入し返したといわれています）。

2005年、2006年には台湾の国防部がサイバー攻撃を受け、国防部長官邸と秘書官庁のコンピューターにサイバー諜報活動が行われ、当時の軍事情報局長・彭勝竹はインターネットの使用を禁止したといわれています。

２０１４年にＡＦＰは、台湾科学技術部長が台湾ＵＦＯラジオのインタビューで「攻撃の多くは、台湾との交渉で利用できる関連情報を盗むことを目的としている」と述べたと報じています。

２０１５年１月の大紀元時報（EPOCH TIMES）は次のように報じています。

> 台湾政府の情報セキュリティを担当する行政院の張善政・副院長は22日の記者会見で、中国大陸を含む台湾の政府機関や行政機関を標的にしたサイバー攻撃の被害が年間約３００件以上あることを明らかにした。台湾当局は一段と防衛態勢を強化する姿勢を示している。英ＢＢＣ放送が報じた。
>
> ……。
>
> それによると、侵入ルートや攻撃手法などによる合理的な推論で、攻撃は中国からの割合が高いと判断している。しかも、どの国とも友好親善を進める台湾は、「中国以外、私たちから得物を狙う国はほぼない」という。
>
> ……。
>
> ２００９年１月から２０１４年10月までのデータを分析したところ、中国大陸から台湾政府機関へのサイバー攻撃は、選挙日や祝日など政治経済に関する節目に発生している。最も多く攻撃を受けたのは総統官邸や行政院、外務省、経済省、国家発展委員会だった。攻撃手法の多く

は世界で前例のない高度な攻撃だったという。

2016年5月、台湾の交通部が立法院で、「中国からのサイバー攻撃が『戦争に準じる程度』まで深刻化している」と報告したように、中国の台湾に対するサイバー攻撃は深刻なレベルで常態化している模様です。

張副院長は2018年8月の記者会見で、サイバー攻撃は、サイトをダウンさせるための攻撃とデータを盗み取る攻撃の2つに分かれ、中国は台湾との交渉を有利に進めるために、データを盗む攻撃を主に行っていると述べています。

そのため、台湾当局は現在、既存の情報セキュリティ技術レベルを高め、民間企業と協力してサイバー攻撃への対処態勢と対応能力を強化しています。

2017年9月の台湾の中央通訊社による報道では、中国共産党の意向にそぐわない台湾政府に対するサイバー攻撃が増えたとして、次のように記しています。

国家安全局が立法院（国会）に提出した来年度の予算書の統計によると、同局が2016年に受けたサイバー攻撃の回数は63万1448回だった。特に台湾独立志向を持つ蔡英文政権が同年5月20日に発足した後、激増した。

……。

国家安全局は敵対勢力や海外のハッカー集団が同局をターゲットに行った機密情報の窃取や妨害が相次いでいると指摘。今後大規模なサイバー攻撃に見舞われた場合、国家全体の安全に深刻な支障をきたす恐れがあるとしている。国の重要なインフラを中国大陸のサイバー攻撃から守るためにも、インターネットの安全に対する監督管理を全面的に強化していく方針を示した。……。

台湾への中国大陸のサイバー攻撃は近年情報の盗み出しからインフラ破壊へと変化している。

2018年10月の産経BIZ報道では次のように記しています。

台湾政府によれば、中国はロシアや北朝鮮と同様に、米国など大国に対するサイバー攻撃の実験台として台湾に狙いを定めている。新種のマルウエア（破壊工作ソフト）を用いた予行演習は台湾の外交部（外務省に相当）など行政機関を主な標的としていると、台湾政府の情報セキュリティ部門を統括する簡宏偉氏は述べた。

……。

「攻撃パターンやその高度さなどから、サイバー攻撃の大半は中国から支援を受けた集団によるものである可能性が高い」と、簡氏はブルームバーグニュースに語った。「選挙を前に、サイバー攻撃が増加することをわれわれは確信している。ハッカー集団は介入を試みるだろう」

なお、セキュリティ企業の報告や関係者へのヒアリングによれば、台湾に対する中国のサイバー攻撃で使われるコンピューターウイルスは、日本に対して使われるウイルスと同じ種類が多く、同時に見つかる（同時期に日本と台湾に攻撃がある）ケースと、どちらかが先に使われるケースがあることがわかっています。

（3）中国が窃取した大量の個人情報とビッグデータ及び人工知能（ＡＩ）による悪用

話はすこし脱線しますが、中国では少数民族を含む人民のコントロールのために、画像データや個人識別データを大量にあつめ、ビッグデータとＡＩを利用しようとしています。日本から略奪した日本人識別情報を基に、中国入国時の顔認証などの生体情報と中国国内での生活を通じて取得する情報とをつきあわせ（紐付け）ることで、中国が好まない活動をするグループとの関わりだけでなく、プライバシーに関わるような活動すべてを把握するための基礎情報として整備され使用されるでしょう。

昨今日本でも増えている公共交通配車システムや、オンライン即時決済サービスなどの情報などと組み合わせることも、そのような「日本国民を識別する情報」として利用されるかもしれません。

先に米国の事案としての米国人事管理局やAnthem、また日本年金機構からの大量の個人情報窃取の例をあげましたが、中国が個人識別に利用可能な台帳を作るということは、ビッグデータと人工知能の時代において、個人情報漏洩といった視点だけではなく、人権問題や国家安全保障にもつながりかねない極めて悪質な国家行為であることを認識しないといけません。また、二つ以上の情報(データ)を相互に関連づけたり連結したりする「情報の紐付け」が行われ悪用されている実態があることを深刻に受けとめ、通常のサービスとはいえ、自身の個人情報を安易に渡さないよう厳格に見極めることが重要です。最近では、コンピューターの処理速度や記憶容量の増大、通信回線の広帯域化を背景に、画像や音声といったデータをオンライン処理するサービスも増えていますが、もしそのようなデータが、意図せず集められ、関係性を処理されるとしたら、情報の紐付けから本人ですら知らない関係が編み出され、場合によっては本人に都合の悪い情報として利用されるでしょう。広告宣伝が派手で有名タレントが出演しているからと安心せず、そのサービスを提供している会社は、どこの国・会社の資本を活動資金としているか、データはどこで処理され、どこに蓄積されるのかといったことまで注意し、意図しないうちに日本や自由、民主主義、基本的人権、法の支配、市場経済に不利な情報を集めるエージェントにされてしまわないように気をつけることが重要です。

(4) ウイルスを使う以外の情報窃取の方法

ここまで、中国のサイバー攻撃としてウイルスを使った情報窃取を紹介してきましたが、情報窃取という目的のためには、ウイルス以外を使うことも十分考えられますので、「どのような場合に、情報が盗られるのだろうか」といった危機意識を常に持つことが重要になります。
次のようなケースを例としてあげておきます。
・重要な情報をCD、DVD、USBメモリなどで持ち出して、物理的に盗られる。
・大量の個人情報を下請け先の信頼性確認が不十分なまま渡して盗られる。
・大量の個人情報を下請けに渡したが、下請け先が、だれにどのような作業を分担させているかを管理していなくて盗られる。
・重要な情報のある区画に出入りする人間を信じていて、特に出入りを気にしていない。
２０１８年５月の産経新聞は次のように報じています。

日本年金機構から年金受給者のデータ入力業務を委託された情報処理会社が、中国の業者に契約に反し再委託をしていた問題で、機構が情報会社と契約を打ち切った後、別の中国系企業に同業務を委託していたことが５日、分かった。機構は「他に業者がなく、時間が限られていたため随意契約したが、情報管理は問題ない」と説明している。
情報処理会社「ＳＡＹ企画」（東京都豊島区）は昨年８月、機構から約５００万人分のマイナンバーや配偶者の年間所得額などを含む個人情報のデータ入力業務を約１億８千万円で受託。予定していた人員を集めることができず、中国・大連の業者にデータの一部入力を再委託していたことが今年３月に発覚した。

それ以前から再委託の契約違反を把握していた機構は、2月にSAY企画と契約を打ち切ったあと、外部委託先を探していたが、「確実に業務を遂行してもらうため」として、過去に同様の業務を実施した業者9社に打診。唯一、中国系企業が受け入れた。本来ならば競争入札を行うところだが、機構は「時間が限られている」と判断し、随意契約を結んだという。

2019年4月には、厚生労働省の調査の結果、SAY企画が、個人情報が含まれる戦没者等援護関係資料や賃金構造基本統計調査票のデータ入力等の業務の一部を国外・国内の業者に下請けさせていたことが報告されています。

「情報を窃取する手段」を考えるにあたって、「情報が流れる通信を盗聴して盗る」ことも考えられます。通信が流れる根幹（基盤）に対して、信頼のおけない国の製品を扱うことの脅威は、そのようなリスクを考えると自ずと無視できず、今後の通信基盤である5Gネットワークでの危険要素排除は、各国ともに当然の対応であることがわかるでしょう。

column

.jpドメインを守ることはサイバー空間における国の主権を守ること

先にインターネットで通信をする場合にはIPアドレスを使うといったコラムを書いたが、インターネットを利用するとき、みなさんは自然と「ドメインアドレス」というものを使っていることを知っているだろうか。たとえば、メールアドレスの@マーク以降に現れたり、ウェブページをみるときに使ったりするexample.comなどである。

ドメインアドレスの中には、国をあらわすものもあり、日本の場合は.jp、台湾なら.tw、中国なら.cnといった2文字で表され国別コードトップドメイン（ccTLD）と呼ばれる。メールアドレスやウェブページでは、ccTLD（Country Code Top Level Domain）に対して、さらに管理上の細かな文字、たとえば企業なら.co、学校なら.acが続くといった階層構造をなしている。

ccTLDは、各国の機関がそれぞれ管理しているが、もしも日本や台湾のccTLDを中国が奪い盗って、支配しはじめたらどうなるか。メールを出しても届かず、中国が窃取して、日本政府サイトを見たつもりが、中国共産党のウェブページしか見ることができないといった実害以上に、国家の主権を脅かすことにもなりかねない。

２０１９年1月に、台湾の国防部が設立した国防安全研究院網路作戦与資訊安全研究所の曽怡碩所長は「中国によって海底ケーブルを物理的に切断したり、.twを使っていた組織が.cnを使うように強いられることは政治介入だ」と指摘している。

.jpの存在、安全を守ることは、その国の主権を守ることであるため、日本の管理機関だけでなく、国家としての厳格な管理が必要である。

〈出典〉各種資料を基に、筆者作成。

5　人間の心（精神）の領域まで侵そうとする中国の「情報化戦争」

2019年9月6日付のChina Brief紙（本拠地はワシントンD.C.）は、中国は情報化戦争（情報作戦）において、「認知領域作戦」（Cognitive Domain Operation）という新しい概念を開発していることを伝えています。

それによると、「認知領域作戦」は、心理戦、輿論戦、法律戦からなる「三戦」、政治戦および対外宣伝戦（プロパガンダ）などを含む情報化戦争において、心理戦等の分類に位置付けられています。

「認知領域作戦」は、自然及び物質領域（陸、海、空、電磁波など）から、人間の心（精神）の領域にまで入り込んだ作戦であり、その目標は、敵の認知的思考や意思決定、意思形成をコントロールして「精神的優位性」を達成することを狙っているようです。これは、前述の6つの領域における優位性を追及した「情報化戦争」コンセプトをさらに進化させたものと見られます。

中国の国防科技大学（NUDT）の文理学院委員長曾華鋒は、ブログ（軍事思維）（2017年1月16日付）で彼の書籍（『制脳権』解放軍出版社、2014年1月）を説明し、次のように述べています。

認知領域とは、人間の認知活動の範囲と分野を指し、人々の感情、意志、信念、価値観を反映する無形の空間であり、敵の心の中に存在します。国民の認知領域は、各個人の主観的な世界に散在しており、社会全体の無数の個人の認知領域が重なり合っています。国益は、自然空間、技術空間だけでなく、認知領域にも物理的な形で存在します。

前出のChina Brief紙によれば、中国はすでに次のような力を持っていると指摘しています。

・認知的影響技術（認知測定技術、認知干渉技術、認知強化技術）
・サブリミナル認知影響技術（サブリミナル情報処理技術、サブリミナル情報埋込技術、サブリミナル情報検出技術）

column

サブリミナル効果（subliminal effect）

意識下に刺激を与えることで表れるとされる効果。テレビやラジオなどに、知覚できない程度（閾下（いきか））の速さや音量の広告を繰り返し挿入し、視聴者の購買意欲を増すものなど。

〈出典〉広辞苑第六版

同紙は、中央軍事委院政治工作部の「311心理戦基地（61716部隊）」では、Facebookや

Twitter、LINEを使った認知領域作戦の要件について研究しているとも伝えています。その研究では、自然言語処理、ディープラーニング機能、サブリミナルメッセージの埋込、利用者の感情分析などを民間企業と共同で軍民融合として進めることを強調しています。また、NUDTでは、サブリミナルメッセージの埋込効果を測るために、学生を使った心理実験まで行っていると報告しています。さらに、中国軍事科学院（AMS）では心理戦に関する教育ガイドとして「敵の情報システムへの偽情報、誤情報の埋込による誤った決定命令の作成」として、「改ざん映像」「虚偽映像」「映像抑止」を使った平時の認知領域作戦を指南していると伝えています。

なお、同紙では、中国人民解放軍空軍の戦略爆撃機の写真背景に、台湾の山脈を合成する画像を例示しています。

人民日報は中国共産党中央委員会の機関紙ですが、その「人民日報の唯一の真実は日付だけ」という、広く知られたお決まりのジョークがあるように、中国共産党は、たとえ真実を隠す理由がなかったとしても恣意的な嘘をつくことが統治上の基本原則のようになっています。これを可能にしているのは、紙媒体や放送、そしていわゆるSNSなどの情報がほぼ完全な独占・コントロール下に置かれている共産党一党独裁の全体主義体制にあることは言うまでもありません。

国内の政治制度の壁が厚いため、共産党は中国人に「大きな嘘」をつき続けることができ、たとえそのことに中国人が懐疑的であっても、多くの人々は共産党の意向に背こうとはしません。諦めの感情かもしれませんが、それを良いことに、共産党はそれ以外の情報を与えずに何度も繰り返し広範囲に嘘を伝えることで、人々に真実だと思い込ませ、嘘偽りの社会的な主流化にまんまと成功しているのです。これも、一種の国内向け認知領域作戦とみて間違いありません。

特に共産党は、好戦的な愛国心とナショナリズムを利用し、それを扇動することで国威発揚の大きな利益を挙げ、また、国の内外で意図的に架空の脅威をでっち上げる試みを行っています。チベット、台湾、歴史認識と反日教育、東シナ海の尖閣諸島や南シナ海の岩礁に対する領有権の主張などの特定の問題について、中国人は党の路線を鵜呑みにし、共産党指導者たちを支持しているのです。

その底流をなす考えが「中華思想」であり、その延長線上で国家目標に掲げられている「中華民族の偉大な復興」と「人類運命共同体」という世界観・運命観でしょう。中国が世界の政治、文化の中心に位置し、他に優越しているという特別意識と、中国人が世界を支配する運命にあるという勝手で、強烈な思い込みが中国人の間に広く行きわたっています。そして、米国は民主主義の混乱と文化的衰退で後退し、21世紀を支配するのは中国だと信じ込まされています。国際社会の多くの国々・人々が、このような中国の世界的位置付けに対して逆説的不安をいだき、これ以上中国がずるい方法や軍事的威圧で優位に立つことを許さず、インド太平洋地域をはじめ世界が現代中国王朝に呑み込まれることを容認しないとの認識が広がりつつある環境下においても、中国は徹底した自国中心主義を貫こうとしています。

中国共産党は、ファーウェイの海外展開などをテコに、グローバルな影響力拡大のための工作を国の内外で強化発展させようとしており、広報メディアを通じて人々の心理を操作し、都合のよい輿論を国内外で形成するといった作戦は、認知領域を軸としたＭＤＯの一部といえ、その実現には今後サイバー空間が大いに活用されるものと見られます。

中国では、ウイグル人などの少数民族や漢民族の法輪功学習者などが不法に拘束され、新疆ウイグル自治区の「再教育施設」や「職業訓練センター」などの拘留施設へ送られ、約１００万人が同施設に収容されていると報じられています。

同施設は、「思想改造収容所」とも呼ばれており、そこでのウイグル人等に対する組織的洗脳（人格改造）と政治的宣伝のための再教育において、「正体不明の薬の服用と注射を強いられた」（『ウイグル人女性が台湾を訪問、再教育キャンプの４６５日を語る』（大紀元時報、２０１９年10月28日））や「後頭部に電気ショックを」（BBC NEWS JAPAN、２０１９年11月25日）との証言報道もあり、「認知領域作戦」の研究成果が試されているかもしれませんし、逆に、再教育の成果が「認知領域作戦」に応用されている可能性も否定できません。

人間の認知的思考や意思決定、意思形成をコントロールして「精神的優位性」を達成しようとする「認知領域作戦」は、まさに「悪魔の所業」と言えるもので、国際社会における宗教や倫理、人道、社会正義といった観点から断じて容認されるものではありません。

しかし、中国が、「認知領域作戦」の研究を進め、平時の世論から有事の意思決定に至るまで影響を及ぼす恐れがあるとすれば、わが国の安全保障・防衛上の大きな懸念材料になるのは間違いありません。

今後、「認知領域作戦」に関する中国の動きは一層強化されると見られ、厳重な警戒が必要であり、同時に、メディアやインターネットで拡散される情報については、「どこかの国の意図を含んだ、認知領域作戦ではないか」と常に注意することが必要です。

第3章

米国のマルチドメイン作戦

1　次世代の作戦思想とゲームチェンジャー兵器で後れを取る米国

マルチドメイン作戦（ＭＤＯ）は、「統合作戦」と「軍事革命」の二つの流れを背景としていますが、世界に先んじて、その一体化した成果を実戦で誇示したのが米国であったことは序章で述べたところです。湾岸戦争やコソボ紛争などで世界を驚愕させた米国でしたが、２００１年の「９・11」同時多発テロを契機に、対テロ戦へと傾斜したため、この動きにブレーキがかかりました。

その間、米国に追いつき追い越せと、軍の近代化を進めたロシアや中国に追随の機会を許し、ＭＤＯの分野では、むしろ遅れをとっていると指摘されています。そのため、米軍は、ロシアや中国からのマルチドメインの脅威の高まりと危機感を強く意識し、脅威への対応もマルチドメインで行うという方向性を示唆するようになっています。

そこで、このような米国の過去の動きを振り返りつつ、MDOに至った過程について述べることにします。

米ソ冷戦期の1980年代には、米国はヨーロッパ戦場を主戦場としたエアランド・バトル（Air-Land Battle、空陸一体の戦い）を土台として、宇宙を舞台とした「スターウォーズ計画」を加えた軍事戦略で、最終的にソ連の世界共産主義化の野望を断念に追い込みました。

column

「スターウォーズ計画」とは

「スターウォーズ計画」は、「戦略防衛構想」（Strategic Defense Initiative, SDI）ともいう。1983年にアメリカのレーガン大統領が提案したもので、ソ連の弾道ミサイルがアメリカや同盟諸国の領土に到達する前に、地上基地あるいは宇宙配備の兵器システムで迎撃、破壊しようというもの。アメリカ国防省は、①ソ連ミサイルの監視・探知・追跡・破壊の各技術、②レーザービーム兵器などの指向性エネルギー兵器、③レールガンなどの運動エネルギー兵器、④システムの構成、戦闘管理、⑤システムを攻撃から守る防衛技術について研究開発を行なった。SDIの迎撃方法は4段階の多層防衛方式をとり、抑止力の効果を高めることをねらった。しかし、技術的困難と冷戦の終了によって、1991年1月ブッシュ大統領は『一般教書』のなかで、SDIの規模を縮小し、ソ連のミサイル攻撃よりも、第三世界からのミサイル攻撃からアメリカや同盟国を守る限定的弾道ミサイル防御システム（GPALS）にその主眼を移すことを発表した。1993年1月に就任したクリントン大統領は国防費の大幅削減を推し進め、これを受けてアスピン国防長官は1993年5月にSDIの正式廃棄を発表。今後は地上基地システムで戦術ミサイルを迎撃する弾道ミサイル防衛BMDを推進することを明らかにした。アメリカはレーガン大統領のSDI計画発表から10年間に約300億ドルの開発費を費やした。

〈出典〉『ブリタニカ国際大百科事典』

そして、ソ連崩壊後の1990年代は、米国にとって軍事的ライバル不在の時代となったため、一気に軍事的な目標を失いました。むしろ日本の経済的な台頭を危惧した米国は、ソ連崩壊後のロシアとパートナーシップと称して関係を深めるとともに、中国を自由経済に取り込めばきっと西側陣営のように変わっていくと信じたことから手厚い経済的支援を強めていきました。中国に対する期待と支援はトランプ大統領になるまで40年間変わることはありませんでした。この中国に対する支援が、米国にとって将来、恐るべき「陸の怪獣ビヒモス」を育て、自らの今世紀最大の軍事的脅威となるものを作り上げているとは思ってもみなかったのです。

それでも米国は、湾岸戦争やイラク戦争（第2次湾岸戦争）では、エアランド・バトルを基本とした軍事力の行使により、他国が追随できない圧倒的な戦いを繰り広げました。この間、中国やロシアは、米国の作戦を詳細に分析し、研究していたのです。

米国は、2001年9月の同時多発テロで大きく方向転換し、通常戦で米国に立ち向かうものはもはや存在しないとして、対テロ戦に全力を投入したのです。

米国は、やがて「スターウォーズ計画」も忘れ去りました。

このように、大規模作戦への備えを疎かにして、イラク、アフガニスタンでの対テロ戦に没頭し始めた米国は、陸海空一体となった作戦ドクトリン（教義）も失いました。特に、対テロ戦の中心となった陸軍・海兵隊においてその傾向は顕著でした。いかに対テロ戦において損害を出さずに作戦を遂行するかに焦点が当てられた結果、新装備の開発も進まず、今、急速に新たな戦場となりつつある宇宙・サイバー・電磁波領域といった分野への対応も全くと言っていいほど進展することはありませんでした。

この間、中国、ロシアは米国の作戦をさらに詳細に研究するとともに、米軍が大幅に依存するセンサー及び通信ネットワークの脆弱性を標的とするシステムを構築していきました。

そしてロシアは、2007年頃から通常戦と併せてサイバー攻撃、電磁波攻撃（電波妨害や電磁波による電子機器の破壊）の力を付けていきました。中国は米軍の西太平洋での展開を阻止し、東・南シナ海での米軍の作戦を拒否する「接近阻止／領域拒否」（A2／AD）戦略を、物理的打撃のみならず、サイバー攻撃や電波妨害などの非物理的打撃を組み合わせ、さらに宇宙の支配も視野に入れた「空天一体」作戦の態勢を作り上げようとしています。

米国は完全に出遅れました。

2　挽回に転じた米国

(1) オバマ大統領の中国宥和政策の間の軍事面での変化

2000年代後半になって、中国の軍事的台頭と覇権拡大の兆しが明瞭になってくると、米国でも作戦・戦略の分野で変化が起こります。すなわち、このまま中国の軍事的台頭を許しておけば、いずれアジア諸国は中国に飲み込まれてしまい、米国の自由を標榜する覇権は揺らいでしまうことに大きな危機感を抱くようになったことから、中国を対象とした作戦戦略を構築し始めたのです。これが、2010年に発表された中国の接近阻止・領域拒否（A2／AD）戦略に対する米海空軍を主体とした「エアシー・バトル」（AirSea Battle）構想と言われるものです。残念ながら、米陸軍・海兵隊は時代の流れについていけず、中国に対して有効な役割を考えることは出来ませんでした。

もっと残念なのは、オバマ大統領の中国に対する宥和政策でした。オバマ大統領は中国が経済発展すればやがて国際社会のルールに従うだろうと信じていましたが、中国はその間急速に軍事力を拡大し、海洋強国になると言う旗印の下に、東シナ海、南シナ海に止まらず、西太平洋へも海空軍を進出させ、A2／ADの完成へと突き進んだのです。南シナ海において、中国が軍事基地を作るために岩礁を埋め立てたのもオバマ政権の後半に起こったことでした。

さらにオバマ大統領は、特に海軍に対して中国を刺激するような論文などは書くなと言っていたほどです。当時の太平洋軍司令部（PACOM）（現在はインド太平洋軍司令部、INDOPACOM）では中国を名指しして脅威ということすら禁句という有様でした。もちろん司令官達には、どちらかというと親中派が選任されていました。したがって2010年代の米軍の中国に対する作戦戦略は、極めて抑制的なものとなりました。

(2) 抑制された中での米軍の脱皮

このような中で、2010年に米国はエアシー・バトル構想を明らかにしました。

これは、先に述べたように海空軍を主体とした作戦戦略構想で、次のような事項を柱としていました。

・目的は、中国を対象とした通常戦力により西太平洋における軍事バランスを維持して紛争を抑止すること

・先制奇襲する中国に対して、当初防勢、じ後攻勢により中国を打倒すること

・空母や艦艇・航空機は、中国のミサイル発射の兆候があったら、第2列島線以遠へ避退するこ

と
・核抑止は効いているとして、核戦争へ発展する恐れがあっても中国本土への攻撃を実施し、衛星も攻撃すること
・経済封鎖を実施すること
このようにして、対中国戦略は形になったのですが、早くも2012年には統合作戦アクセス構想（Joint Operation Access Concept, JOAC）として修正され、2013年には公式エアシー・バトルとして公表されました。残念ながら陸軍・海兵隊は古典的な考え方から脱却することが出来ず、統合作戦としての機能は果たせませんでした。その上、エアシー・バトル自体の考え方も消極的になり、宇宙・サイバーなどを取り込んだ構想へと発展することはありませんでした。

エアシー・バトルは、阻害されたアクセスを取り戻す「限定的な作戦」として位置付けられ、中国の打倒ではなく、「航行の自由」への妨害を排除して米軍が展開することが目的とされました。また、中国本土への攻撃も大統領の決心とされ、攻撃は指揮・通信システムなどの脆弱な「死の連鎖」を断ち切ることが狙いとされたのです。

一方、詳しい内容には触れられていませんが、「盲目化作戦」がエアシー・バトルの切り札とされました。これが示唆するものは、サイバー、電磁波領域での優越の獲得だと考えられます。事実、その細部には、「敵のミサイルを味方に命中させない」という表現も入っており、非物理的打撃を重視する考え方が入っています。

（3）停滞する陸軍・海兵隊、進展する海空軍

陸軍が対テロ戦の考え方から抜け出せず、海兵隊が旧態依然たる上陸作戦の考え方から脱却できない間に、中国の脅威を意識し始めた海空軍においては、エアシー・バトル構想で次世代の戦いを目指した進化が始まっていました。

空軍は、2010年4月に、無人のミニシャトル「X37B」を打ち上げました。これは米国の「通常兵器による迅速なグローバル打撃」（Conventional Prompt Global Strike, CPGS：通常兵器で地球上のすべての目標を1時間以内に打撃する構想）の一環で、敵の真上から巡航ミサイルや電磁波を発射して地上目標を破壊するものと言われています。現在、CPGSは米海軍のプログラムに移管されましたが、無人ステルス爆撃機などにより高空からの電磁波攻撃が可能でしょう。また、航空機に搭載する電子妨害機などは今後も重視され、これら空中からの電磁波攻撃は、米軍の盲目化作戦の重要な柱の一つになるだろうと予測されます。

海軍は、将来の戦いはサイバー空間や電磁スペクトラムの領域が主戦場になると考え、2015年、電磁機動戦（Electromagnetic Maneuver Warfare）として電磁スペクトラムを支配する概念を打ち出しました。将来的に海軍は、奇襲的な攻撃が可能な潜水艦から電磁波やレーザで攻撃することも考えているようです。

一方、米国防省はサイバー戦、電磁波戦、電磁スペクトラム管理を融合させるドクトリンの開発

を行っています。このような非物理的打撃が中国の精密誘導弾の飽和攻撃に対処するために計画されているようです。

(4) 進展を始めた陸軍・海兵隊

変化のきっかけを与えたのは海軍でした。2015年には海軍作戦部が、今後はA2／ADという言葉を使わないと言いだしました。

その時は真意が分からなかったのですが、それまで米海軍は、中国のA2／AD構想を打ち破れないのではないかという消極的な考えに陥っていましたが、その考えから脱却して、世界一の海軍として中国のA2／ADを打ち破らなければならないと言う決意を示すようになったのです。ちょうど2015年に筆者らは米海軍大学を訪問し、地上発射型対艦ミサイルなどで中国艦隊を東・南シナ海で釘づけにし、海空軍で中国艦隊を撃滅する構想について話をした後でしたから、米海軍の変化が良く分かりました。

米海軍にも戦場を海洋に限定して、核戦争へのエスカレートを抑制しながら、中国艦隊を撃滅するウォーアットシー・ストラテジー（War at Sea Strategy）という論文がありましたので、これとも上手く呼応できたのではないかと考えています。

いずれにしても米海軍は、この後、海軍が保有するすべてのミサイルを、中国のミサイルより長射程化して対艦攻撃機能を付け加え、分散した態勢から飽和攻撃する「Distributed Lethality」構想に転換しました。積極戦法へ転換したということです。

海軍は、海軍統合火器管制－対空（Naval Integrated Fire Control-Counter Air, NIFC-CA）というミサイル防衛ネットワークを保有していましたので、分散した態勢からの攻撃を可能にしたのです。このシステムが中核となって統合防空システム（Integrated Air and Missile Defense, IAMD）への発展が可能となりました。今後は、あらゆるセンサーと連接し、ＡＩも導入して、海上・地上目標などを最適の時期に、最適のシューターから攻撃することが可能となるでしょう。もちろん、非物理的攻撃も統合することになるでしょう。

これを海軍だけに止めることなく、陸軍・海兵隊にまでマルチドメイン戦闘構想（Multi-Domain Battle Concept, MDBC）を浸透させ発展させたのが、前太平洋軍（現在はインド太平洋軍）司令官のハリー・ハリス海軍大将でした。

これまでにも述べたように、この構想は、陸海空、サイバースペース、宇宙、電磁波領域を統合したネットワークで結び、それぞれの領域の相乗効果の発揮により戦略目的を達成しようとするものです。

ハリス元海軍大将は次のように述べ、ＭＤＢＣを構想から運用へと発展させていきました。

〈２０１６年、米陸軍協会（ＡＵＳＡ）年次総会（メモ）〉

太平洋軍の責任範囲は、インド・アジア・太平洋での運用であり、必然的にマルチドメイン戦場となっている。ここで米陸軍も含む同盟国の地上部隊に、以下のような役割が期待されている。

・船（艦艇）を沈めよ

・宇宙への攻撃・防御能力を持て

・ミサイルを撃ち落とせ

特に他の領域を支援し、活発化させ、防御する「クロスドメイン地上発射型能力」が必要である。

〈２０１7年2月、米海軍協会ニュース〉

太平洋軍の指揮官は統合部隊のより緊密な統合を要求し、陸軍の部隊が海軍の戦闘ネットワークを利用して複雑な目標に対処することをハリス元司令官は強調しました。そして、まずその手始めに、陸軍が自国製の対艦能力を開発することを望むと述べました。

「私が今の地位を去る前に、われわれの統合・共同部隊がお互いのドメインで作戦する複雑な環境下で、陸軍の地上部隊が『敵艦』を沈める演習を見たいものだ」

「陸軍は相当な防空能力を持っており、海軍は想像を絶するほど強力なＮＩＦＣ－ＣＡ能力を持っている。この2つのシステムは互いに連携すべきである」

このように、海空軍の能力に陸軍の対艦・対空ミサイルを統合してマルチドメインの形を作ろうとしていることが良く分かります。この考え方の基本には、自衛隊が２００9年から実施している南西諸島での統合演習が大きく影響しています。ハリス元海軍大将は、太平洋艦隊司令官当時は余りこの考え方に共鳴していなかったのですが、最終的に日本の統合演習を高く評価するに至り、米陸軍は「陸上自衛隊に学べ」とまで言うようになりました。

〈2017年5月、ハワイの太平洋シンポジウム（米海軍協会ニュース）〉

米太平洋軍司令部は、陸・海・空の作戦を統合する「統合作戦コンセプト」（MDC）をそれぞれ演習に組み込んで、最終的に2018年に実施されるリムパック（環太平洋合同演習）で陸軍が艦艇を沈めることを義務付けました。この2018年のリムパックには、米陸軍とともに陸上自衛隊の対艦ミサイル部隊も参加し、共同で艦船に対する実射訓練を実施しました。

ハリス元海軍大将は演説で、「我々の統合・連合作戦がそれぞれのドメインの中で互いに作戦し、陸軍の地上部隊が艦艇を撃沈し、人工衛星を無力化し、ミサイルを撃ち落とし、同時にミサイルを発射した航空機を撃墜し、指揮統制機能をハック・妨害せよ」と述べました。この演説の中身は単に物理的な打撃のみならず、非物理的な打撃にまで言及していることに注目する必要があります。

また、「前方に配置された地上部隊は、複数のドメインで優位を獲得する機会の一時的なウインドウを作り出すことができ、それは他のコンポーネントが敵をより効果的に撃破することを可能とする」、すなわち、第1列島線沿いに配置された地上部隊が、敵を混乱させ撃破することで、米海空軍が圧倒的な力を発揮できるということを述べたものです。さらに「海軍はディープウオーター作戦のみ、海兵隊はビーチのみ、そして陸軍は内陸部のみに専念することは許容できない」と述べました。

ここにおいて、米陸軍・海兵隊は、古典的な役割を見直し、太平洋と欧州正面においてマルチドメインを目標として自己変革することを決めたのです。特に太平洋正面の対中国作戦においては、米陸軍・海兵隊の考え方は陸上自衛隊とやっと一致したのです。

3　米陸軍のマルチドメイン作戦（MDO）

2018年12月、米陸軍の作戦戦略を創出する米陸軍訓練教義コマンド（TRADOC）は、「マルチドメイン作戦における米陸軍2028」を発出しました。これを米陸軍は、エアランド・バトルのコンセプトを採用した1980年代の軍の改革（トランスフォーメイション）以来の大変革としています。

いつもながら、陸軍の作戦戦略書は言葉が難解で、政治的な影響も考慮しているので分かりにくいものになっています。ここでは、その概要を簡明に解説したいと思います。

TRADOC司令官は、「米陸軍2028」の冒頭で、次のように述べています。

我々の敵は、米国を我々の友好国から切り離すために政治的、軍事的、そして経済的な領域で層状スタンドオフ（Layered stand-off）という戦略を使うことによって彼らの戦略目的を達成しようとしている。紛争が発生した場合、敵は米軍と我々の同盟国を、時間的、空間及び機能面で打ち負かし孤立させるために、陸上、海上、空中、宇宙、サイバースペースのすべての分野において多層的なスタンドオフ（Multiple layers of stand-off）を作為する戦略を採用する。
……。
我々は米国本土から戦力を投射し、統合軍の行動を世界規模で統合する能力に依存している。我々の敵はこの能力を破壊し、米国の戦略的優位性を侵害しようとしている。それは、米国の安全保障、戦力そして影響力に対する、21世紀に出現する最大の挑戦である。

これを平たく言えば、欧州やアジアから遠い所に位置する米国は、政治的にも影響力が薄くなりがちで、また、軍事力の影響力を行使するためには、広大な太平洋、大西洋を横断する時間的、空間的な不利を克服しなければならないのです。軍事力を投入する分野は、陸、海、空に止まらず、宇宙やサイバー空間にまで拡大しており、敵は米国のこのような不利点に対して打撃を与え、組織を分断して米国を打倒しようとしているのです。

このコンセプトは中国とロシアに焦点を当てていると言っていますが、ＩＮＦ条約の廃棄に伴い２０１９年８月に地上発射型巡航ミサイルの発射実験をした際、エスパー国防長官は明確に「これは中国を狙ったものだ」と述べていたことから、中国がその最大のターゲットであることは間違いないでしょう。

「米陸軍2028」では、さらに有事の紛争に触れ、「中国とロシアは、米国及び相手国の軍事力に耐えがたい損失を迅速に与え、米国が効果的な反撃をするよりも早く、数日以内に戦闘目的を達成するように設計された重層的なA2／ADシステムを用いて、物理的なスタンドオフを達成しようとする」と述べています。すなわち、中国とロシアが、地の利、宇宙・サイバー領域の優越により、米軍の戦略展開よりも早く作戦の帰趨を決定づけることを危惧しているのです。

米戦略予算評価センター（CSBA）は、米国の作戦戦略に関する中枢の研究所で、国防省と一体となって研究が進められているので、ここで発表されるものは事実上、米軍の戦略を代弁していると見られています。そのCSBAが2019年5月に発表した新しい対中国戦略である「海洋圧迫戦略」（Maritime Pressure Strategy）では、もっと具体的に次のように述べられています。

米軍は、西太平洋方面で問題を抱えている。それは距離と時間の過酷さ（Tyranny of distance and time）である。この地域における米国の最大の競争相手である中国は、事前の予兆なしに、たちどころに米国の国益に危害を与える能力を向上させており、中国共産党の指令がいったん出たならば、米国が対応するよりも先に人民解放軍が領域の占領を含む現状変更をするための迅速な軍事侵攻を開始できる。この結果、米国政府や同盟国は「既成事実化」を認めることを余儀なくされる。紛争地域の外側にいる米軍は、現状を取り戻すために中国のA2／ADネットワークに侵入しなければならないが、それは困難な作業となる。
……。

抑止政策は、相手側が既成事実を上手く作れると信じた場合は簡単に失敗する、ということを歴史が証明している。ロシアが、2014年に有効な反撃や抵抗を受けることなくクリミアを併合したことがそれを実証している。中国の軍事ドクトリンは、最初の一撃で敵を驚かせ、作戦の流れを主導し、そして大きな損失を被る前に勝利を達成する必要性を強調している。もし今米軍が、中国が行う可能性のある既成事実化のたくらみに対する準備を何もしなければ、中国の侵略を抑止し、必要な場合にそれを打ち負かす能力を放棄することになるだろう。

米国の危惧を言えば、以上のようなことになります。この認識は有事のことですが、「米陸軍2028」では平時においても中国などの情報戦やグレーゾーンにおけるロシア型のハイブリッド戦への対応など、広くすべてに先手を打って対応することの重要性が触れられています。

これらの問題を解決する上での中心となる考えについて、TRADOC司令官は次のように述べています。

武力紛争での不足と戦い、抑止し、最終的に勝利を収めるために、すべての戦闘ドメインを迅速かつ持続的に総合一体化することである。抑止が破れた場合、統合軍の一部として行動する陸軍は、敵のA２／ADシステムに侵入し、破壊する。結果として生じる自由な機動性を生かして、敵の部隊、隊形及び目的を打ち負かし、我々自身の戦略的目的を達成する。そして、米国、我々の同盟国そして友好国にとってより有利な条件で平時の競争へ復帰する。

さらに、「米陸軍２０２８」は、マルチドメイン作戦の考え方について、次のように述べています。

統合軍の中の一つのエレメントとしての陸軍は、平時の競争に勝つためにマルチドメイン作戦を実施する。必要に応じて、陸軍は敵のA２／ADシステムに突入して解体（disintegrate）し、その結果としての作戦行動の自由を利用して勝利（戦略目的）を達成し、有利な条件で平時の競争に復帰する。

ここで言う「解体」とは、戦うために必須な構成要素である、例えば指揮統制手段、情報収集、死活的に重要なこれらの結節点などを破壊または妨害することによって、敵の一貫したシステムを破壊し、作戦能力を低下させ、その間に敵の戦う能力や意思を迅速に解体することを言っています。

マルチドメイン作戦の具体的な姿は、ＣＳＢＡが発表した海洋圧迫戦略に見ることができ、そこで編成される部隊にその思想を理解する鍵があります。先に述べたように海空軍主体のエアシー・

バトル構想に、陸軍、海兵隊が追いつき、統合軍として一体となった作戦を考えたのが、ようやくこの２～３年の出来事ですから、今の米軍は発展途上にあるということです。

そこで、より理解を深めるために、海洋圧迫戦略を中心としてさらに解説したいと思います。

4　海洋圧迫戦略に見るマルチドメイン作戦（ＭＤＯ）

（1）加速する統合作戦への進展

前述のように、米陸軍は、２０１８年に環太平洋合同演習（リムパック、ＲＩＭＰＡＣ）に参加しました。これを契機に、太平洋正面において陸上自衛隊とのマルチドメイン作戦への具体的な変革の取り組みが始まったと言えます。

これをさらに加速させたのが、ＩＮＦ条約の廃棄と、米海兵隊の役割の変化です。

ＩＮＦ条約は米国とロシアとの間の条約で、中距離核戦力全廃条約と言われますが、その内容は核又は通常弾頭を搭載した５００㎞から５５００㎞の射程の地上発射型ミサイルの保有を禁止するというものでした。米ロはこれを守り続けたのですが、最近になって、ロシアが５００㎞の射程を超えるミサイルを保有したことから、米国はＩＮＦ条約の廃棄を通告し、２０１９年８月に廃棄されました。

しかし、本当の理由は、米露がＩＮＦ条約で縛られている間に、中国と北朝鮮は短・中距離のミサイルを多数保有することになり、太平洋正面では米国の戦略展開の大きな脅威となってしまったことにあります。中国のＡ２／ＡＤ戦略は、まさにＩＮＦ条約に中国が加盟していないという戦略的アドバンテージから始まったものです。中国の多数のミサイルは、実はロシアにとっても潜在的脅威であり、米国が中国を含めて新たな条約を作ろうと提案したのに対してロシアは反対していません。

ＩＮＦ条約の廃棄を契機として、米国は２０２０年を目途に長距離対艦ミサイルを開発し装備化することを決め、また、中距離弾道ミサイルは5年以内に装備化すると見られています。これで、米陸軍のミサイル装備を縛る条約上の規制はなくなったといえます。

米海兵隊は、従来の上陸作戦に固執して、変化を見せようとしませんでしたが、２０１９年2月に米海兵隊司令官は次のように米海軍協会ニュースのインタビューに答えました。

海兵隊はシーコントロールの戦いで海軍を支援するために可及的速やかに、長射程対艦ミサイルを選定して配備したい。

……。

海上戦闘には陸上の構成要素がある。我々は海上戦闘における一つの海軍部隊でもある。我々はシーコントロールする艦隊を支援しなければならない。そしてそれは内陸からも可能だ。

中国海軍の海洋進出を阻止する12の地対艦ミサイル・サイト

＜出典＞Lieutenant Joseph Hanacek, U.S. Navy
"Island Forts : Land Forces Have Value in an Air-Sea Battle",
U.S. NAVAL INSTITUTE Proceedings, Feb.2019

そして、同2月には、ジョセフ・ハナセック米海軍大尉が「島の砦」(Island Forts)という論文(米海軍協会プロシーディング誌)で、地上兵力はエアシー・バトルで価値を持つとして、対艦・防空ミサイルを第1列島線上に展開する事の重要性を述べました。陸上自衛隊から遅れること10年目の覚醒でした。これでやっと米軍内の足並みがそろいました。

そのイメージは図の通りです。

(2) 海洋圧迫戦略

すでに述べたとおり、海洋圧迫戦略は、CSBAが2019年5月に発表したものです。原題は「Tightening the Chain(チェーンを締めよ)」というものです。

従来のエアシー・バトルをさらに発展させ、まさに陸海空・海兵隊を一体化させた作戦戦略として米国内の10年間の論争に終止符を打つ統合戦略となりました。すでに触れたように、陸軍・海兵隊の考え方の変換を踏まえて纏め上げたものですから、これは米軍の統合作戦における一致した考え方と言っても間違いはないでしょう。

この戦略は、明確に西太平洋における中国の奇襲的侵攻による既成事実化を排除し、中国の指導者に軍事侵攻の試みは失敗すると思わせることが目的だとされています。

また、インド太平洋地域における中国の侵攻を抑止するため、「前方展開した縦深防御態勢の確立を含む戦略優勢を達成するための新たな作戦コンセプトを開発して大国間の競争に備えよ」という国家防衛戦略委員会の提言に答えるものであるとされています。すなわち、今後の米軍の中核となる考え方だということです。もちろん、この10年間の議論で結論が出た部分のすべてがこの戦略に書かれてはいませんので、これだけで米軍の戦略の全体像が表わされている訳ではないことに注意する必要があります。

例えば盲目化作戦と言われた電磁波領域の作戦や、対中国作戦の切り札とされている「水中の作戦」については具体的には描かれていません。さらに第2列島線からマラッカ海峡にかけて、米国、インド、オーストラリア、英国、仏国などが互いに連携して中国に対して経済封鎖することが重要ですが、これも触れられていません。

また、２０１３年のエアシー・バトルでは触れられなくなった中国本土への攻撃は、ステルス爆撃機や潜水艦に加え、第1列島線沿いから地上発射型ミサイルで中国本土を攻撃する構想が具体的に記述されています。これは、2010年の積極的なエアシー・バトルのように、たとえ核戦争へエスカレートする危険があっても中国本土を攻撃すると言う考え方ではないことに注意する必要があります。

米国は、通常弾による攻撃でも、中国が核攻撃であると誤認して核戦争になることを恐れています。したがって、米国は海洋圧迫戦略で述べている中国本土への攻撃にはあくまでも慎重で、攻撃の可否は大統領の決心だとされています。この結果、日本などは長期戦を覚悟しなければならないということです。

海洋圧迫戦略の骨格は、中国のA2／AD戦略にしっぺ返しをするもので、第1列島線に沿って精密打撃ネットワークを構築せよと言うものであり、インサイド部隊（Inside Force）とアウトサイド部隊（Outside Force）の二つから構成されるものです。

インサイド部隊は、東シナ海などの内部で作戦する潜水艦・無人艇、無人ステルス爆撃機と第1列島線沿いに配置した米国及び同盟国の地上発射型対艦・対空ミサイルと電子戦部隊をもって、高い残存性を有する精密打撃ネットワークを構築するものです。

アウトサイド部隊は、海軍、空軍、電子戦部隊を後ろ盾にして、敵の攻撃によって出来た間隙を埋めて、敵の弱点を攻撃するものです。

その際、海兵隊は、第1列島線上に展開した陸上部隊の長射程対艦・対空ミサイルや海軍の火力

インサイド―アウトサイド防衛（概観）

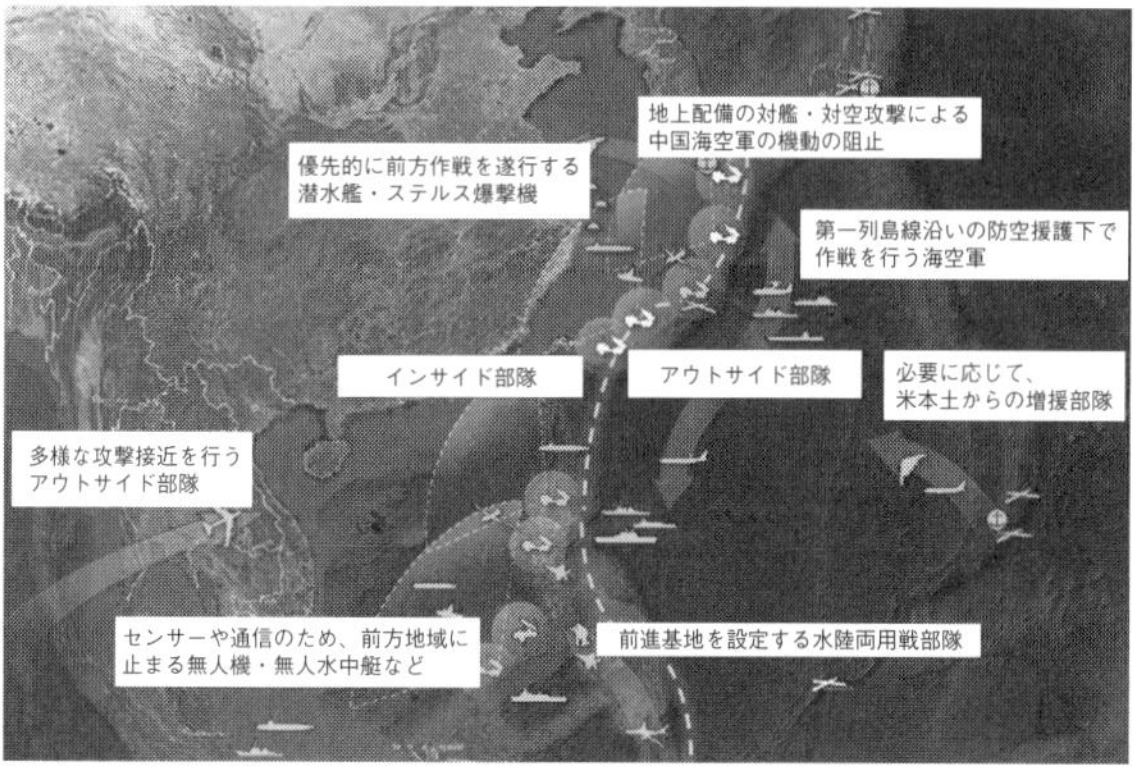

＜出典＞CSBA | TIGHTENING THE CHAIN, 2019を筆者補正

支援を得て、その援護下に「紛争環境下における沿岸作戦」（Littoral Operations in a Contested Environment, LOCE）構想に基づき、「遠征前進基地作戦」（Expeditionary Advanced Base Operations, EABO）と呼ばれる水陸両用作戦を実施し、第1列島線上や島嶼に前進基地を設定します。そこで、海兵隊は、対艦・対空ミサイルなどを展開して海上・航空優勢獲得のための作戦に加入します。

2019年3月に米海兵隊と米空軍は、別々の演習において日本の南西諸島に位置する沖縄沿岸の伊江島に遠征前進基地を設定しました。

上の図は、インサイド―アウトサイド防衛作戦の全体像です。

その戦い方をイメージすると次頁の図のようになります。

さらに列島線に配置されるインサイド部隊の編成は197頁の図の通りで、これが太平洋正面におけるマルチドメイン作戦を遂行する部隊の雛形となるものです。こ

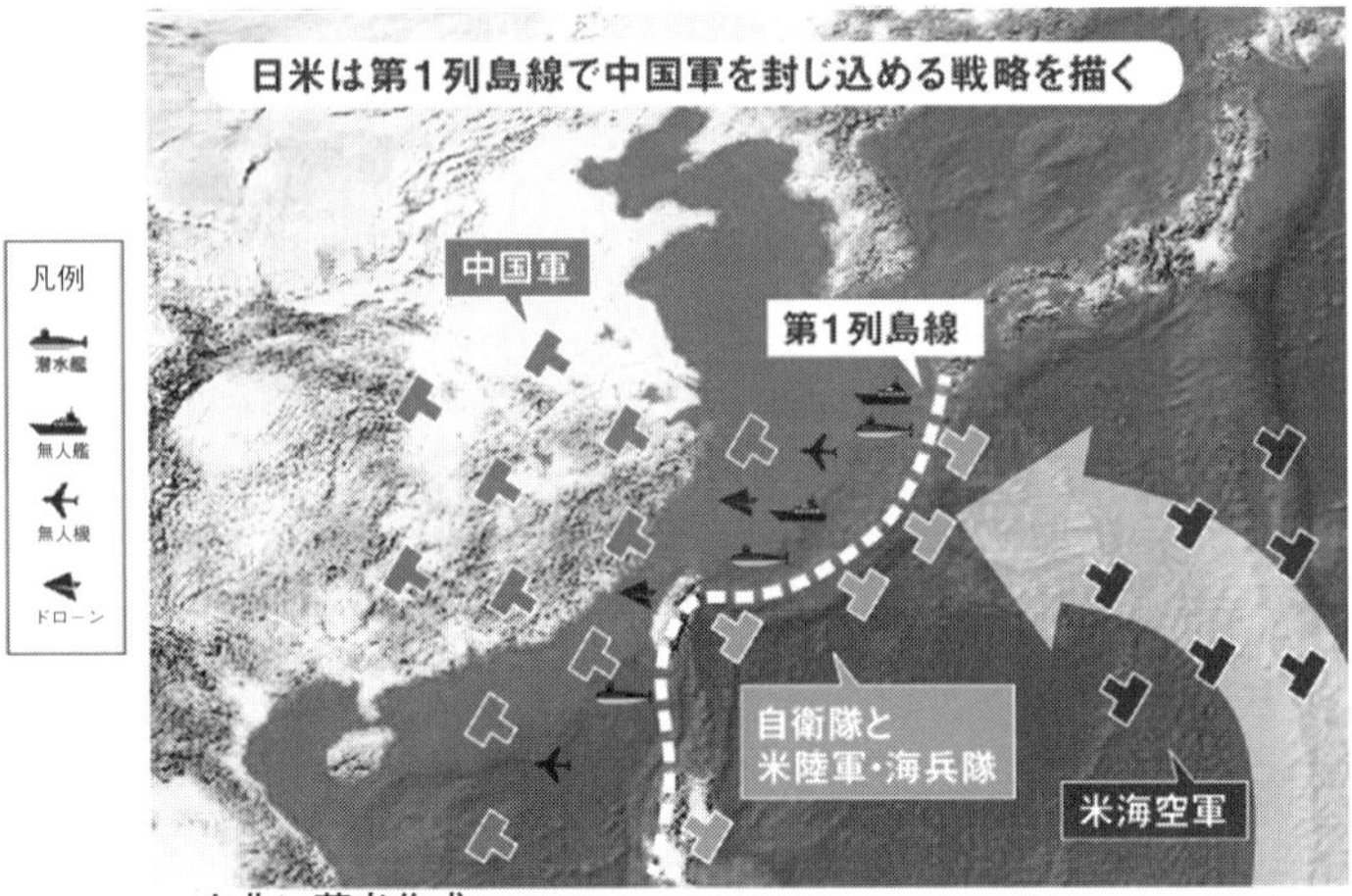

＜出典＞著者作成

の編成での特色は、対艦・防空ミサイル部隊のほかに電子戦中隊を保有し、攻撃的・防御的電子戦を実行するとしていることです。

この戦略では、地上部隊について次のように述べています。

陸上からの対艦、対空及び電子戦能力は、インサイド・アウトサイド防衛の中核をなすものだ。空軍及び海軍は戦略上及び作戦上の機動力という長所を持っているが、地上軍及び両用軍（海兵隊）は残存性と言う長所を持っている。

……。

ここ何十年もの間、米国の敵は米軍に対して移動式の地上部隊の長所を上手く使ってきた。今度は米国が逆にその立場になる時が来た。

そして、この戦略は国防省が今後実施すべきことと

マルチドメイン陸上部隊（大隊）の編成概案
（NOTIONAL MULTI-DOMAIN GROUND UNIT）

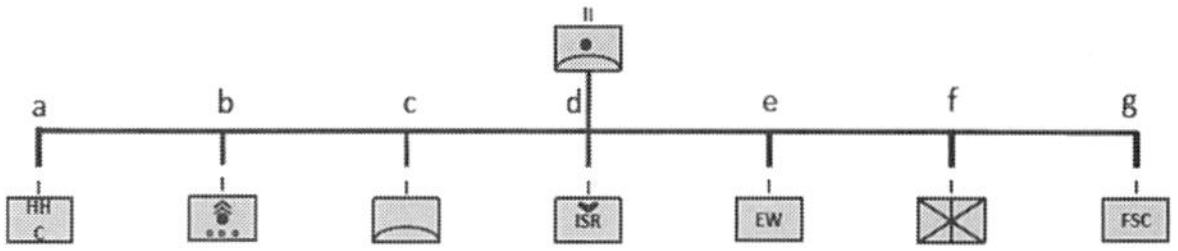

a：本部及び本部中隊（固有の通信、工兵及び衛生の各小隊を含む）
b：ロケット砲兵中隊（M142高機動ロケット砲システム（HIMARS）又は対地攻撃・対艦攻撃の能力を有する新多用途ミサイルを装備）
c：混合防空中隊（長距離・短距離地対空ミサイル、対空機関砲、広域防空拒否及び拠点防衛の能力を提供する指向性エネルギーシステムを装備）
d：軍事情報/情報監視偵察（ISR）中隊（固有の空中及び地上センサーを保有）
e：電子戦中隊（電子攻撃及び電子防御能力を保有）
f：自動車化歩兵中隊（分散した部隊への警備能力の提供）
g：前方兵站支援中隊（厳しい環境下における配属部隊の兵站支援）

＜出典＞CSBA｜"TIGHTENING THE CHAIN", 2019を筆者補正

して、次の8項目を要求しています。
①本報告書の内容を統合作戦コンセプトに発展させること。
②太平洋地域にある地上部隊の為の新たな組織編成を試すこと。
③海洋圧迫戦略を支援するための持続的コンセプトを開発すること。
④移動式の陸上発射型長射程ミサイルの配備を加速すること。
⑤残存性のあるマルチドメインC４ISRアーキテクチャーを構築するため、対C４ISR装備を開発し配備すること。
⑥すべての爆撃機に、洋上での攻撃的な任務が出来るようにペイロードを統合すること。
⑦インド太平洋における同盟国及び友好国との協力関係を深めること。
⑧軍の役割と任務を見直すこと。

米国のＭＤＯは、中国・ロシアの後塵を拝しましたが、ようやく米国も統合コンセプトの下に変革が始まったといえるでしょう。しかしながら、従来十分な軍事インフラがあることから、米国の変革は怒涛のように進むものと考えられます。その変化がすでにインド太平洋正面では現実化してきています。

米インド太平洋陸軍司令官ロバート・ブラウン大将は、２０１９年3月、アラバマ州で開催された米陸軍「グローバル・フォース・シンポジウム」(Global Force Symposium)において、２０２０年に南シナ海で大規模な米本土からの機動展開演習「太平洋の守護者」(Defender Pacific)を計画している旨発表しました。

同司令官は、「我々は韓国へは行かない。南シナ海そして東シナ海シナリオに備えるために行くのだ」と明言しました。演習は、フィリピン、ブルネイ、マレーシア、インドネシア、タイなどでの実施が予定されており、まさに中国の海洋侵出の脅威に対抗することを目的とした第1列島線への機動展開演習となります。

また、陸軍は、一つはヨーロッパ向け(大陸での作戦)、一つは太平洋向けと2つのマルチドメイン任務部隊(ＭＤＴＦ)を創設する計画を立てています。

２０１８年、陸軍初のＭＤＴＦは世界最大の海上演習であるリムパックに陸上自衛隊とともに参加したことはすでに述べましたが、この演習は、陸軍がその最新のコンセプトであるＭＤＯへ態勢を移行する契機となりました。すなわち、このMDTFは陸軍の指導者が敵のA2／ADウインドウに侵入するために、決定的な空間にすべてのドメインをどのように総合一体化するかを理解するための試験プログラム（パイロット・プログラム）になったという訳です。

MDOのコンセプトは、2014年から始まった米陸軍のパシフィック・パスウエイズ・プログラム（Pacific Pathways Program）の中で同盟国や友好国と考えを共有することが出来ます。このプログラムは、太平洋地域の友好国を指導すること及びそれらと協力するために太平洋地域でローテーションで陸軍の部隊の訓練を行うというものです。日本との関係においては、むしろ陸上自衛隊の考え方が米陸軍のお手本となっています。

このプログラムにおいて米陸軍インド太平洋軍司令官のブラウン大将は、より多くの部隊が異なる役割を果たす新しいローテーションを発表しました。

新しいローテーションには、一遍に数か月間友好国に滞在する旅団規模の戦闘チームか、それより大きな編成が含まれます。そして、友好国と共同の活動をすることで、友好国の能力を高め、さらにこの地域全体に基地や戦力を拡大し続けている中国の台頭を抑止することを狙っています。

日本ではさっそく2019年8月から9月にかけて、陸自西部方面隊が、米陸軍との日米共同の実動演習であるオリエント・シールド19において米陸軍のMDTFと連携し日米共同の演習を実施しました。

米陸軍は、日米のMDTFと連携した領域横断作戦に必要な能力の獲得・強化のための訓練において、共同対艦戦闘等を通じて日米共同対処能力を向上するとしています。

このように、米軍のマルチドメイン・コンセプトは、特に日本との間で急速に進展し、インド太平洋正面における対中国戦略上の統合作戦コンセプトとなっていくことは間違いありません。

5　米国の宇宙、サイバー、電子（電磁波）戦への具体的な取り組み

これまで述べたように、米国はその軍事力を再建し、最強の軍隊を堅持するとともに、宇宙やサイバー、電子（電磁波）領域を含む多くの分野で能力の強化・近代化を推進し、インド太平洋、欧州及び中東において力の均衡を維持するとの方針を示しています。

（1）宇宙戦

いまや米国は、世界最大の宇宙大国となっており、米軍の行動において宇宙空間の重要性は強く認識され、安全保障上の目的のために積極的かつ広範囲に利用されています。

湾岸戦争やコソボ紛争では、情報衛星、通信衛星と航法衛星の組み合わせによって、陸海空部隊に対する宇宙からのサポートが行われ、情報伝達の劇的な向上と高精度の戦力発揮が可能となり、世界が驚嘆する成果となってあらわれました。湾岸戦争を、「史上初の宇宙戦争」と見なす軍事専

門家もいます。
一方、中国は、1950年代から宇宙開発を推進し、宇宙空間は国家間の戦略競争の攻略ポイントであると認識して、人工衛星や有人宇宙飛行、月面探査機の打上げなどを行い、米国に迫る勢いで宇宙開発を進めています。また、ロシアの宇宙活動は、1991年の旧ソ連解体以降、低調な状態にありましたが、近年、再び活動を拡大しており、中露は米国の宇宙における支配的地位を脅かすようになっています。

このような情勢を背景として、米国は、2010年6月、宇宙政策に関する目標、原則などの基本的指針を示す「国家宇宙政策」（National Space Policy）を公表しました。2017年12月には「国家安全保障戦略」（National Security Strategy, NSS）が公表され、多くの国が戦略的な軍事行動を支援するために衛星を購入しているほか、宇宙空間のアセットに対する攻撃能力は非対称的な優位性をもたらすと考え、様々な対衛星兵器を追求している国も存在すると指摘しました。その上で、宇宙空間への無制限のアクセスと活動の自由が米国にとって重要な利益であるとの認識を示すとともに、新たに設立された国家宇宙会議で、長期宇宙目標を検討し、戦略を発展させるとしています。

2018年3月には、「国家宇宙戦略」（National Space Strategy）が公表され、敵対国が宇宙を戦闘領域に変えたとの認識を示し、宇宙空間における米国及び同盟国の利益を守るため、脅威を抑止及び撃退していくと表明しました。こうした戦略的指針に基づき、米国防省は昨今、紛争が宇宙空間までおよぶ可能性に備えなければならないとの認識のもと、米国が宇宙から得られる国家安全保障上の優位性を維持・強化することを目標としています。

主な軍事利用の衛星として、画像偵察、早期警戒、電波情報収集、通信、測位などの衛星があり、その運用は多岐にわたっています。

組織面では、国家航空宇宙局（ＮＡＳＡ）が米国の非軍事分野の宇宙開発などを担っています。また、米国防省は国家安全保障面から宇宙活動や開発に関与し、米戦略軍隷下の統合宇宙コマンドが軍事面で宇宙活動を担ってきました。

２０１８年6月、トランプ大統領は、陸軍や海軍などと同格の6番目の軍隊として２０２０年までに「宇宙軍」（Space Command）の創設を決め、必要なプロセスを直ちに開始するよう国防省に指示しました。これを受け、２０１９年8月29日に米軍内で陸海空軍の宇宙領域での活動を統合した宇宙軍が発足し、２０２０会計年度国防権限法案の大統領署名（２０１９年12月20日）によって戦略軍などと並ぶ11番目の統合軍（次頁図参照）として正式に創設されました。

ホワイトハウスで開催された8月29日の宇宙軍発足式典後、レイモンド宇宙軍司令官（空軍大将）は国防省で記者会見し、「宇宙空間における脅威の拡大や複雑化は現実のものだ」との認識を示しました。そして、主に中国とロシアが米軍の宇宙利用を阻む能力を開発していると名指しし「宇宙軍はこうした脅威に対して優位性を保つために不可欠だ」と述べ、日本など同盟国との連携を強めつつ、能力強化を目指すとの姿勢を表明しました。宇宙軍のホームページ（USSPACECOM, "U.S. Space Command Mission"）によると、同軍の任務は、宇宙において侵略と紛争を抑止し、米国と

米国の統合軍の構成

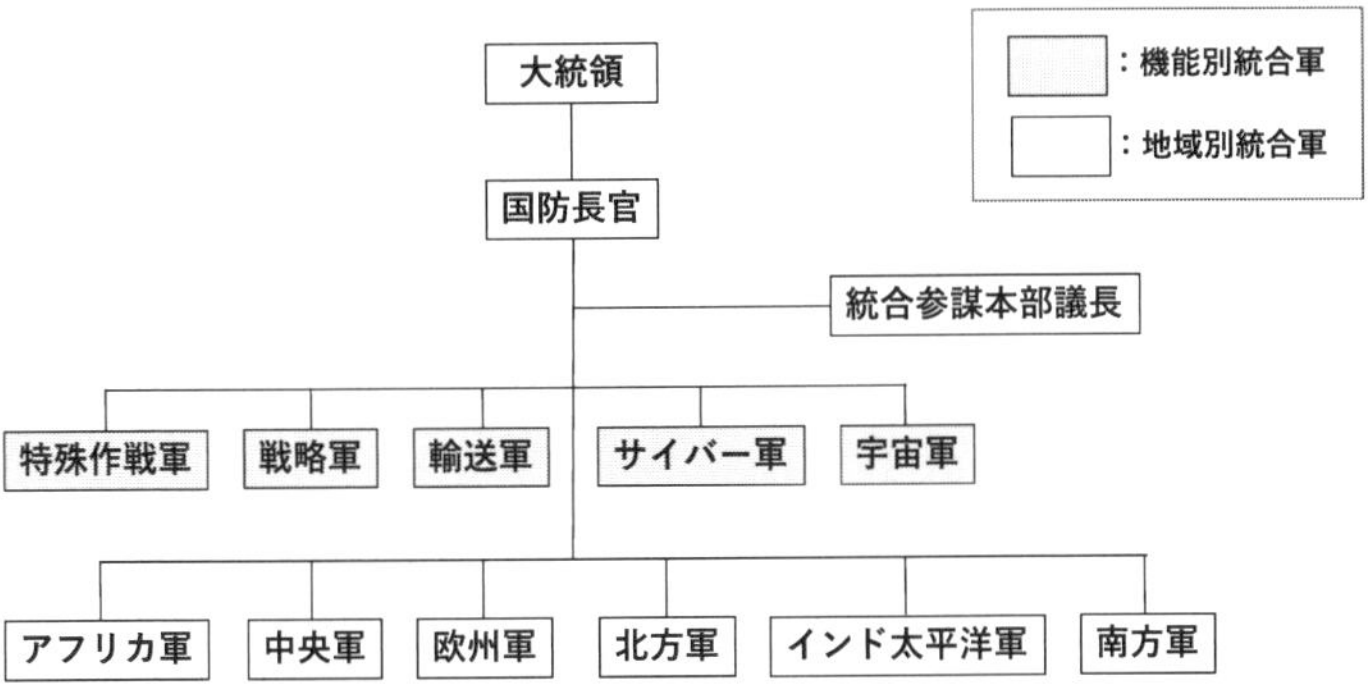

＜出典＞平成30年版『防衛白書』をもとに一部補正

同盟国の行動の自由を守り、統合・連合部隊に対して宇宙戦力を届け、宇宙領域の中で／から／を経由して米国と同盟国の利益を増進するために統合戦力を展開することとされています。具体的には、敵ミサイルの追跡などの宇宙空間の監視や人工衛星の運用による軍事作戦の支援、衛星に対する電波妨害や攻撃の警戒などに当たると見られます。

米国で新たな軍が創設されたのは、１９４７年の空軍以来、72年ぶりで、創設時の人員は１万６０００人規模となり、西部カリフォルニア州のバンデンバーグ空軍基地など、一部の空軍基地は「宇宙基地」に改名すると報じられています。

(2) サイバー戦

米国では、連邦政府のネットワークや重要インフラのサイバー防護に関しては、国土安全保障省が責任を有しており、同省のサイバーセキュリティ通信室（Office of Cybersecurity and Communications, CS&C）がネットワーク防御に取り組んでいます。

米国は、２０１７年12月に発表した国家安全保障戦略（ＮＳＳ）において、多くの国がサイバー能力を他国に対して影響力を行使する手段と捉えており、サイバー攻撃は、現代戦の重要な特徴となっているとしつつ、米国に対してサイバー能力を使用する相手を抑止、防御し、必要であれば打ち負かすとしています。

そのため、米国は、①サイバー攻撃を特定し迅速に対応する能力の改善、②米国政府の財産、重要インフラ、情報などを守るためのサイバー手段及び専門知識の向上、③必要に応じて敵に対しサイバー作戦を実施できるようにするため、米国政府の権限と手続きの統合の改善などを図る戦略方針を打ち出しています。

米国防省は、２０１８年1月にＮＳＳを支えるものとされる「国防戦略」（National Defense Strategy, NDS）を発表し、サイバー防衛、抗たん性、運用全体へのサイバー能力の統合の継続に投資していく方針を示しています。

それに先立つ２０１５年4月、オバマ政権下で「米国防省サイバー戦略」（DoD Strategy for Operating in Cyberspace）が公表されました。その中で、ロシアや中国は先進的なサイバー能力及び戦略を獲得しているとの認識のもと、ロシアの活動は秘密裏に行われており、その意図を読み取ることが難しいとしています。また中国は、知的財産を窃取し、中国企業に利益を与えているとし、さらに、イラン及び北朝鮮のサイバー能力は高くないものの、米国及び米国の権益に対する敵対的な意図を公然と示していると指摘しています。

そのうえで、国防省は、①国防省のネットワーク、システム及び情報の防護、②サイバー攻撃による深刻な結果からの米国及びその権益の防護、③軍事作戦の支援のための統合的なサイバー能力の提供、の3つをサイバー空間における主要な任務とし、当該サイバー能力には、敵国軍事システムの破壊を目的としたサイバー作戦が含まれるとしています。

なお、米国は、中国によるサイバー窃取は、国家安全保障に関する情報から機微な経済情報、米国の知的財産に至るまで、幅広く米国の利益を標的にし続けていると認識しています。2015年9月、オバマ米大統領（当時）と習近平中国国家主席は首脳会談において、両国が知的財産のサイバー窃取を行わないことで合意し、2017年11月のトランプ米大統領と習近平中国国家主席による首脳会談においても2015年の合意事項を継続するとしたが、依然として中国からのサイバー諜報が続いていると指摘されています。

これまで米軍においては、戦略軍隷下のサイバー軍が、サイバー空間における作戦を統括することを任務としており、陸海空軍及び海兵隊の各サイバー部隊並びに国防省の情報環境を運用・防衛する「サイバー防護部隊」、国家レベルの脅威から米国の防衛を支援する「サイバー国家任務部隊」および統合軍が行う作戦をサイバー面から支援する「サイバー戦闘任務部隊」（これら三部隊は「サイバー任務部隊」と総称される）などから構成されていました。

米軍は、サイバー空間での脅威の増大に対処するため、2018年5月、戦略軍の隷下にあったサイバー軍を機能別統合軍に格上げしました。これにより、サイバー軍司令官は、他の統合軍司令官と同様、国防長官に対して直接報告を行うことが可能となりました。

サイバー軍（Cyber Command）は、サイバー兵器、サイバー防衛、サイバー要員の規模・能力強化が課題との認識を示していましたが、２０１５年４月の上院軍事委員会における米サイバー軍司令官の発言などによれば、三部隊には複数のチームが所属しているとされ、州兵や予備役を活用し、２０１８年９月までに併せて約６２００人体制、１３３チームの規模にするとしています。

column

複数の情報機関が関与する米国のマルチドメイン作戦（ＭＤＯ）

本書では、米軍の作戦を中心にＭＤＯについて解説しているが、サイバーや電子領域での活動には複数の情報機関が関わっていることに留意する必要がある。米国政府サイトの公開情報によれば、米国の情報機関にはインテリジェンス・コミュニティとして17の組織が存在し、米国防省（ＤｏＤ）には陸海空軍及び海兵隊に所属する組織以外に、現時点では以下の４つの組織があることを示している。

①米国防情報局（ＤＩＡ）
②米国家地球空間情報局（ＮＧＡ）
③米国家安全保障局（ＮＳＡ）

④米国家偵察局（ＮＲＯ）

この中で、例えば、ＮＳＡ（National Security Agency）は、１９５２年創設の米国防省傘下の情報機関であり、通信傍受、盗聴、暗号解読などの通信情報活動を任務とし、ワシントン近郊のメリーランド州フォート・ミード陸軍基地内に本部を置いている。職員は３万人以上で、予算も米中央情報局（ＣＩＡ）を上回るとされるが、詳細は公表されていない。ＮＳＡは、米国に英国、カナダ、オーストラリア、ニュージーランドが加わった英語圏５か国（「ファイブ・アイズ」）の通信傍受情報システムである「エシュロン（Echelon）」運営の主導的役割を果たしているとされ、インターネット上の電子メールによる情報も収集しているとみられている。ＮＳＡ及びＣＩＡの元局員であったエドワード・スノーデンの告発により、ＰＲＩＳＭ（プリズム：ＮＳＡが運営する極秘の通信監視プログラム）で有線データ通信も盗聴していることが暴露されたが、米国政府はこれを認めていない。ＮＳＡは、サイバーや電子領域にも深く関わり合いを持ち、米軍の軍事作戦に先立って現地へ赴き、その作戦を側面から支援していると見られる。このように、上記各局は、米国のＭＤＯにおいて重要な役割を担っていることは想像に難くない。

＜出典＞各種資料を基に、著者作成

（3）電子（電磁波）戦

米国では、2001年の同時多発テロ以後、テロとの戦いが最優先される中で、電子戦など近代的な能力の開発が大幅に縮小されてきました。

一方、近年ロシア軍は、電子戦能力を著しく進化させており、ウクライナやシリアを次世代兵器、とりわけ電子戦の実戦での実験場とし、米軍が電子戦における対応で困難な課題に直面している現実を曝しました。

東部ウクライナの前線近くには米軍の監視要員が配置され、親ロシア派武装勢力とロシアの軍事顧問らによるウクライナ軍に対する電子戦の実態を監視していますが、マーク・エスパー米陸軍長官は、新聞記者らとの会合で「（電子戦は）米軍にとって必要な能力だと考えている。ウクライナなど世界中の紛争でそれを学んだ。……立て直す必要がある」（括弧は筆者）と、ロシアの電子戦能力に備えておく必要性を訴えました（ワシントン・タイムズ、2018年9月2日付）。さらに、シリアでロシア軍は、米軍の通信、航法システム、「友軍状況把握システム」（Blue Force Tracker, BFT：米軍が、敵味方入り乱れた戦場で、状況把握の改善と友軍相撃の減少を目的に敵味方を識別するために使用するシステム）などを遮断することに成功したと報じられています。

また、中国は、電子空間を、陸海空及び宇宙に次ぐ新たな作戦領域とみて、近年、急速に能力向上を図っています。

米国は、前述のように、近年ロシアや中国などが電子戦能力を向上させる中で、自身の電子戦への対応の遅れもあって、米国の電子戦における優位は厳しく脅かされているという危機感を募らせ、それを背景に、電子（電磁波）空間における「大国間の競争の時代」が再来したとして、電子戦能力の構築さらに再構築が喫緊の課題であるとの認識を深めています。

こうした認識に基づき、米国防省は、ソ連による電子空間へのアクセスを阻害することを前提としていた冷戦時代の電子戦の考え方に立ち返り、２０１３年に「電磁スペクトラム戦略」（Electromagnetic Spectrum Strategy）を、２０１４年に「電子戦政策」（Electronic Warfare〈EW〉Policy）をそれぞれ発表しました。そして、電子領域を、陸海空、宇宙、サイバー空間と並ぶ領域・作戦空間と位置付け、あらためて重視していく方針を強調し、電子戦に関する従来の消極的なアプローチから、より積極的なアプローチへの転換に真剣に取り組み始めています。

電子戦は、基本的に「電子戦支援」（Electronic warfare Support, ES）、「電子攻撃」（Electronic Attack, EA）および「電子防護」（Electronic Protection, EP）の３つの要素から構成されます。

ＥＳは、敵が使用する電磁エネルギー放射源を捜索、傍受、識別、標定するなど電子戦に関する情報収集を目的としています。

ＥＡは、電磁エネルギー、指向性エネルギー、あるいは対レーダー兵器を使用して人員、施設または装備を攻撃し、敵の戦闘能力を弱体化、無効化、または破壊することを目的としています。ＥＡには、高速対レーダーミサイル（ＨＡＲＭｓ）や各種指向性エネルギー兵器など、物理的運動を伴う攻撃（いわゆる運動（kinetic）エネルギー攻撃）も含まれます。

ＥＰは、敵の電子攻撃から人員、施設、装備を防護するのを目的とする電子戦の一区分で、敵の電磁スペクトラムの利用により生じるあらゆる効果が、自軍の戦闘能力の弱体化、無効化、破壊に作用することを阻止するために執られる行動です。

これら3要素のうち、今後米軍は、特にＥＡ能力を強化し、電子空間における優位性を回復維持するものと見られています。

■国防省

国防省は、前述の通り、エアシー・バトル構想において、統合により米軍の弱点を補完しつつ新たな領域間の相乗効果を狙った抗堪性（resiliency）を強調するとともに、敵のネットワークないしキル・チェーンの脆弱部を攻撃することで敵のシステムを混乱、無力化、破壊する考えを示しています。また、２０１５年7月に国防科学委員会（ＤＳＢ）が国防省に提出した「複雑な電磁環境での21世紀型軍事作戦」では、米国防省は攻撃により重心を置くべきとの指摘がなされています。

つまり、ＧＰＳや衛星通信などは極めて脆弱な側面があることから防御の重要性を指摘しつつ、防御が本質的に難しい電子戦においては、攻撃に重心を置き、敵を防勢に転じさせることによって、米軍が作戦のイニシアティブを握るという方向性が示されています。

また、米国の電子戦に関する既存の技術や近い将来に配備されるシステムは、他国との比較においても引き続き高い水準が保たれているとし、むしろ、より問題なのは高度な電子戦システムを効果的に運用するためのコンセプトや機構が国防省に欠如しており、国防省内におけるソフトの側面での改革が必要であるとの指摘があります。

一方、同省は、特定の軍種が電子戦を主導していくことには慎重な立場を採っています。その理由は、米軍では陸海空軍及び海兵隊の4軍それぞれが電子戦に関する異なる脅威や課題を抱え、異なる電子戦アセットを必要とし、また実際に有しているため、特定の軍種あるいは機構が電子戦を一元的に管理する合理的理由がないためと説明されています。そのため、現時点では電子戦を独立した一つの作戦領域とみなすのではなく、陸・海・空あるいは宇宙など、既存の各領域を跨いで活用される、すなわちクロスドメイン・シナジーを発揮する「空間」として捉えられています。

■米陸軍

米陸軍は、クリミアでのロシアによる電子戦に大きな衝撃を受けました。

ウクライナ軍を訓練するため派遣された米軍関係者は、逆にウクライナ軍から学ぶことが多く、この作戦から教訓を得ようとする興味深い動きが見られます。それは、ウクライナ軍は電子戦やサイバー戦を用いたロシア軍との実戦を経験している一方で、ロシアによる電子情報収集やジャミングなどの電子戦を経験した米軍兵士はいないとの認識に因ります。例えば、米軍が過去数十年経験のない「通信が妨害された状況下でどのように戦うか」ということが、米陸軍が直面する大きな課題の一つになっているのです。

こうした背景から、米陸軍では、戦術・技術・手順（TTP）を見直して電子戦能力の抜本的な改善に取り組んでいます。その中核となるのが「複合電子戦」（Multifunctional Electronic Warfare, ＭＦＥＷ）です。

米陸軍の電子戦能力は、これまで地上配備型ジャマーと数機の改良型Ｃ－12を有するのみで、それ以外は主に海軍（電子戦機：ＥＡ－6Ｂ、ＥＡ－18Ｇ）から支援を受けていました。ＭＦＥＷは、こうした陸軍の限定的な電子戦能力を改善するため、無人航空機（ＵＡＶ）からヘリコプター、各種車両、特定の固定拠点、さらには歩兵のバックパック（背嚢）に至るまで、あらゆる装備に最新鋭のセンサーおよびジャマーを付与する構想です。

ＭＦＥＷは、携帯電話や衛星、ＧＰＳといった広範な電波に対するジャミングを可能にする、攻勢的な電子攻撃能力を提供するものですが、同構想が正式に始動するのは２０２３年、完全運用能力（Full Operational Capability, FOC）を獲得するのは２０２７年になるとされており、まだまだ時間がかかると見られています。

■米海軍

米海軍は、電子空間における脅威を最も敏感に感じている軍種の一つといえ、そのため、電子戦を巡る危機意識は突出しています。

米海軍は、電磁スペクトラムおよびサイバー空間での新たな問題は、今後米国の「情報の優位性」という前提が崩れることであるとし、電子戦が今日の軍事作戦の確固たる基盤であるとの認識のもと、物理的及び非物理的能力の組み合わせによる作戦優位を創出するために「電磁機動戦

（Electromagnetic Maneuver Warfare）」構想を打ち出しています。

米海軍はこの電磁機動戦構想のもと、電子戦機（ＥＡ－18Ｇ）、哨戒機（Ｐ－８ポセイドン）、早期警戒機（Ｅ－２Ｄホークアイ）、統合多用途艦載ヘリコプター（ＭＨ－60Ｒ）、空母艦載型最新鋭ステルス戦闘機（Ｆ－35Ｃ）などの米海軍が保有する個々のプラットフォームが電子戦におけるより大きな役割を担当し、かつそれぞれがメッシュ状に連動し合う電子戦を指向しています。

その中心となるのがＥＡ－18Ｇです。空軍の広域電子攻撃機（ＥＣ－130Ｈコンパスコール）は高度な電子戦能力を有する一方、Ｃ－130輸送機を改装した大型な機体であることから、その俊敏性は必ずしも高くなく、また陸軍や海兵隊による地上からのジャミングは、有効範囲が限定的であるのを米海軍は認識しています。そのため、ジョナサン・グリナート米海軍作戦部長（当時）は「我々海軍がジャマーの提供者である」と述べており、現時点では海軍のＥＡ－18Ｇが、残存性を維持しながら戦域で電子戦を実施できる唯一の戦力であるとする見方を強めています。

ＥＡ－18Ｇの能力は、従来のＡＬＱ－99ジャマーからレイセオン社の次世代ジャマーへ更新されることで、複数の目標を同時にターゲティングするなどの更なる向上が見込まれており、米軍における電子戦の「礎石」と目されています。

■米空軍

米空軍は、その歴史を通じて、レーダーの発展と密接に関連していることから、電子戦の領域に死活的な重要性を見出していることは間違いありません。そのうえ、近年はステルス技術に過度に依存できる戦略環境ではなくなっており、電子戦の重要性はさらに高まっています。

そのことは、米空軍における戦力態勢にも表れています。

米空軍が保有するＥＣ－１３０Ｈは、「敵防空網制圧トライアッド」（SEAD triad）と呼ばれるベトナム戦争以降米空軍で発展させた電子戦の一角を継続的に担っており、ジャミングなどにより敵の防空レーダーや指揮統制コミュニケーションなどの通信システムを麻痺させる「攻撃的な対情報および電子攻撃（ＥＡ）能力」により、空と地上での作戦を支援してきました。このＥＣ－１３０Ｈは売却予定でしたが、空軍は、その延期により、現時点での電子戦能力、とりわけ電子攻撃能力を維持していきたいとの考えを明らかにしています。

さらに、米空軍での電子戦に関する危機意識は電子戦能力を有する次世代エスコート機の検討からも見て取れます。米空軍は、敵の防空圏内での任務が可能な侵入型の次世代戦闘機（Penetrating Counter Air, PCA）に関して、第5世代戦闘機（Ｆ－22／Ｆ－35）に代わるものを、２０３０年代前半を目途に検討していますが、この次世代機は、まずは戦闘機としてではなく、侵入型電子攻撃機（Penetrating Electronic warfare Aircraft, PEA）として導入される可能性があります。

また、このＰＣＡは、Ｆ－22、Ｆ－35、Ｂ－21爆撃機などのステルス機の「パートナー・プラットフォーム」として、分厚い敵の防空圏に侵入して電子攻撃を行う、スタンドイン（近距離）・ジャマーの役割が期待されています。というのも、現在の米軍では、空軍のＥＣ－１３０Ｈと海軍のＥＡ－18Ｇなどによるスタンドオフ（遠距離）からの電子攻撃は可能である一方、戦闘機や爆撃機を戦域内までエスコートする電子攻撃機は、20年程前に電子攻撃機EF－111アードバークが退役して以降保有していません。脅威対象国のレーダー技術が進歩し、ステルス機の残存性が脅かされる中、防空圏内まで侵入してエスコート可能な電子攻撃機の優先度が強調されており、ここでも電子戦の重要性の高まりが確認できます。

第4章　近未来戦における新たな国際法的課題

1　マルチドメイン作戦（ＭＤＯ）が提起する国際法的課題

第1章で述べたように、ロシアは、ウクライナ南部のクリミア半島を併合した際に、地上からの電磁波でウクライナ軍の通信やレーダーを妨害しました。また、サイバー攻撃で大規模停電を発生させるとともに、ウクライナ軍に事前に割り出していた携帯電話ネットワークを使用するように追い込みました。

さらにロシア軍は、ウクライナ軍に対して特定の場所に移動するよう偽メールを流し、集結したウクライナ軍部隊を包囲し攻撃したと言われています。後にロシア軍の特殊部隊と判明しましたが、

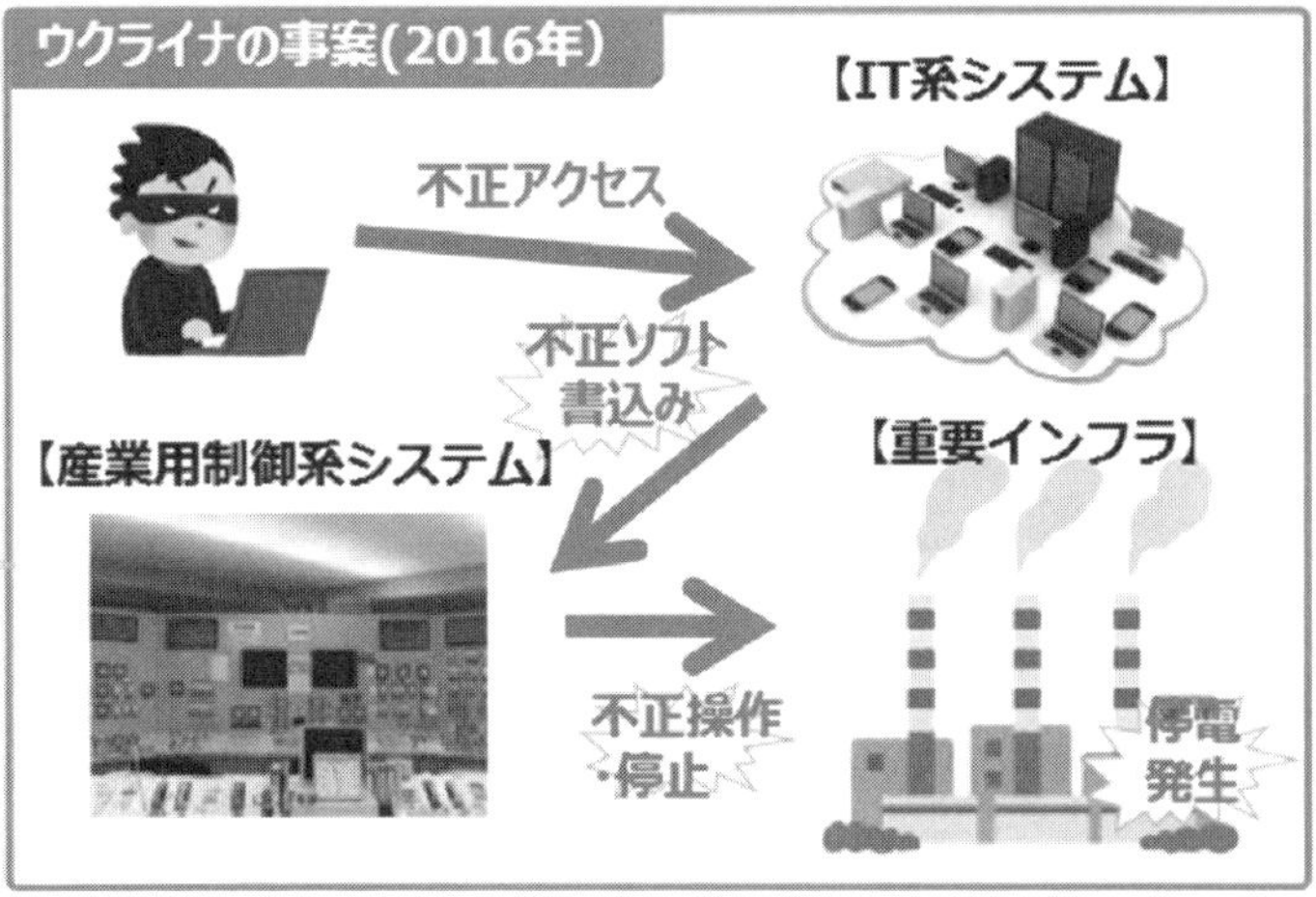

＜出典＞経済産業省商務情報政策局サイバーセキュリティ課HP

実際に攻撃したリトル・グリーンメン（Little Green Men, LGM）は、５万人のウクライナ軍を３分の１以下の１万５０００人の兵力で制圧したと言われています。ロシア軍は、電磁波やサイバー領域を軍事作戦に活用し、ウクライナ軍の通信システムやレーダーを妨害して無力化を図ることで、ウクライナ軍の想定外の攻撃を行い戦局を決定的なものとしたのでした。また、これらの作戦が、人工衛星を介した情報・指揮通信などの宇宙領域の活動によって支えられていたのは言うまでもありません。ロシアは、ウクライナやシリアにおける実際の戦場で、近未来戦を先取りするような作戦を遂行し、国際社会に衝撃を与えました。

　このように、近未来戦は、従来の陸、海、空の各領域の利用に加えて、宇宙領域やサイバー・電磁波領域の軍事的利用を組み合わせたマルチドメイン作戦（ＭＤＯ）であると言われています。同時に、Ｍ

DOで使用される兵器は、火薬を利用した従来の物理的強制力を有する兵器に加えて、ドローン、無人攻撃機、自律型ロボット兵器、自律型致死性兵器システム（Lethal Autonomous Weapon Systems, LAWS）、そしてレーザー兵器等の特定通常兵器など、新たな兵器を組み合わせたものになると予測されています。

本章では、まず基礎的な知識として、戦争と国際法（戦争法）との関係が変化している事実を確認し、次いで宇宙領域およびサイバー領域の戦術的利用と既存の国際法との関係を検討し、最後に、近未来戦で使用の可能性が高まっているLAWSの開発・使用を規制する国際法上の課題について検討します。

2　武力紛争と国際法の特質

（1）武力攻撃と国際法との関係

国際法は、主権国家間の規則ですが、憲法に従って立法機関（日本では国会）で制定される国内法とは異なります。すべての国民は、国民の代表者（国会議員）が制定した法律に従う義務がありますが。しかし国際法は、規則として合意した国家だけに適用され、その国際法に従わなければなりませんが、合意していない国家はその国際法に従う必要はありません。

近代国際法は、国際社会に絶え間なく発生する戦争と対決し、戦争の抑制や戦争犠牲者の保護を目的として発達してきました。戦争法は、その起源を中世にまで遡ることができます。中世の戦争法には、敵国の戦闘員と平和的人民とを区別して後者の生命を尊重し、寺院や学校のような宗教、学術、慈善の用に供される財産の不可侵を定めていました。この他に、戦争の目的を遂げるための必要のない殺戮および破壊を禁止し、敵国の戦闘員に対して行使される残酷性の高い武器の使用を禁止するような、現代の戦争法を支配する諸原則の萌芽というべき法規がすでにありました。

戦争とともに発達してきた戦争法には、戦争による秩序の破壊に最小限度の制限を加えようとする交戦法（jus in bello）と、残虐な結果をもたらす戦争を少しでも減らすために戦争を制限する開戦法（jus ad bellum）の二つの国際法があります。

交戦法は、武力衝突の状態にある当事者間に適用されるもので、使用する武器の制限や行使方法、戦闘員の資格、捕虜や非戦闘員の取り扱いなどについて定めています。また交戦法は、武力衝突の目的や意思を問わず、交戦状態に入った当事国に対して平等に法的効果を与えることを意図しています。

他方、開戦法は、諸国の武力行使について制限を加えていますが、この制限がたとえどのようなものであったとしても、一旦戦争が始まれば、交戦法によって律せられることになります。戦争開始に制限を加える開戦法は、戦争を正しいものと正しくないものに区別し、正しい戦争だけが認められていました。その後、正しい戦争か正しくない戦争かの識別が難しくなり、無差別戦争観の時代となり戦争意思を表明して戦闘する戦争が頻発するようになりましたので、１９２８年の不戦条約で戦争が違法化されました。第２次世界大戦後に設立された国際連合では、国連憲章で戦争が禁止されることになりました。

開戦法の発達により、自衛のためと制裁のために武力を行使する場合を除いて、原則として、国連の目的と一致しない武力行使が禁止されることになりましたが、今日に至っても、戦争とまったく違わない武力衝突が絶え間なく発生しています。このような現象は、武器の制限や戦争の違法化の試みが強化されればされるほど、それに逆行してますます増加しているように思われます。例えば、サイバー領域を軍事的に利用したサイバー攻撃が国際法的に合法的なものであるか否かについて明らかにされないまま、事実上、サイバー領域が攻撃手段として利用されています。

もっとも、サイバー攻撃が国際法上の武力行使であるか否かについて、すなわちサイバー攻撃を受けた国が武力を行使されたと判断して、後述するように、国連憲章上の自衛権を行使して反撃できるか否か、そしてこれらの国があらゆる武器で反撃できるか否かについても議論があります。サイバー領域を軍事的に利用したサイバー攻撃は、秘匿性が特徴であるため、攻撃国を特定できない可能性があるからです。またこの議論には、サイバー領域を軍事的に利用した攻撃は、戦争なのか否か、そして戦争であるなら開戦法に違反しているのか否かという新たな問題を提起しています。

国際法上の戦争は、これまで紛争当事国の戦争意思の有無を基準に考えられてきました。交戦国の双方もしくは一方が戦争意思を表明して争った場合は、国際法上の戦争となり交戦法が適用される戦争状態ということになりました。しかし開戦法の発達により、戦争が違法化され禁止されたため、諸国は、戦争意思を表明しないままで武力衝突を繰り返すようになりました。このように、戦争意思を表明しないで武力を行使した場合、すなわち、これまでの国際法上の戦争とは異なる事実上の戦争の場合は、これを戦争と呼ばずに武力紛争と呼んできました。武力紛争が発生した場合に、交戦法がそのまま適用されるのか否かについても問題が生じています。

サイバー攻撃のような物理的強制手段を使用しない攻撃の場合、これを戦争と呼ぶのか、武力紛争と呼ぶのかについても議論があります。すなわち、サイバー攻撃の場合、攻撃者が特定できないので、これまでは平時国際法が適用される状態とされてきましたが、そのような状態をどのように表現したらいいのかについても議論があります。サイバー攻撃が開始された後は、いわゆる戦時でもなく平時でもないグレーゾーン事態と呼ぶこともありますが、国際法上、未だ適切な表現はありません。

（2）交戦法の基本原則との関係

交戦法には次のような原則がありました。すなわち、一つは無差別攻撃（破壊）の禁止及び文民や非軍事物への攻撃から保護する原則です。もう一つは不必要な苦痛を与える害敵手段や方法の禁止原則です。これらの原則は、陸戦の法規慣例に関する条約の第1条と第2条はマルテンス条項の趣旨により解釈されるべきとされましたが、兵器技術が格段に発達した今日においてもこの原則は国連総会決議や第1追加議定書でも必要性があるとして確認されています。

column

マルテンス条項

一層完備した戦争法規が採択されるまでの間、戦争法規の締約国は、その法規に規定がない場合であっても、文明国に存在する慣習、人道の法則や公共良心の要求に基づく国際法の原則に基づいて解釈されるべきであるとする条項。

また交戦法は、戦争中に守られなければならない義務を紛争当事国に課していますが、その当事国は、重大な軍事的不利益をもたらさず、且つ、人道的であるとみなされる場合に限ってだけ、その攻撃や兵器の使用を差し控える義務が課せられているという原則もあります。ある戦闘で軍事的利害が重大性を帯びるような事態になった場合は、たとえ交戦法によれば規則が適用される範囲内にあるように見えたとしても、実は法規を適用する必要はなく、したがって、交戦法は、紛争当事国を拘束する力を失ってしまうのです。交戦法は、戦時の必要性と人道原則の調和点に成立しているので、交戦法に盛り込まれた人道原則を守ることが戦時行為の必要にも合致する限りでは実効性を持つことになるのです。

宇宙領域における軍事利用については、後述するように、宇宙の受動システム、すなわち地上作戦支援のためのC4ISRのような宇宙の軍事的利用は、交戦法上の基本原則に齟齬しません。しかし、宇宙領域を戦場として利用する衛星破壊は、環境法上の問題が生じてきますし、宇宙領域から地上を直接攻撃する場合は、宇宙法上の問題が生じてきます。したがって、宇宙領域の軍事的利用の場合、それがピンポイントの攻撃であれば無差別攻撃には至りませんが、攻撃目標によっては交戦法上の義務である軍事目標主義に違反することになります。

column

軍事目標主義

敵戦力に対する砲爆撃は、軍事目標だけに限られなければならないとする考えで、敵戦力の中心への集中攻撃いう軍事的必要性と、非戦闘員の生命財産を保護するという人道的考慮の双方から、その妥当性が認められている。

サイバー領域においては、グレーゾーン事態における相手情報の窃取、コンピューターウイルスを使用したウエブサイトの破壊や改ざん、ソーシャルネットワークやオンライン情報の印象操作などのサイバー攻撃は、交戦法上の問題とはなりえないでしょう。しかし、戦時になった瞬間にコンピューターウイルスを使用して鉄道事故、ダムの決壊、電力供給の停止などのサイバー攻撃を行った場合は、無差別攻撃の禁止、不必要な苦痛を与える攻撃の禁止などの交戦法の基本原則に違反しますし、病院や学校、宗教施設などへの攻撃禁止を謳った軍事目標主義にも反することになります。

特定通常兵器や自律型ロボット兵器、さらには自律型致死性兵器による攻撃は、交戦法の基本原則との関係で最も中心的な課題となっています。特定通常兵器の一部は、後述するように、すでに「特定通常兵器禁止条約」の議定書として製造や使用が禁止されています。AIを組み込んだLAWSは、指揮官の指揮・統制から完全に離れたいわば機械なので、交戦原則である戦時の必要性と人道原則との調和点の判断や軍事目標主義原則が遵守されるのかについて、議論を呼んでいます。LAWSの国際的規制については、まだ検討が始まったばかりです。

3　宇宙領域の軍事的利用に関する国際法と課題

(1)　宇宙領域の軍事的利用

現代戦における兵器システムや大規模な部隊運用に係る指揮・統制は、宇宙空間（outer space）に配置された宇宙システムの利用を抜きにしては考えられません。私たちが携帯電話等で当たり前のように利用している全地球測位システム（GPS）は、元来、軍事用に開発された成果であり、技術が陳腐化したGPSが民生用として広く一般の利用に供されたものなのです。宇宙領域の軍事利用は、軍事作戦を成功に導くために、あらかじめ例えば軍隊が敵や味方が展開している位置情報や

宇宙空間の利用イメージ

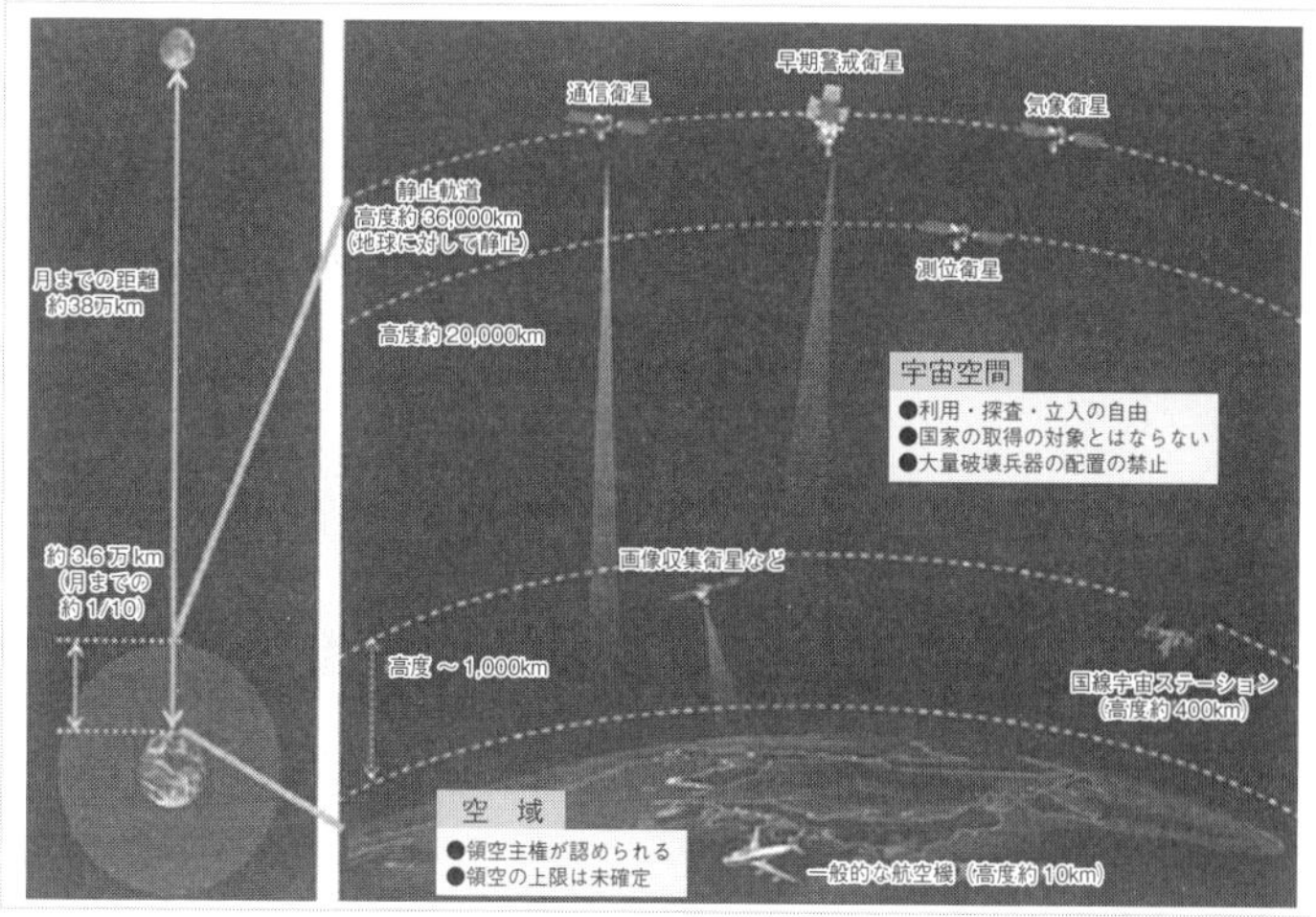

＜出典＞平成29年版『防衛白書』

無人機の飛行位置情報を精確に把握するためにGPSを利用するだけでなく、偵察衛星から取得した画像に基づいて、それを通信衛星を利用した通信ネットワークと組み合わせることで、一層精密なC4ISRを行っています。

このような宇宙領域（space domain）の利用は、地上における作戦を有利に運ぶための受動的な軍事支援システムとしての軍事利用であり、現代の軍事的優位性は、宇宙システムをいかに整備し、それを効果的に活用できる能力を持つことが決定的な要因となります。地上作戦の支援システムとしての宇宙領域の軍事的利用の問題については、国際法上の規則もある程度存在しています。

これまで宇宙空間は、陸、海、空やサイバー空間と異なり、長らく戦争のない聖域（sanctuary）でしたが、今日では、宇宙領域における脅威の顕在化が懸念されています。後述するように、宇宙領域における軍事利用は冷戦期から活発に行われていましたが、その目的はあくまで地球上での軍事活動を支援することに止まっていました。しかし、このような宇宙領域の軍事的利用に変化が表れ、宇宙領域における脅威が顕在化するようになっています。

近未来戦における宇宙領域の利用は、従来の地上作戦の軍事支援システムの枠を超えて、宇宙空間を戦場とする能動的な攻撃用兵器システムの急速な開発・実験が進んでいます。そのため、このような宇宙領域を戦場とする軍事的利用についての国際法上のルール作りが課題となっています。宇宙領域の軍事的利用には、例えば、武力紛争が開始されるや否や、軍事用の通信衛星、監視衛星、偵察衛星、測位衛星、航法衛星などを宇宙領域で破壊・無力化させるASAT（Anti-satellite）システムの利用がよく知られています。

中国は、2007年にDF－21中距離弾道ミサイルを改良したSC－19を用いて、高度860キロの低軌道上での自国の古い気象衛星の破壊に成功しています。米国防省は、現在、軌道上の衛星を無力化するレーザー・ビーム搭載の気象衛星、そして光速に近い速度の素粒子を飛翔中のミサイルにぶつけて無力化する中性粒子ビーム（neutral particle beam）を開発・実験中と言われています。

このように、宇宙領域を軍事的に利用する兵器システムは、地上における軍事的衝突の恐れが高まった際、敵の宇宙システムを攻撃することが主たる目的になります。敵の宇宙システムを攻撃することで一気にシステム全体の機能を失わせることが出来るため、敵の戦争能力を格段に低めることが出来るのです。また同時に、軍事目標となる宇宙システムを構成する衛星は、当然のことながら無人の衛星であるため、攻撃による死傷者が出る恐れはありません。この点で、不必要な苦痛を与える攻撃兵器を制限する交戦法の原則は遵守されているのです。また、民間が打ち上げた衛星や宇宙ロケットを攻撃しない限り、軍事目標主義に違反することにもなりません。

軍事用衛星が、地上固定基地用のインテルサット（ＩＮＴＥＬＳＡＴ）や陸、海、空域にある移動体用のインマルサット（ＩＮＭＡＬＳＡＴ）など民間が運営する商業通信衛星に対する攻撃や干渉は、中立法規に違反する可能性があります。

中立国は、交戦国間の武力行使から生じる被害や不利益を受忍する黙認義務、双方の交戦国に加担しない回避義務、自国領域を交戦国に使用させない防止義務を遵守している限り、交戦国からは攻撃対象とされません。

しかし、宇宙領域で交戦国が商業通信衛星を利用した場合、他方の交戦国から中立国は防止義務に違反したとされ攻撃対象となる可能性があります。音声通話、ＦＡＸ通信、データ通信、テレックス、インターネット等の送受信を可能にするインテルサットやインマルサットは、多数国間の国際機関が運用していますので、これらの諸国が中立法規違反を問われる可能性も考えられますが、実際問題としては、このような理由に基づく交戦国からの攻撃は、恐らくあり得ないでしょう。逆に交戦国が故意ではなく過失によって中立国の衛星を破壊もしくは無力化した場合は、攻撃国は、戦争後に国家責任を問われ、損害賠償を行う義務が生じることになるでしょう。

宇宙領域の軍事的利用との関連で、軍事衛星を物理的に破壊する地上・空中発射のASATミサイルの利用は、攻撃主体を特定しやすいのですが、数百キロ遠方の宇宙空間に配備された衛星に対するASAT兵器による攻撃、サイバー攻撃や電磁波による衛星機能の無力化は、実際に何が起こっているのかの判断が難しく、また攻撃主体を特定することは極めて困難です。言い換えますと、敵対行為が発生するや否や敵の軍事能力を一気に減殺する宇宙領域の軍事的利用は、交戦法上も問題点が少なく、戦略的にも極めて魅力的な兵器システムであることから、諸国は、多くの予算を投入してこれらの兵器システムの早期の開発・取得をめざし、軍事的な優位に立つことを考えているのです。

しかしながら、次に見るように交戦法以外の国際法との関係が問題となってきています。

（2）宇宙領域を戦場とする軍事的利用と国際宇宙法

宇宙空間の利用は、米ソ間の弾道ミサイル開発と密接不可分の関係にあります。弾道ミサイルの誘導技術とロケット推進力の発達は、地球軌道上に宇宙物体を打ち上げることを可能にしたのでした。ソ連は、1957年11月、初の地球軌道を周回する人工衛星スプートニクを打ち上げることに成功し、この成功は「宇宙を制する者は世界を制する」夢が実現可能となり、宇宙領域の軍事利用の幕が開けられました。

人類の活動が宇宙空間まで及ぶことになったため、国連は、地球上の軍拡が宇宙にまで及ぶことを懸念して、宇宙空間の平和的利用を継続する目的の決議案が採択され、１９５９年に宇宙空間平和利用委員会（Committee on the Peaceful Uses of Outer Space, COPUOS）を設置しました。ＣＯＰＵＯＳの法律小委員会は、現在までに5条約を作成し、国連総会は4原則を採択しました。すなわち、１９６7年に宇宙条約と宇宙救助返還条約、１９７2年に宇宙物体損害条約、１９７5年に宇宙物体登録条約、１９７9年に月協定の5条約が作成され、１９８2年に直接放送衛星原則宣言、１９８6年にリモートセンシング原則宣言、１９９2年に原子力電源搭載衛星原則宣言、１９９6年に宇宙条約第1条明確化宣言（スペース・ベネフィット宣言）の4原則がそれぞれ採択されました。

これらのうちで宇宙条約は、宇宙空間の軍事利用を制限する軍備管理条約ともいわれ、その第4条では、以下のように規定されています。

条約の当事国は、核兵器及び他の種類の大量破壊兵器を運ぶ物体を地球を回る軌道に載せないこと、これらの兵器を天体に設置しないこと並びにいかなる方法によってもこれらの兵器を宇宙空間に配置しないことを約束する。

月その他の天体は、もっぱら平和的目的のために、条約のすべての当事国によって利用されるものとする。天体上においては、軍事基地、軍事施設及び防衛施設の設置、あらゆる型の兵器の実験並びに軍事演習の実施は、禁止する。科学的研究その他の平和的目的のために軍の要員を使用することは、禁止しない。月その他の天体の平和的探査のために必要なすべての装備又は施設を使用することも、また、禁止しない。

宇宙条約の採択にあたっては、当時の宇宙先進国の米ソ両国間で「平和的目的」の解釈をめぐって活発な議論がありました。宇宙領域の開発は、米ソ両国ともに軍事組織が中心となっていたため、「平和的目的」が「非軍事的目的」と解釈されるのであれば、両国ともに宇宙条約を批准できないことになるからです。多くの議論の結果「平和的目的」は、「非侵略的目的」、すなわち宇宙領域から地上を攻撃しない利用であれば、軍事組織が開発・利用したとしても、それは「平和的目的」にかなうとする解釈が定着したのでした。

つまり、宇宙条約第４条は、宇宙空間における平和利用義務が課せられるのは月その他の天体だけとし、このほか地球軌道上、月その他の天体、宇宙空間への大量破壊兵器の設置だけを禁止しています。しかし宇宙空間における活動は、地上の国家と一体化した活動であるため、自衛権に関する規則の適用を受けることになります。国連憲章第51条の範囲内の軍事行動であれば適法な行動となるので、国家が外国から武力攻撃を受けた場合は、宇宙領域において自衛権に基づく武力行使は、必ずしも禁止されていないのです。

宇宙条約に従うと、宇宙空間及び月その他の天体は、国家による領有が禁止されていること（第2条）に加え、すべての国家による活動の自由が認められている（第1条）ため、今日、軍事大国をはじめとする主要国は、自国のＣ４ＩＳＲ機能を強化するために、地球周回軌道を中心として宇宙

様々な高度と角度の衛星軌道

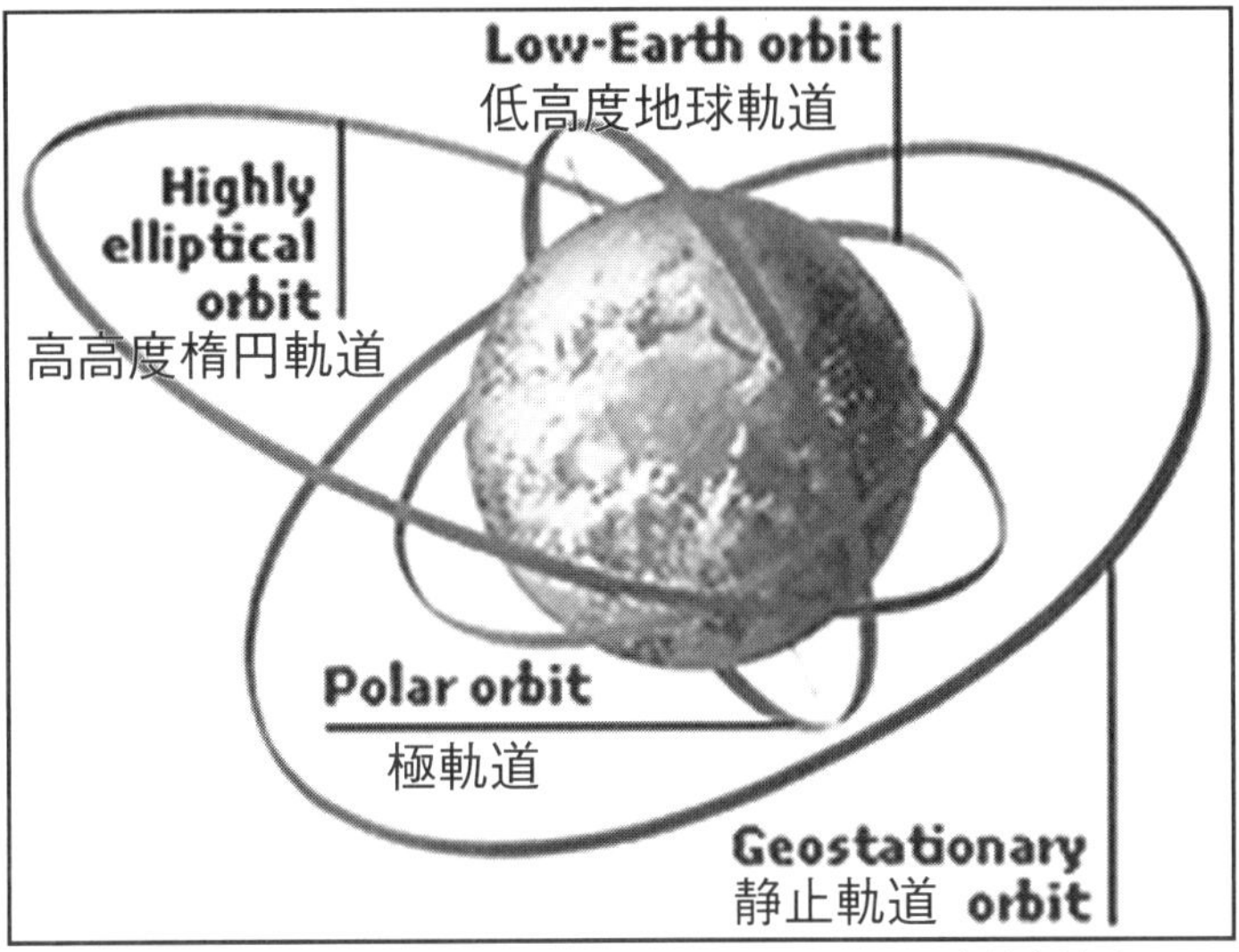

＜出典＞ http://commsatinfo.weebly.com/orbits.html を筆者補正

空間を積極的に利用しています。例えば、地上の敵の軍事状況を正確に把握するための画像偵察衛星、電波情報収集衛星や情報収集衛星、地上や海上に展開する軍隊が自己の正確な位置情報を把握するための航法衛星や測位衛星、作戦地域の気象を予報・確認するための気象衛星、地球規模に配置した自国部隊に対する通信を担う通信衛星、弾道ミサイル発射を感知する早期警戒衛星、宇宙空間における核実験を探知する核爆発探知衛星などの人工衛星が、受動的支援システムとして開発・利用されてきました。

しかし宇宙領域は、軍事的な受動システムとしての利用の他に、宇宙システムの民生利用への依存が世界的規模で進んでいて、日常的に経済・社会活動に浸透しています。例えば、通信衛星の機能を活用して、世界規模の通信ネットワークを利用するインターネット通信や電話通信、そして世界同時中継を可能にする直接テレビジョン放送が楽しまれています。また、気象衛星や観測衛星を利用した陸、海、空の気象の観測は、台風情報の収集に欠かせません。さらに、航法衛星や測位衛星の利用は、船舶や航空機の安全航行、地図や海図の作成、地下資源の探査など多くの分野に及んでいます。１９９５年に完全運用が始まったＧＰＳの利用無くしては、スマホ、携帯電話やカーナビは発達しなかったでしょう。

宇宙領域を軍事的に利用して他国の衛星を破壊すれば、おびただしい数の宇宙ゴミ（スペースデブリ）が発生します。この宇宙ゴミは、様々な高度と角度の軌道上に配置された民生用の人工衛星と衝突し、これを破壊する可能性が十分あり得ます。今日我々が当たり前のように享受している宇宙システムの利用が困難になり、様々な分野で日常生活に支障をきたすことが十分に予測されます。月その他の天体を含む宇宙空間、およびそこに存在する衛星等の破壊を伴う軍事的活動は、決して看過できないのです。

（3）宇宙領域を戦場とする軍事的利用の問題点

国連宇宙問題室（United Nations Office of Outer Space Affairs）によると、２０１９年現在、地球軌道上の宇宙物体は８７５６基あります。人工衛星を打ち上げた国は、軌道の高さ、機能、目的等について、宇宙登録条約上の義務として国連に登録しなければなりません。しかし、いったん軌道上に打ち上げられた衛星が機能を喪失したとして登録を取り消される場合がありますし、打ち上げられたと思われる人工衛星が、義務に違反して登録されない場合があります。また、登録された軌道上から他の軌道上へ移動している衛星もあり、これは他国が打ち上げた衛星を破壊するための実験だと言われています。

宇宙領域を戦場として軍事的に利用する構想は、1980年代に米国のレーガン大統領が提唱した戦略防衛構想（Strategic Defense Initiative, SDI）であるとされています。レーガンは、ソ連の大陸間弾道ミサイル（Inter-continental Ballistic Missile, ICBM）攻撃の脅威に対して、1972年の第1次戦略兵器削減条約（START－I）や弾道ミサイル迎撃条約（ABM条約）、1983年の第2次戦略兵器削減条約（START－II）等の取り決めにもかかわらず、米国の「相互確証破壊」（Mutual Assured Destruction, MAD）戦略による安全保障の確保に疑問を抱いたからです。レーガンは、1985年1月3日、ワシントンDCで「戦略防衛構想に関する大統領発表」を行い、同盟国に対してSDI研究の協力を要請しました。

SDI計画は多層防衛計画とも呼ばれ、多弾頭化された大陸間弾道ミサイルを到達前に、ブースト、ミッドコース、ターミナルの各飛翔段階に配置されたミサイル衛星、レーザー・ビーム衛星、ミラー衛星、レールガン衛星、早期警戒衛星などと地上配備の迎撃システムを連携させ、ICBMを迎撃、破壊することで米本土への損害を局限する構想です。

米国は、同盟国と協力してSDIの研究に取り組みましたが、莫大な資金が必要となることが判

ＳＤＩのイメージ

敵ミサイルの迎撃手順

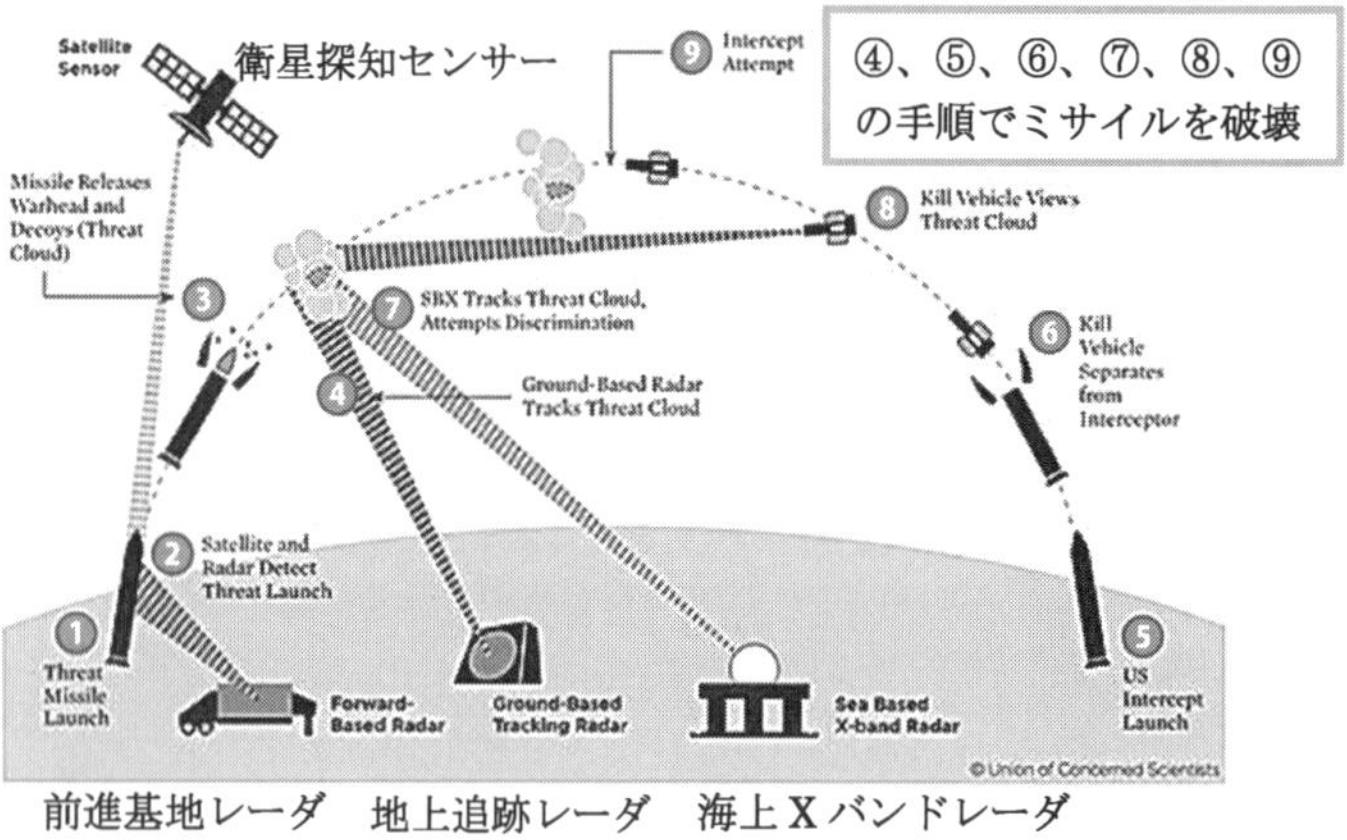

＜出典＞ https://qz.com/emails/quartz-obsession/1159495/ を筆者補正

明し、また１９８８年にソ連との冷戦が終焉したため、ＳＤＩは次第に存在意義を失い自然消滅に近い形で中止されました。その後、ブッシュ米大統領は、湾岸戦争におけるイラクのスカッド・ミサイル攻撃を受けた経験から、１９９１年１月、冷戦中のＩＣＢＭ攻撃に対する防衛を目的とした「限定的な弾道ミサイル攻撃に対する地球規模の防衛構想」（Global Protection Against Limited Strike, GPALS）を打ち出しました。ブッシュ大統領の後を継いだクリントン大統領は、「戦略の根本的見直し」（Bottom-Up Review, BUR）を行い、その中でＩＣＢＭを最終段階で防衛する戦域ミサイル防衛（Theater Missile Defense, TMD）を明らかにし、これが今日のミサイル防衛（Missile Defense, MD）へと発展しました。

しかし、米国防長官と国家情報局長は、２０

11年に議会に提出した「国家安全保障宇宙戦略」(NSSS)の中で、宇宙空間が軍事的挑戦の領域(contested domain)になりつつあること、そして従来の受動的宇宙システムとその支援インフラが、多様な人為的脅威に直面していることを警告しています。この警告の背景には、ロシアや中国による宇宙領域の軍事的利用があり、これらの国の意図と能力を考えると、宇宙領域をめぐる軍拡の脅威が顕在化しつつあると認識されました。すなわち、これまで米国が依存してきた宇宙システムに脆弱性があること、そしてロシアや中国が米国の宇宙システムを重要な攻撃目標として位置付ける可能性を指摘したのでした。

宇宙領域を戦場とする軍事的利用で最も懸念されるのは、前述したように、衛星を直撃して破壊した際に大量に発生する宇宙物体の破片(スペースデブリ)の問題です。軌道上の衛星や飛翔中のミサイルを物理的に破壊するシステム以外にも、宇宙空間の受動システムを妨害する手段は数多くあり、例えば軍事衛星のセンサー等を狙ったレーザー照射、衛星や地上局の電子機器を狙った電磁パルス(EMP)攻撃、データリンクへのジャミング、地上局や支援インフラへの攻撃・妨害工作などが考えられます。なお、これらを軍事的かつ効果的に利用するためには、さらなる技術開発と実験が必要とされています。

宇宙領域の利用・開発国とスペースデブリの増加、そして2007年の中国の衛星破壊の実験など国際社会が共同して取り組むべき課題が生じてきましたが、宇宙領域における軍拡に対し、国際的な場において法的拘束力を有する新たな条約は作成が困難なため、ソフトローの作成により宇宙ガバナンスを再構築する動きが出てきました。

column

ソフトロー

1960年代後半から使用された用語で、国家間の条約とは別に、国連などで採択された原則や宣言の中に何らかの法的拘束力をうかがわせるとする考え方で、非拘束的合意、形成途上の法などと呼ばれることがある。

これより早く国連のジュネーブ軍縮会議（Conference on Disarmament, CD）は、1985年から1994年まで「宇宙空間における軍備競争の防止（Prevention of an Arms Race in Outer Space, PAROS）」の特別委員会を設置し、宇宙条約を補完する新条約作成の必要性、衛星攻撃兵器、対弾道ミサイル・システムの評価について議論を行ってきましたが、実質的な成果は得られませんでした。

2008年に中国とロシアは、宇宙空間への兵器の配置を禁止する「宇宙空間における兵器配置防止条約」（Prevention of the Placement of Weapons in Outer Space, the Threat or Use of Force Against Outer Space Objects Treaty, PPWT）案をCDに提案したこともあり、2009年にコンセンサスを得て12年ぶりに作業計画が採択されましたが、作業計画を実施するための日程について合意が得られず、作業部会は設置されませんでした。

２０１４年にもＣＤに提出されたＰＰＷＴ案は、①あらゆる兵器の宇宙空間への配置、②ＰＰＷＴ当事国の「宇宙空間物体」に対する武力による威嚇または武力の行使などを禁止していましたが、採択されませんでした。興味深いことに、ＰＰＷＴ案はＡＳＡＴ兵器を「宇宙空間に配備する」ことを禁止するだけで、地球上からの攻撃を禁じていないので、地上・空中発射のＡＳＡＴを開発中の中国の立場を否定していません。したがって、仮にＰＰＷＴが成立しても大量のスペースデブリを発生させる中国の衛星破壊攻撃を阻止することは出来ないのです。さらにＰＰＷＴは、現状では、自衛権の行使としてのＡＳＡＴを否定していないため、地球上における戦争の一環として衛星破壊を行うことが出来るのです。

ＥＵは、２０１３年、２０１４年、２０１５年に多国間交渉会合を開催しました。そこで取り上げられた宇宙活動の軍事利用と民生利用の両方をカバーする国際行動規範案は、①事故、衝突その他の有害な干渉の可能性の最少化義務、②スペースデブリの発生を低減するための宇宙物体の意図的破壊等を差し控える義務などにより、各国の宇宙活動の透明性と信頼性を高めることを意図していましたが、結局、行動規範は頓挫してしまいました。

4　サイバー領域を軍事的に利用した攻撃

(1)　サイバー領域とサイバー攻撃

ア　サイバー領域の特質

サイバー領域を利用した様々な情報交換は、前述した宇宙領域の利用やコンピューター技術の発達にともない、現代社会のあらゆる分野にとって必要欠くべからざるものとなっています。とりわけインターネットなどの情報通信ネットワークは、国、組織及び個々人の生活のあらゆる側面において必要不可欠なものになっています。この空間は、場所や時間の制約を受けずに、悪意ある国、組織、そして主として産業スパイ、ハッカー集団、犯罪者グループなど、新たに取得した情報通信技術を悪用・濫用することが容易にできる領域でもあります。

重要インフラの情報通信ネットワークに対するサイバー攻撃は、現代社会で活躍する多くの組織や人々の生活に深刻な影響をもたらします。サイバー攻撃の方法は、情報通信ネットワークへの不正アクセスやメール送信などを通じたウイルスの送り込みによる機能妨害や情報の消去、改ざん、窃取、大量のデータの同時送信による情報通信ネットワークの機能阻害などのほか、電力システムなどの重要インフラへのシステムダウンや乗っ取りを目的とした攻撃などがあります。さらに、近年のサイバー領域の悪意ある利用は、ターゲットからの情報収集や社会インフラ等の重要施設に対する攻撃、そして、国家の支援を受けた組織によるサイバー工作や本格的サイバー攻撃へと変化し

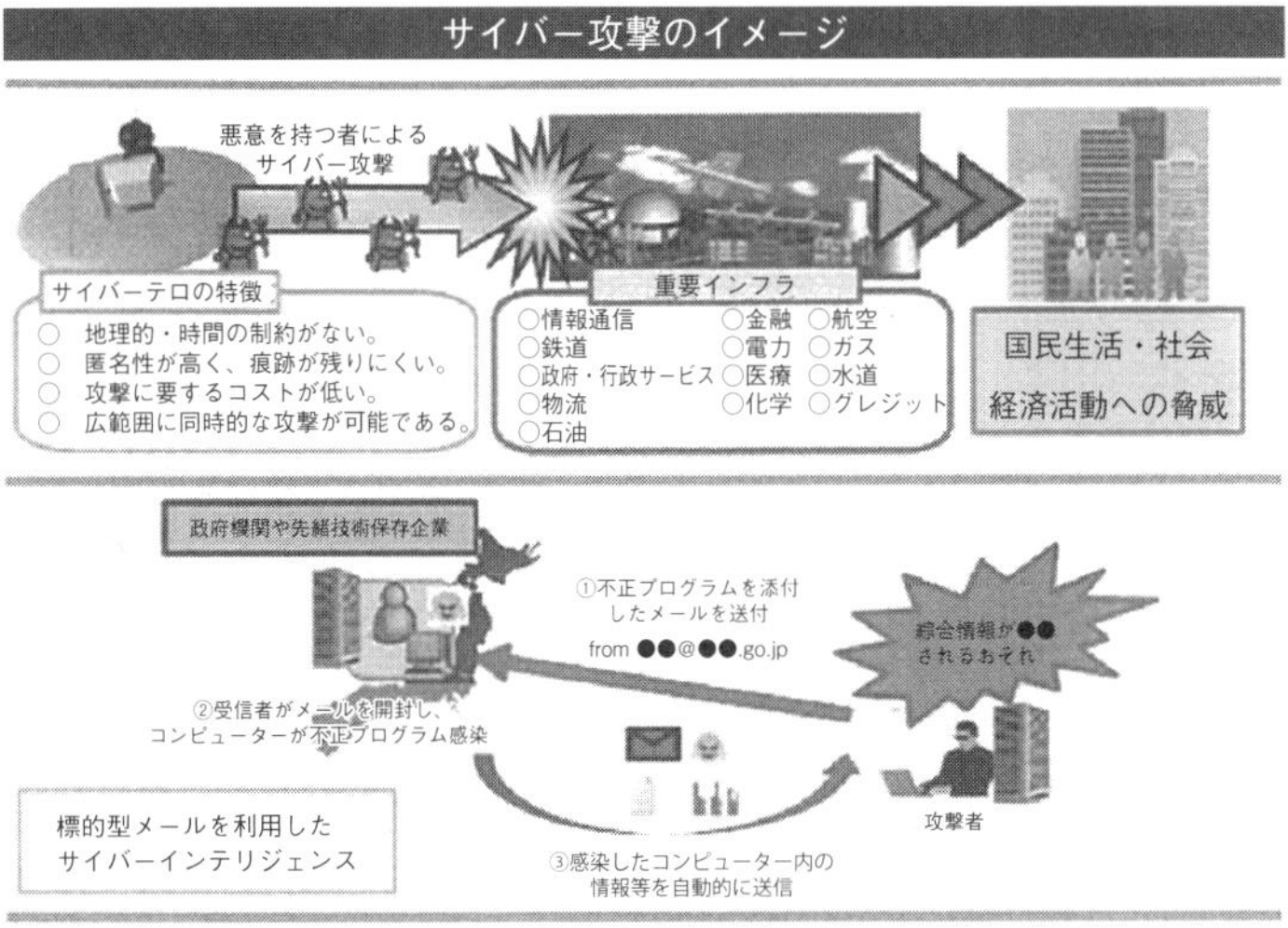
サイバー攻撃のイメージ
悪意を持つ者による
サイバー攻撃
サイバーテロの特徴
○　地理的・時間の制約がない。
○　匿名性が高く、痕跡が残りにくい。
○　攻撃に要するコストが低い。
○　広範囲に同時的な攻撃が可能である。
重要インフラ
○情報通信　○金融　○航空
○鉄道　○電力　○ガス
○政府・行政サービス　○医療　○水道
○物流　○化学　○グレジット
○石油
国民生活・社会
経済活動への脅威
政府機関や先端技術保存企業
①不正プログラムを添付
したメールを送付
from ●●@●●.go.jp
綜合情報が●●
されるおそれ
②受信者がメールを開封し、
コンピューターが不正プログラム感染
標的型メールを利用した
サイバーインテリジェンス
攻撃者
③感染したコンピューター内の
情報等を自動的に送信

＜出典＞警視庁情報通信局ＨＰ

ています。

イ　サイバー攻撃の種類

サイバー領域における軍事的な攻撃は、攻撃の事前告知や目的が明示されたものが無いため、攻撃後に生じた結果を考察し、手法や期間を分析し、可能な範囲で攻撃者を推定せざるを得ません。そのような分析については、国内外のセキュリティ企業だけでなく、報道機関などからレポートや記事が公開されています。

また攻撃を分類するにあたっても、観測された攻撃手法で分類する場合、攻撃の結果として推定被害から分類する場合、推定される目的で分類する場合、推定される攻撃者像から分類する場合など、着目点によって複数の分類が生じることがあります。

攻撃手法で分類する場合は、はじめにどのような活動があり、その後どのような行動をしたかといった点で分類されることがあります（攻撃ベクトル）。

例えば、ウイルスを送付して相手のコンピューターに感染させる場合、巧妙な偽装で「だましのメール」にウイルスを添付する標的型攻撃メール（スピアフィッシュメール）を使うことや、特定のウェブページにウイルスを仕込んで、ウェブサイトを表示させながら巧妙にウイルスを仕込む水のみ場型攻撃（戦略的ウェブページ侵害）など、サイバー領域のみで行うものから、悪意の有無を問わず人間がウイルスをUSBメモリに仕込んで持ち込む方法など複数の領域をまたぐものもあります。また、最初から攻撃対象を狙う場合と、別の対象を侵害し移動して目的のコンピューターへ侵入する場合（ラテラルムーブ）があり、攻撃の初動についてはイニシャルベクトルという「最初に何が行われたか」を推定することが重要になります。

一方、結果のみに着目して「ウェブサイトを改ざん」する攻撃、結果としてシステムへの侵害は無いものの、インターネットを経由して利用者へのサービスを妨害する攻撃（サービス妨害）といった分類もあります。また、そのような「結果が目に見えるもの」ではなく「ひっそりと侵入し、情報窃取活動を実施し、後日情報が窃取された可能性が発覚」といったものもあります。

それらの攻撃を「金銭を目的とした攻撃ではないか」、「そのような情報は他国の政府機関や軍組織が必要とするだろう」、「何らかの主張がしたいだけ」などの目的の推定により、サイバー犯罪、国家支援の攻撃（ステートスポンサード攻撃）、ハクティビズム（ハッキング＋アクティビズム）、愉快犯によるもの（スクリプトキディ）に分類することもあります。また、特に国家支援の攻撃に分類された

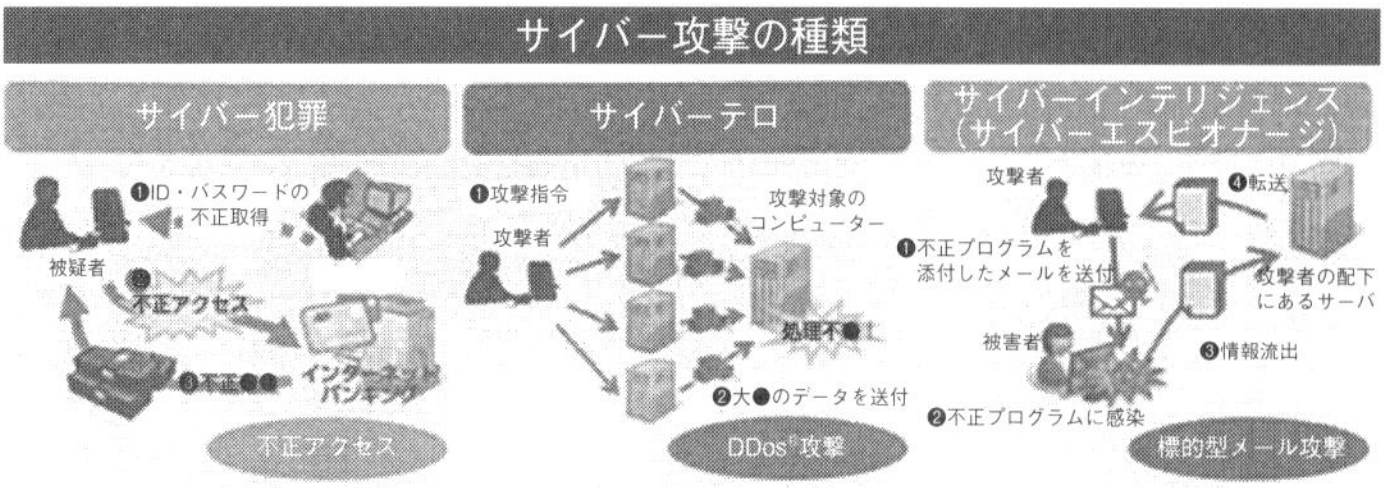

注：Distributed Denial of Service の略。特定のコンピューターに対し、複数のコンピューターから、大量のアクセスを繰り返し行い、コンピューターのサービス提供を不可能にするサイバー攻撃

＜出典＞：平成29年版『警察白書』

場合は、それが政治的目的か軍事的目的かによって、攻撃者を情報機関に紐付ける場合や軍機関に紐付ける場合があり、実際の攻撃者を見つけることが非常に困難になります。また、攻撃者が、わざと「別の攻撃者を装う」こともあることに注意しないといけません。

このように、攻撃目的から攻撃被害まで、明確に把握することが困難なことから、「この攻撃は、軍による戦争行為なのか」どうかを知ることは非常に難しいことがわかるでしょう。

ウ　サイバー攻撃と安全保障問題

サイバー領域を利用した悪意ある攻撃は、攻撃側が一方的に有利であるため防御が困難であること、そして、その攻撃の発信源の特定は難しいことが大きな特徴です。こうしたサイバー領域を利用した不正アクセスは、刑法上の犯罪としてとらえる傾向にあります。

他方、サイバー攻撃は、攻撃の発信源の特定が難しいことから、懲罰を加えることや報復することで脅すこともできないため、「懲罰的抑止」や「報復的抑止」が機能しないことも特徴であり、種々の防御策を組み合わせた「拒否的抑止」に依存する傾向になっています。

今日では、多くの重要な情報がサイバー領域に保存されているため、国の内外から情報収集を目的とした情報通信ネットワークへの侵入がクローズアップされています。とりわけ、国家が支援する組織や個人によるサイバー攻撃は、その技術力の高さ故にターゲットの対策は遅れがちとなります。本章の冒頭に紹介した、ウクライナに対するロシアのサイバー攻撃は、その典型的な例です。

前述のとおり、サイバー空間はＩＰアドレスという「通信を行う装置と、通信先の装置」に対する住所のようなもので構成されますが、そのＩＰアドレスの管理と、通信経路は各国に割り当てられるものがあります。もし「東京都文京区本駒込ｘ－ｘ－ｘ宛の配送物」を送って、まったく別の住所へ届いてしまったら、または配送中に中身を見られる、盗られる、変更されたらどうなるでしょうか。このような事態が他国によって、日本の管理する住所（ＩＰアドレス）に行われたら、サイバー空間を使ったさまざまな活動の信頼性は落ち、また十分なサービスが提供されず、日常生活に支障を来たすでしょう。このような攻撃の一つに「ＢＧＰハイジャック」と呼ばれるものがあります。ＢＧＰは、配送先を決める仕掛けとして通信会社同士が利用するものですが、２０１９年６月に欧州で、中国の国営通信会社チャイナテレコムによりＢＧＰハイジャックが行われたという報道がありました。その結果、欧州でスマートフォンなどを使った場合に、すべての通信がチャイナテレコムに一旦送られる、といった事態が起きたとされています。なお、２０１８年11月には、同じくチャイナテレコムにより、米国でグーグルへの通信が妨害されています。

BGPハイジャックによる、経路妨害のイメージ

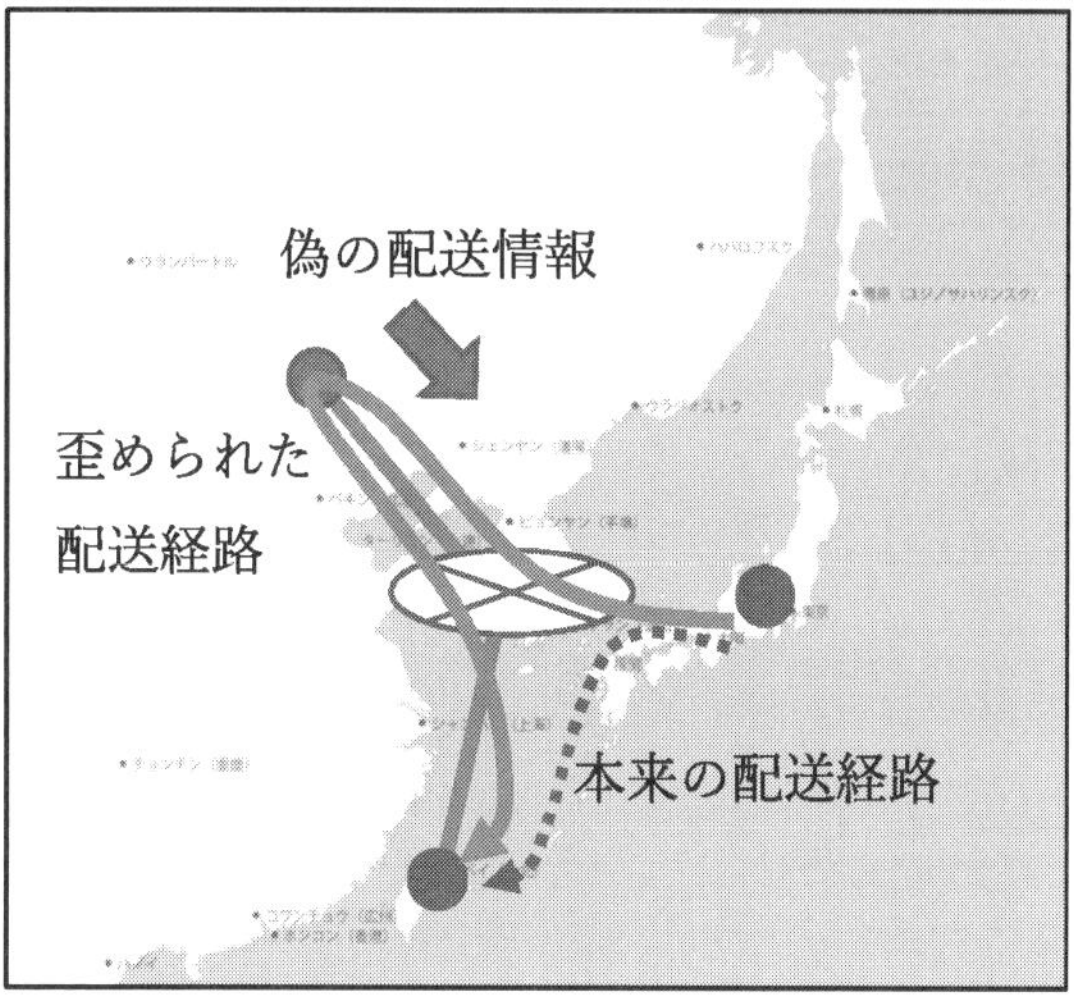

＜出典＞国土地理院電子国土地図をもとに筆者作成

また、そのような住所の記載から、配送先を決める仕掛けが妨害されたり、改ざんされたりした場合、配送中（通信中）の妨害や改ざんと同じくさまざまな支障が発生します。このような仕掛けには、同じく前述の「ドメインネーム」があり、そこには各国に割り振られたトップドメインというものがあります。たとえば日本なら .jp、台湾なら .tw などです。もしウェブサイトを見るために、または相手にメールを送るために example.jp を指定したにも関わらず、.jp を管理するシステムが他国に侵害され、別の通信先（配送先）へ届けられてしまったら、これは一種の日本の主権を脅かす事態とも受け取られるかもしれません。なお、中国国内では、この手法を使って「中国共産党にとって望ましくないウェブページへの接続を妨害」しており、一般に金

ドメインネーム侵害によるメール強奪のイメージ

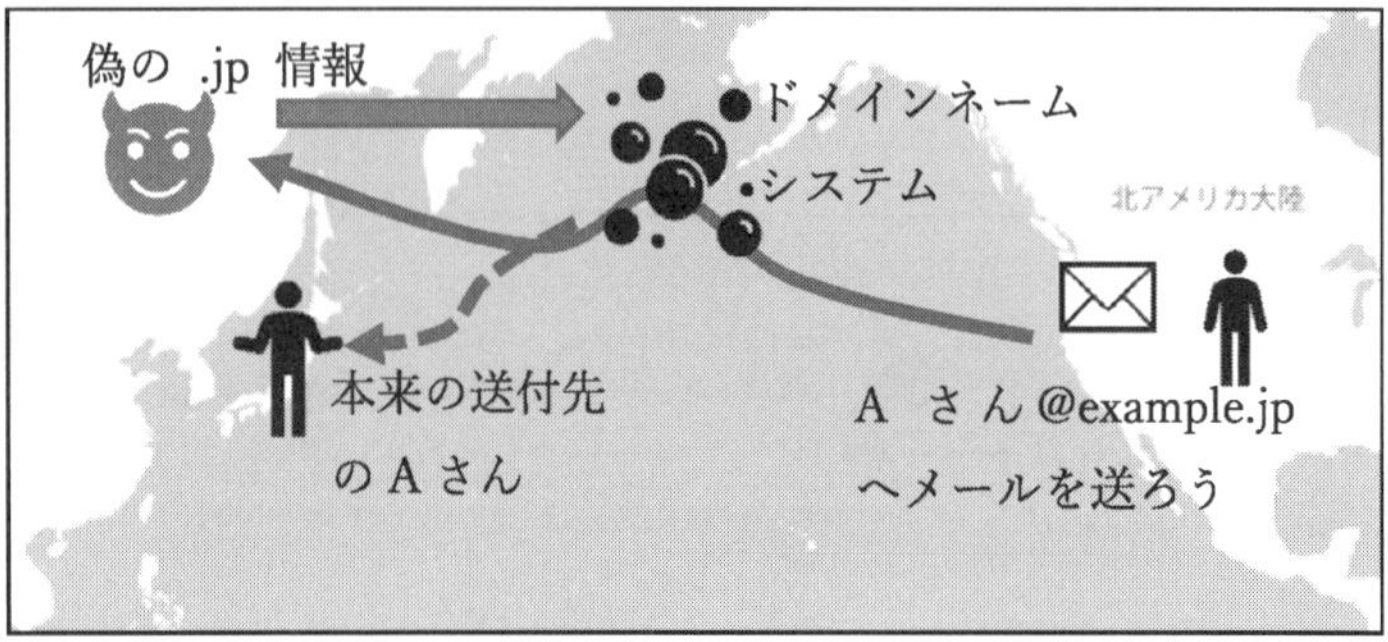

＜出典＞国土地理院電子地図をもとに著者作成

急増するサイバー攻撃

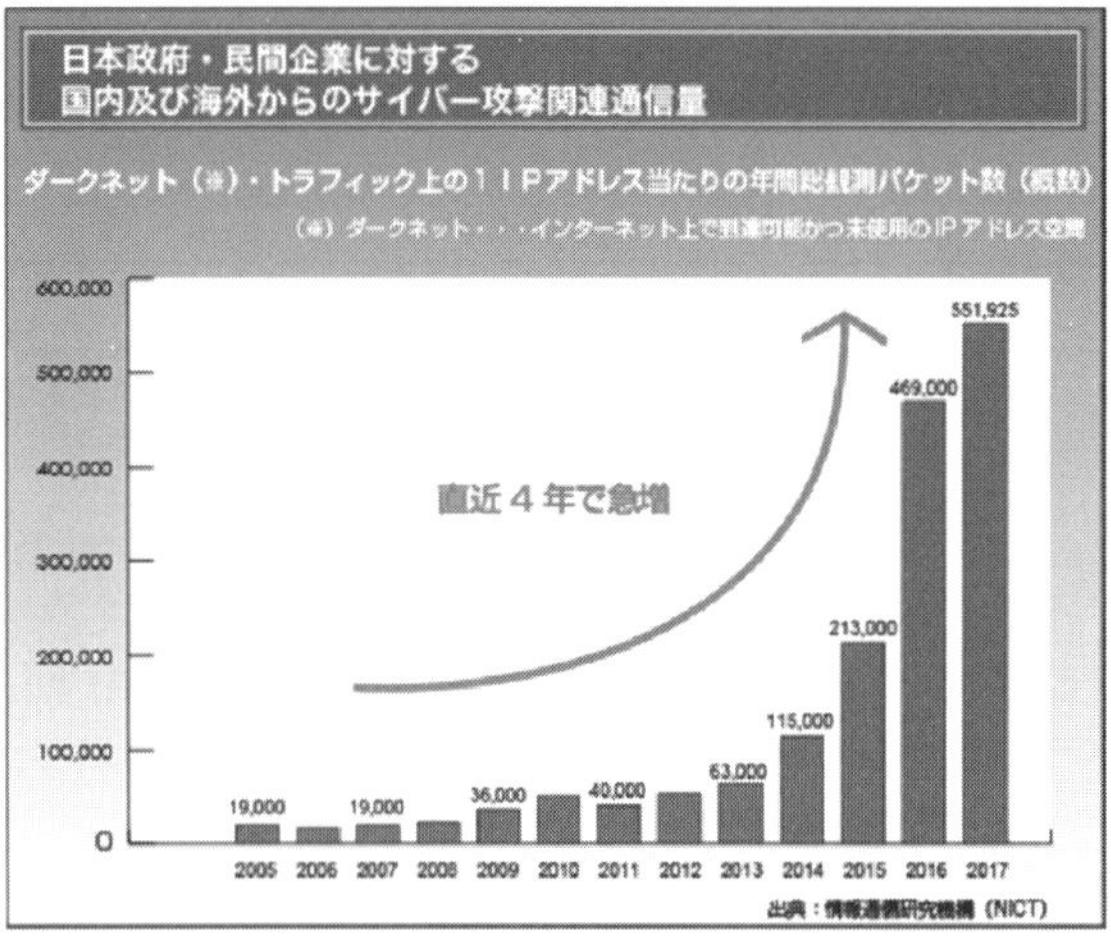

＜出典＞外務省ＨＰ

盾（グレートファイアウォール）と呼ばれています。

このように、国家が支援する組織のサイバー攻撃は、国家等の重要システムの機能停止や破壊といった、国内法上の犯罪として対応できない現実があるとともに、このようなサイバー攻撃は、武力の行使以上に有効な戦闘手段としての利用が懸念されています。多くの国は、サイバー攻撃を国家安全保障上の重大な脅威と捉えて対策を進める一方、サイバー専門部隊を設置してサイバー戦能力の研究開発を進めています。サイバー領域の軍事的利用から国家機関を防護するサイバーセキュリティは、今や各国にとっての安全保障上の重要な課題の一つとなっているのです。

（2）サイバー攻撃と国際法上の問題

ア　サイバー攻撃と自衛権行使

サイバー攻撃の急速な技術向上と国家目的への急激な利用の変化は、国際社会の対応策よりも変化が早いため、国際法上の規制とのギャップを埋めるのは至難の業です。国際法は国家間の行動規則であるため、仮に国家間の合意があったとしても、国家が支援する組織的サイバー攻撃が国家へ「帰属」（attribution）しているか否かという問題は、前述したサイバー攻撃の特徴からも決定するのが困難になります。また、平時のサイバー攻撃を物理的強制手段による武力攻撃と判断できるのか、そして自衛権に基づいた武力の行使ができるのか、といった国際法上の問題が山積しています。「帰属」の問題は、国際法上の自衛権との関係で重要です。国家への「帰属」の認定は、その行為が「国家の行為」と同定することですが、サイバー領域では、攻撃は複数の国境を超えることが通常であるため、攻撃の場所、使用コンピューター端末、サーバ所有者などを特定するのは困難な場合がほとんどであると言えましょう。また、サイバー攻撃という電子的な攻撃のみを国連憲章第51条に規定する「武力攻撃」と見做して、自衛権を行使した反撃が可能かという問題があります。サイバー攻撃が武力行使に該当するか否かの具体的基準や確定した定義は、現時点では存在しません。

このように、サイバー領域のシステムに不法侵入し、国家内部の情報の窃取や重要インフラの破壊を目的とするサイバー攻撃は、現状においては国際法上の規制が及んでいないので、自衛権に基づく物理的手段での反撃は認められないでしょう。したがって、このような攻撃に対しては、同じサイバー領域における反撃が認められるだけで、物理的強制手段による反撃は、国際法上の違法行為となるでしょう。

なお、後述する、NATOの研究機関が作成した研究成果である「タリン・マニュアル」（Tallinn Manual）では、外国人の殺傷や、財物の破壊等をもたらすサイバー攻撃を、武力行使と見做しており、これが条約として国際的に合意されれば、被害国は自衛権に基づく均衡性のある対抗措置を取ることが可能となるでしょう。

イ　サイバー攻撃と「タリン・マニュアル」

サイバー領域を軍事的に利用するサイバー攻撃は、現行の国際法では、これを規制する規則はなく、各国の国内法の規制に委ねています。しかし、サイバー攻撃が重大な安全保障上の問題となるに従い、新たな国際条約を作成すべきと、現行国際法の規則をサイバー空間に適応すべきとの二つの主張がなされています。後者の試みの成果が、「タリン・マニュアル」です。

エストニア政府は、2007年に大規模なサイバー攻撃を受け、NATOのサイバー防衛能力の強化を目的とするサイバー防衛研究センター（NATO CCD COE）をタリンに誘致しました。NATOサイバー防衛研究センターは、サイバーセキュリティ研究プロジェクトの一環として、「サイバー戦争に適用される国際法に関するタリン・マニュアル（Tallinn Manual on the International Law Applicable to Cyber Warfare）」を発表し、サイバー攻撃に対して一定の条件の下で軍事的対応をとることが出来るとする見解を示しました。しかしロシアや中国などは、タリン・マニュアルを単なるNATO防衛研究センターの研究成果であるとして、これを認めていません。

タリン・マニュアルは、法律家や実務家が個人の資格で共同研究を行った成果であり、NATOサイバー防衛研究センターの公式見解でも国際的合意でもありませんが、しかしながら多くの研究者の間ではサイバー戦についての国際法の解釈の重要な検討材料となっています。また、2020年に検討会議が予定されている1995年の「海上武力紛争に適用される国際法に関するサンレモ・マニュアル（San Remo Manual on International Law Applicable to Armed Conflicts at Sea）」が主要国の軍事マニュアルに取り入れられ徐々に国際規則として凝固しているように、タリン・マニュアルも、サイバー領域の軍事的利用について網羅的に検討されているため、単なるマニュアルに止まらず、今後サイバーに関する国際的取り決めに大きな影響を与えるものと思われます。

（3）サイバー領域の軍事的利用に関する国際的動向

タリン・マニュアルは、2013年のNATOの研究機関の研究成果ですが、サイバー領域の利用に関する国際的動向として、欧州評議会（Council of Europe, CoE）は、2001年に「サイバー犯罪に関する条約」（ブタペスト条約）を作成しました。この条約は、サイバー犯罪から社会を保護することを目的として作成されたもので、違法かつ不正なアクセスや傍受などのコンピューター関連の一定の行為の犯罪化、犯罪人引渡しなどに関する国際協力の諸手続きなどを規定しています。またこの条約は、現在までに作成されたサイバー領域の利用に関する唯一の多国間条約で、2012年に発効しています。

サイバー犯罪条約は、締約国の国内法でサイバー領域の不正な利用を刑法上の犯罪と規定し、処罰手続きでの国際協力を謳っていますが、サイバー攻撃を国内法上の犯罪と見做しているため、国際関係における悪質なサイバー攻撃についての規定を欠いています。2018年9月現在、日本を始めG7諸国を含む合計61か国が同条約を締結しています。

これとは別に、国連も多発するサイバー攻撃の問題を座視しえず、国連総会第一委員会（国際安全保障・軍縮担当）は、2010年12月、「国際安全保障の文脈における情報及び電気通信分野の進歩」に関する政府専門家グループを設置し、国家の情報通信技術（Information and Communications

Technology, ICT）利用規範について2012年から2013年にかけて検討することを決定しました。国連総会の決定を受けて、2011年9月、ロシア、中国、ウズベキスタン、タジキスタンの4か国は、「情報セキュリティのための国際行動規範」（案）を国連総会に共同提案を行っています。

この行動規範案には、①テロリズム、分離主義、過激主義扇動情報、他国の政治、経済、社会的安定性や精神的・文化的環境を弱体化させる情報を阻止するための協力、②他国の安全保障に脅威を与えるリソース、重要インフラ、中核技術その他の優位性の使用を防止するために、ICT製品やICTサービスの安全確保の努力、そして③情報スペースにおける権利及び自由に関連する国内法令を尊重すること等の事項が盛り込まれるとともに、情報セキュリティの確保に関し、各国の主権の尊重を強調する内容となっています。しかしこの共同提案は、国際秩序ではなく、自国の体制維持を目的としていると見做されています。

また2015年7月、国連における政府専門家会合（Group of Governmental Experts, GGE）の報告書が25か国の政府専門家により公表され、「国連憲章を含む国際法が一般にサイバー空間に適用される」ことが確認されています。

さらに、第73回国連総会は、2018年12月、国際安全保障の文脈における情報および電気通信分野の発展に関して国連全加盟国が参加可能な議論の場の設置を決議（A／RES／73／27）し、2019年に国連オープン・エンド作業部会（Open-ended Working Group（OEWG））を立ち上げました。国連加盟国がサイバー空間における脅威認識、規範、国際法の適用、信頼醸成、能力構築など幅広い議論を行うことが予定され、2019年9月に第1回会合を開き、3回の会合を経て2020年の国連総会に報告書を提出することとなっています。

5 特定通常兵器としての自律型致死性兵器システム

(1) 特定通常兵器と国際的規制の問題

近未来の戦争における宇宙領域やサイバー領域の軍事的利用は、これまで述べたとおりです。さらに近未来戦では、人工知能(Artificial Intelligence, AI)を搭載し、標的選択から攻撃まで人間の関与なくすべて自動で行う「自律型致死性兵器システム(Lethal Autonomous Weapons Systems, LAWS)が物理的な強制手段として使用されようとしています。

核兵器と区別される通常兵器は、交戦法でその使用が制限されてきました。交戦法や国際人道法の基本原則は、第2項で示した通りです。特定通常兵器は、通常兵器のうちで技術レベルを一段と向上させた極めて非人道的な兵器であり、1978年に発効した特定通常兵器使用禁止制限条約(Convention on Certain Conventional Weapons, CCW)で5種類の兵器が通常特定兵器として、その使用が禁止あるいは制限されました。

国連設立以降、戦争が違法化されたこともあり、ハーグ法系の害敵手段を禁止する交戦法は作成されませんでした。しかし、戦争宣言を行わない事実上の戦争としての武力紛争が盛んとなり、ジュネーブの赤十字国際委員会（International Committee of the Red Cross, ICRC）が中心となってジュネーブ法系と言われる国際人道法が作成されました。早くも1949年にはジュネーブ4条約、すなわち、戦地にある傷病者の状態改善条約、難船者の状態改善条約、捕虜待遇条約、文民保護条約が作成されています。戦時における文民の保護に関する条約（ジュネーブ第4条約）は、武力紛争中の文民の保護を定めた最初の条約でした。

その後、1972年に文化財保護条約、1976年に環境改変技術兵器禁止条約が作成され、1977年にはジュネーブ法系とハーグ法系を併せ持つ、ジュネーブ諸条約に追加される議定書（第1追加議定書）（1978年発効）が作成されるに至りました。国連総会は、害敵手段に使用される兵器技術が格段に発達し、従来の交戦法で使用を制限されていない非人道的兵器を規制する必要性から、1977年12月に総会決議32／152及び1978年12月に決議33／70を採択しました。その後、1979年及び1980年の2回にわたり開催された国連会議の結果、1980年に「過度に障害を与えられ又は無差別に効果を及ぼすことがあると認められる通常兵器の使用の禁止又は制限に関する条約（特定通常兵器使用禁止制限条約）」がジュネーブで採択され、同条約は1983年に発効しました。

特定通常兵器使用禁止制限条約は、手続等基本的事項を規定した一つの条約と5種類の特定通常兵器を規制する次の5つの附属議定書の総体です。

①「検出不可能な破片を利用する兵器に関する議定書」（議定書Ⅰ、１９８３年に発効）は、硬質プラスチックを使用した検出不可能な破片によって傷害を与える兵器の使用を全面的に禁止しています。

②「地雷、ブービートラップ等の使用の禁止又は制限に関する議定書」（議定書Ⅱ、１９８３年発効）は、１９９６年に改正議定書Ⅱとなりました（１９９８年に発効）。１９８３年の議定書は、主に対人地雷が使用される内乱には適用されず、また探知不可能な地雷等を禁止していない等の問題点を内包していました。１９９６年の改正議定書は、これまで適用されなかった内乱にも適用され、探知不可能なもの又は自己破壊機能を有さない地雷の使用制限や移譲の規制が盛り込まれるなど規制が強化されました。その後、改正議定書に基づく部分的な禁止では対人地雷問題の抜本的な解決には至らないとするＮＧＯ等により、ＣＣＷの枠外でオタワ・プロセスが開始された結果、「対人地雷全面禁止条約」が作成され、１９９９年に発効しました。

③「焼夷兵器の使用の禁止又は制限に関する議定書」（議定書Ⅲ、１９８３年に発効）は、ナパーム弾等の焼夷兵器で文民及び民用物を攻撃することを禁止するとともに、人口稠密地域の軍事目標を攻撃すること等を禁止しています。

④「失明をもたらすレーザー兵器に関する議定書」（議定書Ⅳ、１９９８年に発効）は、兵士に永久に失明をもたらすように特に設計されたレーザー兵器の使用及び移譲を全面的に禁止しています。

⑤「爆発性戦争残存物（ＥＲＷ）に関する議定書」（議定書Ⅴ、２００６年に発効）は、主に不発弾等の

危険を最小化するため、紛争後の対応措置や不発弾の発生を最小化するための技術的予防措置を規定しています。

（2）自律型致死性兵器システムの規制問題

今日、害敵手段である兵器技術の高性能化は、急速に進歩した人工知能（ＡＩ）分野および情報通信技術（ＩＣＴ）分野を組み込むことにより、軍事兵器の無人化や自律性を向上させるとともに、破壊効果を飛躍的に向上させることが可能となりました。米国をはじめ中国やロシアなど軍事大国は、軍事的な優位性を確保するために、自律型致死性兵器システム（ＬＡＷＳ）の研究開発を行っています。自律型ロボット兵器やＬＡＷＳの開発とその国際的な規制を巡る問題は、当該兵器を使用した場合に生じる人道的、倫理的問題等の早急な解決を迫られています。

２００３年に有志連合軍が実施した「イラク自由作戦」を契機として、無人兵器の使用による戦場における兵士の犠牲の低減や軍事作戦の迅速性、効率性の向上が軍関係者の間でも広く認識されるようになり、無人化や自律化した兵器の開発・利用範囲は益々広がっていく傾向にあります。しかし、ドローンや無人攻撃機（Unmanned Combat Aerial Vehicle, UCAV）のような遠隔操作兵器は、遠隔地の操作員が兵器や関連機器が転送してくる情報に基づいて攻撃の判断を行うので、これらの無人兵器は、あくまでも人間の判断に基づいて使用される兵器であり、兵器が自ら攻撃目標を判断して致死力を行使する自律型兵器とは本質的に異なっています。

現在、ディープラーニング（深層学習）効果を有するAIを組み込み、指揮官のコントロールを離れて完全に自律化し、致死力を行使し得るようなLAWSはまだ開発途上にありますが、武力紛争でLAWSを使用した場合、交戦国は、交戦法や国際人道法を遵守できるのかとの難題に直面します。また、LAWSは、交戦国の兵士の死亡を懸念する必要がないため、紛争解決のために戦争に訴える敷居を下げる虞があり、結果として戦争の常態化あるいは軍拡になるとする主張もあります。

LAWSの定義を巡る論議との関連で、次の兵器の3分類を基準とする考えもあります。すなわち、①目標を選定できるが指揮官の命令によってのみ攻撃できる兵器（human in the loop weapons）、②目標を選定でき攻撃もできるが指揮官がこれを無効にできる兵器（human on the loop weapons）、③指揮官の命令なく目標を選定し攻撃できる兵器（human out of the loop weapons）で、このうち②は自動兵器で、③が自律兵器とする考えです。

その後、自律兵器の開発や使用の禁止を訴える声が高まったことを背景に、LAWSの定義に曖昧性があるものの、国際法による規制を推進するため、2014年5月にLAWSに関するCCWの政府専門家会合（Group of Governmental Experts, GGE）の第1回会合が開かれました。

第1回GGEでは、LAWSは未だ存在しない兵器なので、参加国間でLAWSの定義が合意されず、LAWSを「現存する（existing）」でなく「出現しつつある（emerging）」兵器と表現し、無人機を含む既存の遠隔操作による無人兵器ではなく、近未来に出現する自律型兵器を国際法による規

２段階のディープラーニングのイメージ

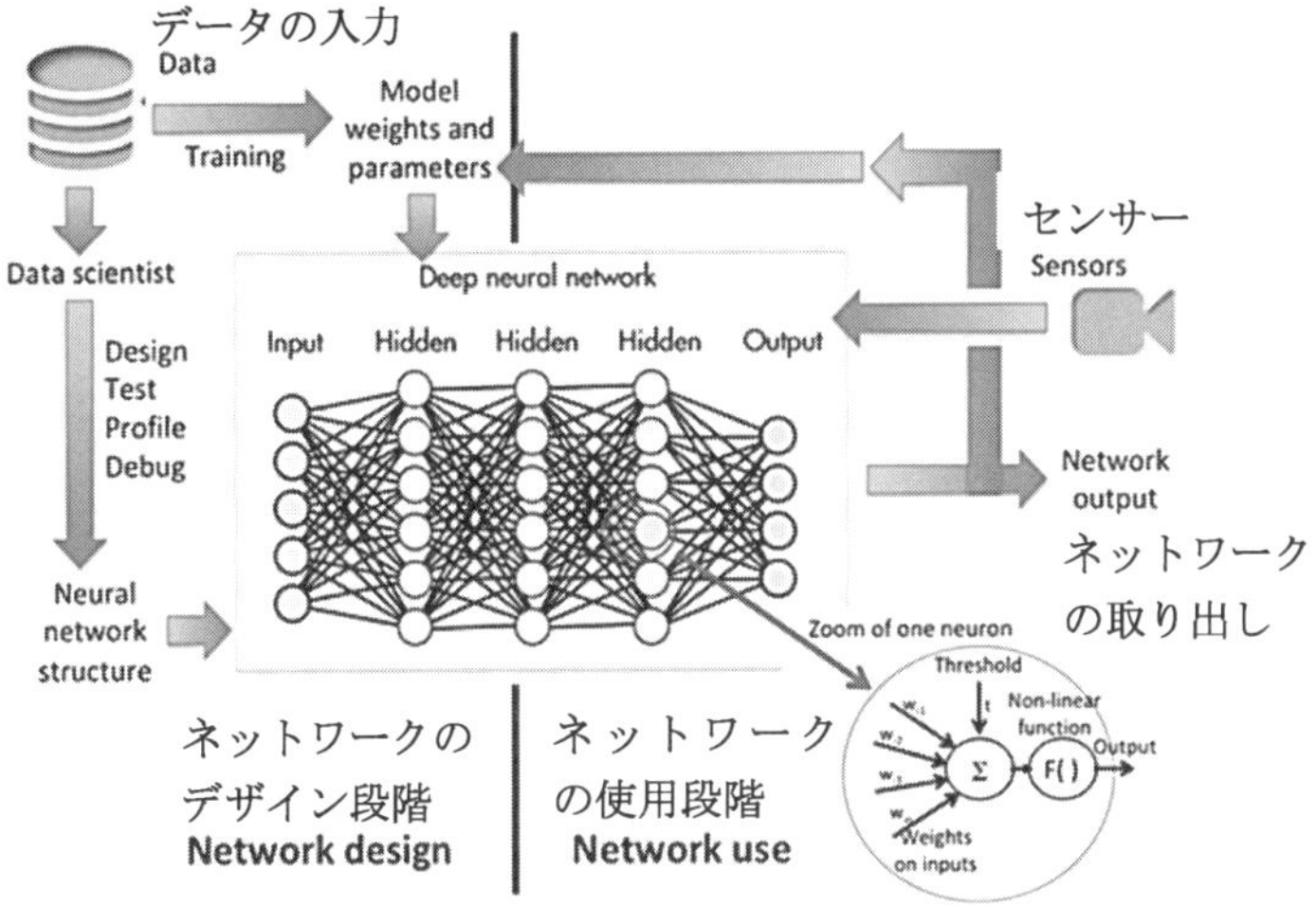

＜出典＞ Centre Delas “D’estudis per la Pau”

制の対象としましたが、国際的な規制の対象となり得るかについて議論がありました。すなわち自律型兵器は、国家による主観的な意思決定を要件とする交戦法や国際人道法の一般原則との関係に関する次のような議論です。

まず第1の議論は、本章第2項で述べた交戦法や国際人道法における基本原則との関係です。指揮官の命令とは無関係な自律兵器は、①軍事的必要性と人道的配慮のバランスを判断し得るのかという比例原則、②軍事目標と文民を区別した攻撃ができるのかという区別原則、そして③被害局限の予防措置がとれるのかという予防原則に関する議論です。第2の議論は、自律型兵器は機械なので感情移入がないため、恐怖心や復讐心による敵兵への攻撃を減少させるという意見とこれに反対する意見の対立に関する議論で、第3の議論は、自律型兵器による国際法違反の責任を負うのは国家、指揮官、プログラム設計者のいずれであるのか不明なので、責任が追及できなくなるという議論です。

かくして、ＬＡＷＳの開発や使用の規制をめぐる議論は、ＬＡＷＳが出現する前に完全に規制すべきとする主張とある程度の使用を容認する主張が混在しています。しかし、ＬＡＷＳがまだ存在しない兵器であるため、使用に対する不安感が共有されており、なるべく早期にＣＣＷ締約国がＬＡＷＳの定義を確立し、実際的な議論を深めることが要請されています。ＬＡＷＳとは何か、ＬＡＷＳの使用禁止や制限を検討すべきか、法的規制の枠組みの在り方などの議論は、喫緊の課題なのです。

（３）ＬＡＷＳの国際法による規制の動向

２０１４年５月に開催されたＣＣＷの第１回非公式専門家会合（ＧＧＥ）に続いて、２０１５年４月に開催された第２回ＧＧＥでは、本会議における一般討論のほか、「技術問題」、「ＬＡＷＳの特徴」、「自律性の向上による国際人道法に対してあり得べき課題」、「横断的な課題」、「透明性及び今後の取り組み」の各部会で研究機関等の専門家による発表と議論が行われました。その結果、ＬＡＷＳ規制の在り方を検討する場としてＣＣＷが適切であることになりました。さらに、ジュネーブ条約第１追加議定書に規定する新たな兵器の評価（第36条）、不必要な苦痛を与える害敵手段を禁止する交戦法の共通原則であるマルテンス条項、指揮統制（command and control）の問題、有意な人間管理（meaningful human control）の担保問題などの相互作用が特定され、引き続き第3回会合で継続審議とすることが再確認されました。

２０１６年4月の第3回ＧＧＥでは、本会議における一般討論のほか、「自律性の考察」、「ＬＡＷＳの作業場の定義」、「国際人道法上の課題」、「人権と倫理問題」、「安全保障」の各部会において研究機関等の専門家の発表が行われ、それに続いて質疑応答や意見表明が行われました。「自律性の考査」部会では、自律性の定義を明確にするために、技術的観点から自律性の度合い、計算可能性や予見可能性について、交戦法や国際人道法との関連で議論する必要性があるとされました。また多くの国から、ＬＡＷＳに関して採られる規制措置が民生分野の開発を妨げることになってはならない旨の主張がありました。

２０１７年11月にＣＣＷ枠組みにおけるＬＡＷＳに関する第1回ＧＧＥが開催され、ＬＡＷＳに関する国際社会の共通認識の形成を目指し、技術、軍事的効果、法律・倫理といった諸側面に関する議論が行われました。２０１８年4月に第2回、8月に第3回のＧＧＥが開催され、ＬＡＷＳの特徴、その使用における人間の関与、国際人道法上の課題等について議論が行われました。２０１9年3月と8月に開催されたＧＧＥは、２０２０年と２０２1年に引き続きＧＧＥを開催する決議と報告書を採択し、ＬＡＷＳに関する規範・運用の枠組みを明確にする検討を行うことにしました。

わが国のＬＡＷＳに対する考え方は、完全自律型の致死性を有する兵器を開発しないという立場を堅持し、有意な人間の関与が確保された自律型兵器システムについては、ヒューマンエラーの減少や省力化・省人化といった安全保障上の意義があるとしています。以下は、わが国の基本的な立場です。

①ＬＡＷＳの定義：致死性や人間の関与の在り方等の議論を深めることが必要であること。

②ＬＡＷＳの致死性：致死性を有する自律型兵器システムのみについて議論を進めることが望ましく、直接的に人間を殺害する設計がなされた兵器システムをルールの対象とすることも一案である。

③有意な人間の関与：致死性兵器には使用される兵器に関する情報を十分に掌握した人間による関与を確保する等、有意な人間の関与が必須であり、兵器のライフサイクルにおいて有意な人間の関与が必要な段階と程度について議論を深めるべきである。

④ルールの対象範囲：致死性兵器に用いられる可能性があるとの安易な理由で自律化技術の研究・開発の規制は厳に慎むべきであり、ルールの対象範囲は、致死性がありかつ有意な人間の関与がない完全自律型兵器とすべきである。

⑤国際法や倫理との関係：ＬＡＷＳを含めた武力の行使に当たっては、国際法、特に国際人道法を遵守することが必須であり、国際人道法違反に対しては、通常の兵器と同様に使用する国家や個人の責任が問われるべきである。

⑥信頼醸成措置：透明性の確保のため、兵器審査の履行体制をＣＣＷ年次報告に加える等、どのような仕組みが適切かを検討することが適当と考えている。

⑦あり得べき成果：主要国を含む国際社会で広く共通認識を確保した上で、ルールについて合意するのが望ましいが、意見の相違があるため、法的拘束力のある文書を直ちに実効的なルールの枠組みとすることは困難である。現状においては、GGEにおける議論を踏まえた成果の文書が適切なオプションの一つであり、今後、他の関係者と協力する。

6 近未来戦の新たな国際法的課題が日本の防衛政策・防衛作戦に及ぼす影響と課題

これまで述べたように、近未来戦は、従来の陸、海、空の各領域に加えて、宇宙やサイバー、電磁波といった領域を戦場とするマルチドメイン作戦（MDO）の戦いが展開されます。同時に、MDOは、近年の急速な技術革新に伴って、ドローンや無人攻撃機、レーザー兵器、さらにはAIを搭載した自律型ロボット兵器や自律型致死性兵器システム（LAWS）などの新たな兵器の開発を促しています。そして、新たな作戦領域と新たな兵器の登場は、戦争と国際法（戦争法）との関係にも影響を及ぼさずには措かず、そのため、新たな課題や問題を突き付けています。

すでにロシアが、ウクライナやシリアにおける紛争で、MDOを先取りするような戦いを展開していることから、近未来戦における新たな国際法的課題は、わが国にとっても、また国際社会にとっても解決すべき喫緊の課題と言えるでしょう。

〈宇宙領域〉

現行の「宇宙条約」は、宇宙空間における平和利用の義務を課し、宇宙空間への大量破壊兵器の設置を禁止しています。しかし宇宙空間における活動は、地上の国家の活動でもあることから、国家が地上で外国から武力攻撃を受けた場合、自衛権に基づく武力行使は、宇宙空間においても必ずしも禁止されていないのです。

宇宙空間は、その特性として「究極の高地」であり、弾道ミサイルの通過経路となるとともに、敵対国の領土をはじめ全世界を見渡せる視界・射界を有することから、これまで偵察衛星、通信衛星、航法衛星、気象衛星、核爆発探知衛星などの受動支援システムとしての軍事的利用が国際法で認められてきました。しかし近未来戦では、これまで国際法上禁止されてきた宇宙領域を戦場とする軍事的利用が懸念され、対地攻撃兵器、対人工衛星破壊兵器などが地球軌道上に配備され、また、場合によっては核爆発による高高度電磁パルス（HEMP）攻撃を行う空間として利用される恐れがあります。

例えば、日本の情報収集衛星や通信衛星が破壊されると、わが国の防衛能力は大幅に低下し、同時に、宇宙空間では大量の宇宙ゴミ（スペースデブリ）を発生させます。また、核爆発によるHEMP攻撃は、広大な地域の電気・電子機器システムを瞬時に破壊し、それらを利用した社会インフラの機能を長期間にわたり麻痺・停止させ、日本全土をブラックアウト化して大混乱に陥れます。同時に、持続的かつ安定的な宇宙空間の利用を妨げるリスクを高める可能性もあります。

宇宙空間は言うまでもなく国際公共財ですが、同空間での人工衛星の破壊や核爆発によるHEMP攻撃などは、わが国のみならず国際社会ひいては人類の生存と安全を危機に陥れるものであり、決して容認されるものではありません。

そのため、日本政府は、欧米をはじめ広く国際社会と協力連携して、宇宙空間での攻撃兵器の使用やHEMP攻撃を全面的に禁止し、宇宙空間をいかに平和的に利用するかの新たな国際ルール作りに率先して取り組まなければなりません。

＜サイバー領域＞

サイバー攻撃は、攻撃主体の見極め（attribution）と、平時と有事あるいは犯罪行為と戦争行為の峻別が困難であるとともに、物理的攻撃と異なり切迫性の判断などが難しく、さらにこれらの困難性に起因するグレーゾーン事態を生起させるなど、安全保障・防衛政策や作戦運用に深刻な課題や問題点を投げ掛けています。

そもそも、平時から行われているサイバー空間における攻撃的活動が、どのタイミングで戦争行為になり、国連憲章第51条が認める「武力攻撃が発生した場合の個別的又は集団的自衛権の行使」に該当するかの判断は、国家にとって困難極まりない大きな問題です。中でも、攻撃主体の見極めは、サイバー戦における中心的課題あるいは問題点と言っても過言ではありません。

サイバー戦では、防御より攻撃が有利であると言われていますが、攻撃主体が特定できなければ、先制攻撃を行うことはできません。また攻撃を受けた場合、攻撃主体に対して報復すると脅すこともできないため、サイバー戦において、相手の攻撃に対する「抑止」を適用する上でも大きな障害となります。

これらの問題点を克服するには、攻撃主体を迅速かつ的確に見極める技術的手段の開発や同盟国・友好国との情報交換、攻撃の対象・態様等によって被る影響（損害）を尺度として、攻撃の認定や攻撃主体の判定基準を明示しておくことなどの措置対策が必要です。

「日米防衛協力のための指針（ガイドライン）」は、「日本の安全に影響を与える深刻なサイバー事案が発生した場合、日米両政府は、緊密に協議し、適切な協力行動をとり対処する」としています。日本政府は、サイバー戦に関する困難な問題を曖昧にすることなく、米国との協議をも踏まえ、喫緊の課題として、現場で行動する自衛隊に対して明確な方針や指針を明示しておく責任を果たさなければなりません。

〈ＡＩを応用した自律型ロボット兵器や自律型致死性兵器システム（ＬＡＷＳ）〉

ＭＤＯは、すべての領域における能力を横断的・有機的に結合し、その相乗（シナジー）効果により全体としての能力を増幅させることを目指しています。それを可能にするためには、当然のこととして兵器や兵器システムそして指揮統制システムなどへのＡＩの組み込みが必要とされます。ＬＡＷＳは、未だ現存していない開発途上の兵器であり、ＬＡＷＳの定義さえ確立されていないため、国際法上の取り扱いについて多くの議論を呼んでいます。

このような安全保障環境において、わが国は、ＬＡＷＳは開発しないが、有意な人間の関与が確保された自律型兵器については、ヒューマンエラーの減少や省力化・省人化、人的損害の低減といった安全保障上の意義があるとの立場をとっています。他方、自律型致死性兵器に組み込まれる可能性があるといった安易な理由で、自律化技術の研究・開発を規制することは厳に慎むべきとの立場を主張する国もあります。

かつてわが国は、対人地雷が一般市民にも無差別に被害を与え人道上重大な問題であるのみならず、紛争終結後の復興開発にとって大きな障害となっているとの立場から、「対人地雷全面禁止条約」に加盟し、対人地雷の全面禁止を受け入れました。しかし、わが国周辺の中国やロシア、北朝鮮は、本条約には加盟しておらず、そのためわが国との間に軍備上の非対称性を生じ、相対的にわが国の防衛態勢を弱体化させたとの指摘があるのも否定できない事実です。

したがって、今後、わが国政府は、ＬＡＷＳに関して取り組むに当たり、国際社会や周辺国の動向を見極めつつ、人道と安全保障の観点を勘案した議論に遅れをとることなく、これら両面のバランスを取った国際法作りに積極的に参画する必要があると言えます。

第5章

日本の「多次元統合防衛力」構想と「領域横断（クロスドメイン）作戦」――その問題点・課題と措置・対策

1 「防衛計画の大綱」の見直し

（1）日本の安全保障・防衛戦略等の体系

まず、日本の安全保障・防衛戦略等の体系についての説明から始めることにします。

日本の安全保障・防衛戦略等は、国家の最高規範である憲法を頂点とし、長い間、昭和32（1957）年5月に国防会議および閣議において決定され、わが国の防衛政策の基礎として置かれていた「国防の基本方針」に沿って策定されてきました。

しかし、日本は、これまでも、地域および世界の平和と安定および繁栄に貢献してきたが、グローバル化が進む世界において、わが国は、国際社会における主要なプレーヤーとして、これまで以上に積極的な役割を果たしていくべきであるとの認識に基づき、「国防の基本方針」に代わるものとして、平成25（2013）年12月に国家安全保障会議と閣議において「国家安全保障戦略」を定めたのです。

国家安全保障戦略は、外交政策および防衛政策を中心とした国家安全保障の基本方針として、わが国として初めて策定されたものであり、長期的視点から国益を見定めたうえで、今後どのように対応していくべきか、わが国がとるべきアプローチを導き出しています。

つぎに、国家安全保障戦略（国防の基本方針）を踏まえて策定されているのが「防衛計画の大綱」（防衛大綱または大綱）です。

防衛大綱は、今後のわが国の防衛の基本方針、防衛力の役割、自衛隊の具体的な体制の目標水準などを示しています。防衛大綱は、米国の「国防戦略」に相当する位置付けにあると言われていますが、この点については、取り扱われている内容から見て国防戦略と呼べるのかとの異論もあります。

各種防衛装備品の取得や部隊の運用体制の確立などの防衛力整備は一朝一夕にはできず、長い年月を要することから、防衛大綱は中長期的見通しに立ち策定されており、国家安全保障戦略とともにおおむね10年程度の期間を念頭に置いています。

この防衛大綱を受けて、防衛大綱で示された防衛力の目標水準の達成のために、「中期防衛力整

日本の安全保障・防衛戦略等の体系と米国との比較

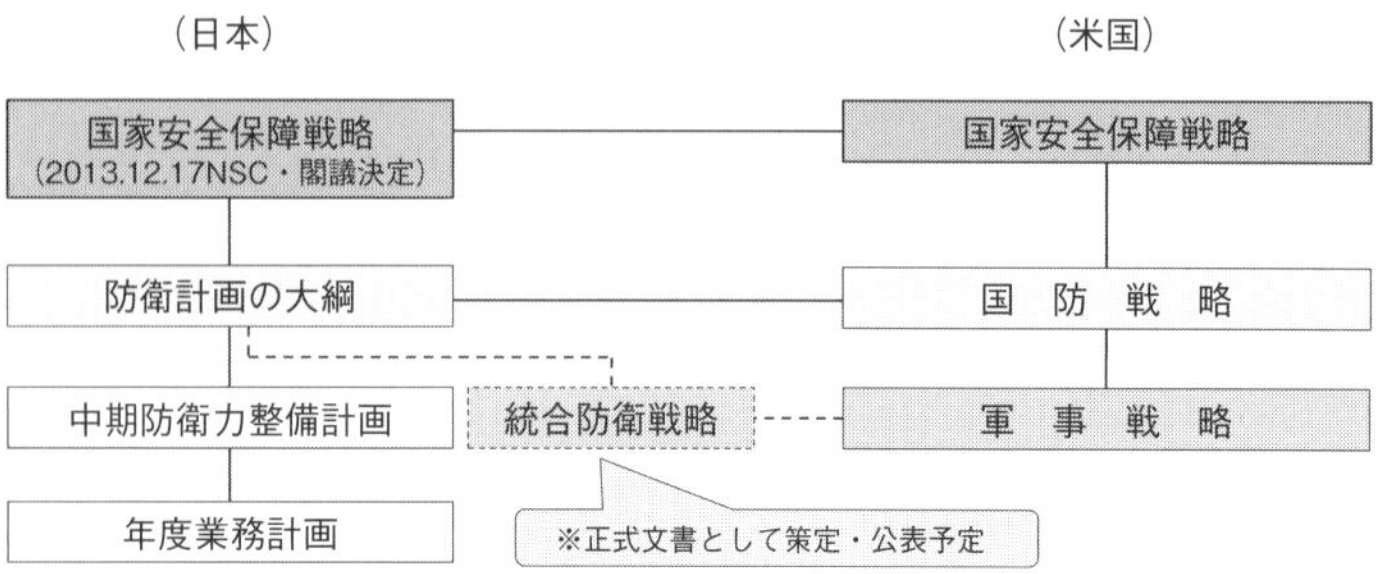

＜出典＞平成30年版『防衛白書』を基に筆者作成

備計画」（中期防）が作られています。中期防は、5年間を対象とした経費の総額の限度と主要装備の整備数量を明示したものです。

防衛省の年度予算は、中期防を事業として具体化したものであり、当面する情勢などを踏まえて、年度毎に必要な経費を計上するものです。

なお、米国の「軍事戦略」に相当するものとして、「統合防衛戦略」が作成・公表されるとの報道もありますが、これまでの所その事実は確認されていません。

防衛大綱は、昭和51（1976）年に初めて策定されて以来、計5回策定されており、平成25（2013）年に「平成26年度以降に係る防衛計画の大綱について」（25防衛大綱）として、新たな指針が示されました。

しかし、防衛大綱は、平成30（2018）年1月の総理大臣による施政方針演説において、同年末までに前大綱（25大綱）を見直すとの方針が示され、有識者懇談会（「安全保障と防衛力に関する懇談会」）における議論などを経て、政府として検討を進めてきた結果、平成30（２０１８）年12月18日、新たな大綱（30大綱）を閣議決定しました。

前述の通り、防衛大綱は、10年程度の期間を念頭に置いて策定されたはずですが、前大綱策定からわずか5年で新大綱を策定しなければならなくなったのは何故でしょうか？

（2）安全保障環境の加速度的変化に伴う「防衛計画の大綱」の見直し

それは、わが国を取り巻く安全保障環境が、前大綱（25大綱）の策定時に想定していたよりも、格段に速いスピードで厳しさと不確実性を増しているからです。

特に、中国の覇権的拡大などに伴う国家間のパワーバランスが加速度的に変化・複雑化するとともに、尖閣諸島や南シナ海に見られるようなグレーゾーン事態が長期化の様相を見せ、さらに、宇宙・サイバー・電磁波といった新たな領域の利用が急速に拡大しその領域における脅威が高まっています。その結果、国際社会における既存の秩序をめぐる不確実性が増し、これまでの国家の安全保障の在り方が根本から変わろうとしていると指摘されているのです。

北朝鮮は、核・弾道ミサイルの能力等を強化し、わが国の安全に対する重大かつ差し迫った脅威となっています。それは同時に、国際社会に対する大量破壊兵器の拡散の問題として深刻に受け止められています。

ロシアは、核戦力を中心に軍事力の近代化に向けた取り組みを継続しており、北方領土を含む極東においても軍事活動を活発化させる傾向にあります。そして、ウクライナ紛争やシリアへの軍事介入で、実戦においてマルチドメイン作戦（ＭＤＯ）を遂行できる能力があることを明示しており、関係国の警戒感を高めています。

いずれも日本の安全保障・防衛の課題ですが、最大の課題は言うまでもなく中国です。

中国の透明性を欠いた軍事力の強化、力を背景とした一方的な現状変更の試み、サイバーや宇宙空間等における能力強化とそれに伴う「情報化戦争」の脅威の顕在化など、いずれも中長期的視点からして日本への脅威を増大こそすれ、減ずるものではありません。米中の覇権争いあるいは米中冷戦の激化がそれを裏付けており、両国の対立は構造的で、長期化することは避けられない情勢です。

こうした中で、わが国に対する脅威が現実化し、国民の命と平和な暮らしを脅かす事態を防ぐためには、安全保障の現実に正面から向き合い、従来の延長線上ではない真に実効的な防衛力を構築する必要があるとの認識が高まっているのです。

それが、今般の防衛大綱の見直しの背景であり、理由なのです。

2　「多次元統合防衛力」構想と領域横断（クロスドメイン）作戦

（1）「多次元統合防衛力」構想の主眼と「領域横断（クロスドメイン）作戦」の概要

30大綱で新たに打ち出されたのが、「多次元統合防衛力」構想とその中心に位置付けられている「領域横断（クロスドメイン）作戦」（Cross Domain Operation, CDO）です。

30大綱における防衛の目標は、①平素からわが国が持てる力を総合して、わが国にとって望ましい安全保障環境を創出すること、②わが国に侵害を加えることは容易ならざることであると相手に認識させ、脅威が及ぶことを抑止すること、そして③万が一、わが国に脅威が及ぶ場合には、確実に脅威に対処し、かつ、被害を最小化すること、以上の3点に置かれています。

その目標を達成する手段として、①わが国自身の防衛体制、②日米同盟および③安全保障協力の三つを挙げています。

わが国の防衛力は、安全保障を確保するための最終的な担保であり、その強化は、日米同盟を強化し、友好国・関係国などとの戦略的な安全保障協力を進める基盤であるとの認識の下、それぞ

①わが国自身の防衛体制	わが国が独立国家として存立を全うするため主体的・自主的に防衛力を強化する。
②日米同盟	日米同盟の抑止力および対処力を強化することに加え、幅広い分野における協力を強化・拡大するとともに、在日米軍駐留に関する施策を着実に実施する。
③安全保障協力	友好国・関係国などに対して多角的・多層的な安全保障協力を戦略的に推進し、自由で開かれたインド太平洋というビジョンを踏まえ、共同訓練・演習、能力構築支援等の防衛協力・交流に取り組むとともに、グローバルな課題への対応にも貢献する。

れ以下のように措置施策するとしています。
なかでも、①わが国自身の防衛体制の強化に当たっては、これまでに直面したことのない厳しさと不確実性を増す安全保障環境の現実の下、防衛力を主体的・自主的に強化することが必要であり、真に実効的な防衛力として「多次元統合防衛力」の構築を方針として掲げています。

〈真に実効的な防衛力―「多次元統合防衛力」とCDO―〉

30大綱によれば、多次元統合防衛力とは、次の3項目の性質を有する、真に実効的な防衛力のことと定義されています。

①陸・海・空という従来の領域のみならず、宇宙・サイバー・電磁波といった新たな領域を含むすべての領域における能力を有機的に融合し、その相乗効果により全体としての能力を増幅させるCDOが実施でき、そのことにより、個別の領域における能力が劣勢である場合にもこれを克服すること。

②平時から有事までのあらゆる段階における柔軟かつ戦略的な活動を常時継続的に実施すること。

③日米同盟の抑止力・対処力の強化及び多角的・多層的な安全保障協力を推進すること。

特に、宇宙・サイバー・電磁波といった新たな領域における能力は、中国、ロシアをはじめ、世界の主要国が注力している分野であり、軍全体の作戦遂行能力を著しく向上させるものであると指摘しています。

研究開発ビジョンが描く将来の技術成果の適用イメージ図

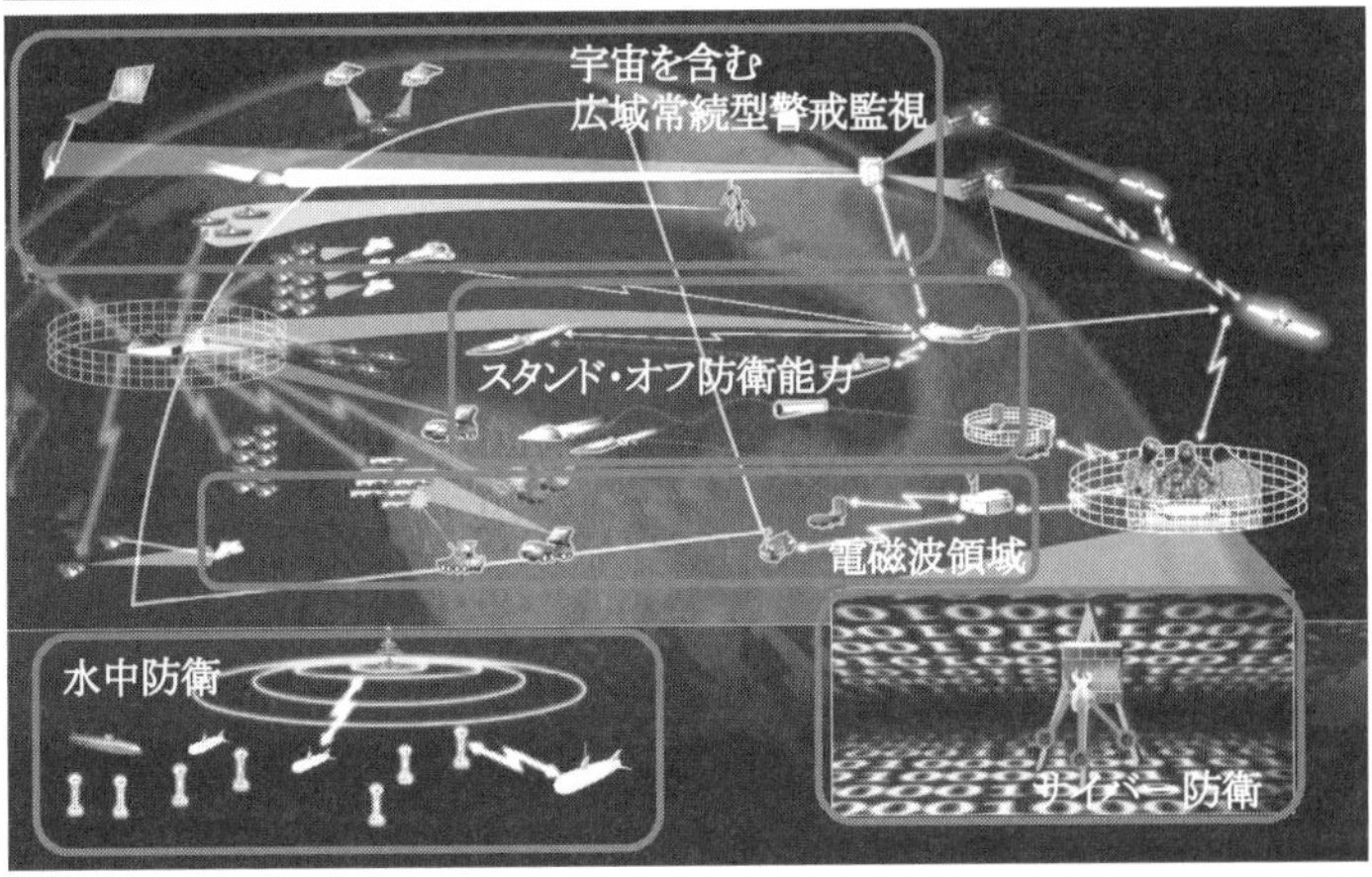

＜出典＞「研究開発ビジョン―多次元統合防衛力の実現とその先へ―」（防衛省2019年）を基に筆者補正

領域横断作戦：各領域の防空部隊が１つの防空システムとして対処

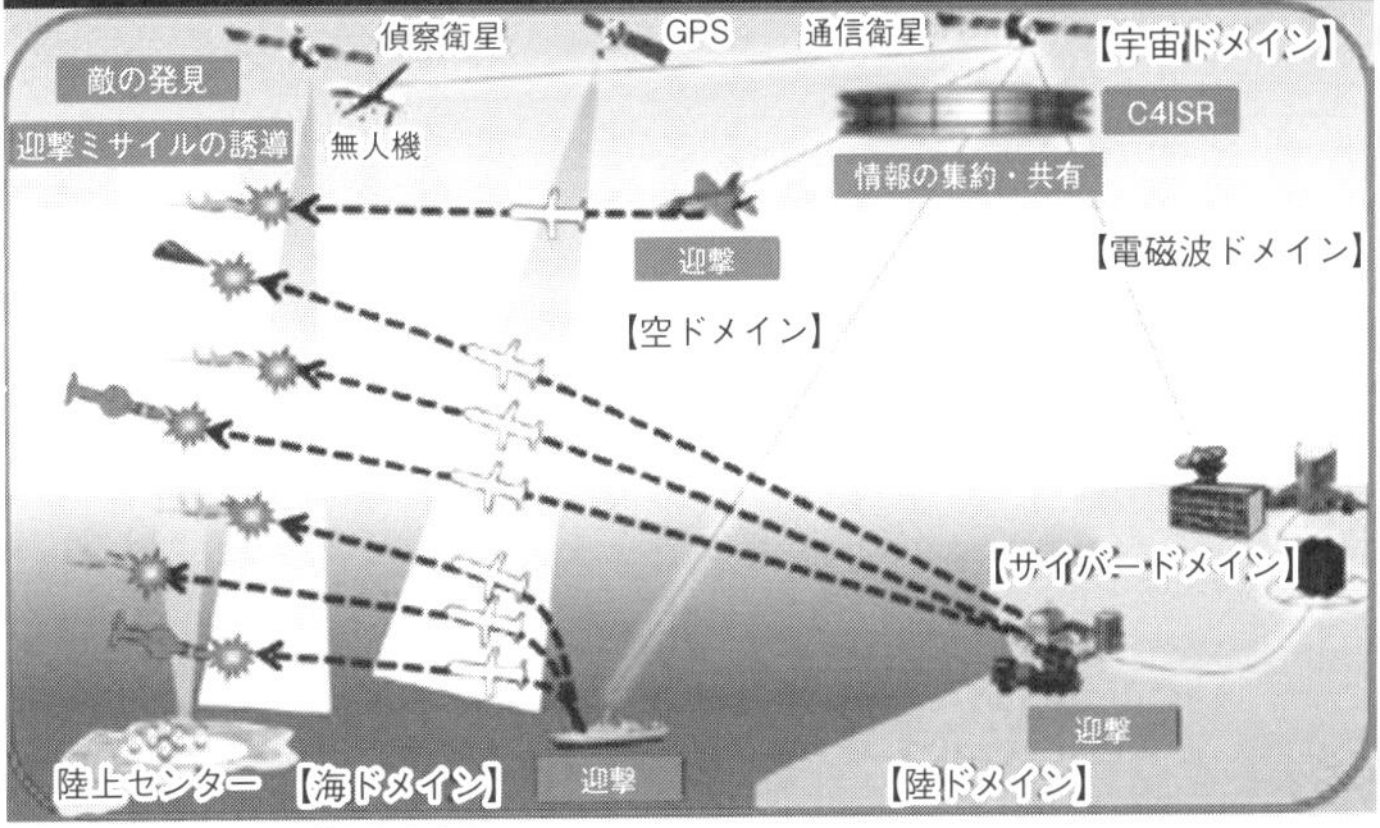

＜出典＞令和元年版『防衛白書』

そのような中で、米国は、中国とロシアからのマルチドメインの脅威の高まりに対する危機意識を強め、脅威にはマルチドメインで対応するという方向性を追求するようになっています。

防衛省・自衛隊としても、航空機、艦艇、ミサイル等による攻撃に効果的に対処するため、従来の陸・海・空の領域における能力の強化や、後方分野も含めた防衛力の持続性・強靭性の強化を図りつつ、それと一体となって、宇宙・サイバー・電磁波領域における能力を強化し、今後の日本防衛の統合運用コンセプトとしてCDOを実現するとの方針を明示したのです。

(2) CDOの具体的施策

それでは、統合運用コンセプトとしてのCDOは、今後どのように具体化され、強化されていくのでしょうか。

防衛大綱では、統合運用の在り方、宇宙領域、サイバー領域、電磁波領域、それらに関係する海上輸送能力の項目を設け、次のように強化方針を示しています。

ア　統合運用の在り方

■統合運用組織等の在り方

CDOを実現し得るよう、統合幕僚監部（統幕）において効率的な部隊運用・新たな領域に係る態勢を強化するとともに、将来的な統合運用の在り方として、①新たな領域に係る機能を一元的に運用する組織等の統合運用の在り方、②大臣の指揮命令を適切に執行するための平素からの統合運用の在り方について検討する。

つまり、ＣＤＯを実現させるための統合運用の在り方、すなわち、大臣の指揮命令の執行や一元的な統合運用組織等の在り方については、今後の検討課題とされています。

■宇宙領域

宇宙空間の状況を常時継続的に監視し、あらゆる段階において宇宙利用の優位を確保する。このため、航空自衛隊（空自）に宇宙領域専門部隊1個隊を新編する。

■サイバー領域

相手方によるサイバー空間の利用を妨げる能力等、サイバー防衛能力を抜本的に強化する。このため、（陸海空）共同の部隊「サイバー防衛部隊」１個隊を新編する。

■電磁波領域

電磁波の情報収集・分析能力、相手方のレーダーや通信等を無力化するための能力、電磁波利用を統合運用の観点から適切に管理・調整する能力等を強化する。このため、統幕の態勢を強化するとともに、各自衛隊において、電磁波利用に関する態勢を強化する。

■海上輸送能力

あらゆる段階において、統合運用の下、自衛隊の部隊等の迅速な機動・展開を可能にする。このため、共同の部隊「海上輸送部隊」１個群を新編する。

イ　陸上自衛隊（陸自）

陸自は、各種事態に即応し、各種作戦等の実効的な実施及び島嶼部等に対する侵攻に対処し得るための取り組みを進めるとし、サイバー領域・電磁波領域においては、平素からサイバー空間を監視し対処するサイバー部隊および平素から電磁波情報を収集・管理し、事態対処時には敵の電磁波利用を無力化する電磁波作戦部隊を新編する。このため、ネットワーク電子戦システムを導入する。また、総合ミサイル防空（Integrated Air and Missile Defense, IAMD）能力強化の一環として、弾道ミサイル攻撃に対し、わが国全体を多層的かつ常時持続的に防護する体制の強化のため、弾道ミサイル防衛部隊を新編しイージス・アショア2基を整備する。

column

総合ミサイル防空（Integrated Air and Missile Defense, IAMD）とは

近年、弾道ミサイルのみならず、巡航ミサイルや有人・無人航空機、短射程のロケット弾、野戦砲弾・迫撃砲弾など多種多様な経空脅威が存在し、また、これまでとは異なる技術が使われており、対応が複雑化している。このような経空脅威の量的・質的増大に鑑み、米国は総合ミサイル防空（ＩＡＭＤ）構想のもと、自国及び同盟国・友好国に対する航空・ミサイル攻撃を抑止し、あるいは対処する取り組みを進めており、日本も、米国の取り組みを参考としつつ、自衛隊の防空作戦と弾道ミサイル防衛などを一体化させる努力に着手している。ＩＡＭＤは、弾道ミサイル、巡航ミサイルや有人・無人航

空機、短射程のロケット弾や野戦砲弾・迫撃砲弾などの攻撃に対して、攻撃作戦、積極防衛、消極防衛をC2I（指揮統制情報）システムによって一体化させた対処の方策・システムを追求するものである。

ウ　海上自衛隊（海自）

海自は、周辺海域の防衛、海上交通の安全確保、各国との安全保障協力等の機動的な実施のための取り組みを進めるとし、IAMD能力強化の一環として、イージス護衛艦を増強し、クルー制を導入して継続的な警戒監視体制を強化する。

エ　航空自衛隊（空自）

空自は、太平洋側の広大な空域を含むわが国周辺空域における防空態勢の充実等のための取り組みを進めるとし、CDOに必要な能力の強化のため、宇宙状況監視（SSA）システム等を運用する宇宙領域専門部隊1個隊を新編する。このため、宇宙設置型光学望遠鏡およびSSAレーザー測距装置を導入する。

また、F－15の能力向上等によって電子戦能力を向上するとともに、装備・システムなどのセキュリティ機能を強化してサイバー領域の能力を強化する。さらに、IAMD能力の強化の一環として、地対空誘導弾部隊の効率的運用の確保のため、6個高射群を4個高射群に改編（24個高射隊は維持）し、全高射隊へのPAC－3MSEを導入する。

日本の真に実効的な防衛力としての「多次元統合防衛力」の構築
―領域横断（クロスドメイン）作戦を実現するための具体的施策―

統合運用の在り方	領域横断（クロスドメイン）作戦を実現し得るよう、統幕において効率的な部隊運用・新たな領域に係る態勢を強化するとともに、将来的な統合運用の在り方として以下について検討する。 ◇新たな領域に係る機能を一元的に運用する組織等の統合運用の在り方 ◇大臣の指揮命令を適切に執行するための平素からの統合運用の在り方
宇宙領域	宇宙空間の状況を常時継続的に監視し、あらゆる段階において宇宙利用の優位を確保する。 空自に宇宙領域専門部隊１個隊を新編
サイバー領域	相手方によるサイバー空間の利用を妨げる能力等、サイバー防衛能力を抜本的に強化する。 共同の部隊「サイバー防衛部隊」１個隊を新編
電磁波領域	電磁波の情報収集・分析能力、相手方のレーダーや通信等を無力化するための能力、電磁波利用を統合運用の観点から適切に管理・調整する能力等を強化する。 ◇電磁波の利用を統合運用の観点から適切に管理・調整し得るよう、統幕の態勢強化 ◇各自衛隊において、電磁波利用に関する態勢を強化
陸上自衛隊	サイバー部隊及び電磁波作戦部隊の新編
海上自衛隊	（現有能力の強化）
航空自衛隊	◇宇宙状況監視（ＳＳＡ※）システム等を運用する宇宙領域専門部隊１個隊を新編 ◇宇宙設置型光学望遠鏡、ＳＳＡレーザー測距装置を導入 ◇電子戦能力の向上（Ｆ－１５の能力向上等） ◇サイバー領域の能力強化（セキュリティ機能の強化）

＜出典＞30防衛大綱をもとに筆者作成

前述した宇宙領域専門部隊について、防衛省は、令和２（２０２０）年度予算の概算要求で、航空自衛隊に「宇宙作戦隊」を新設する関連費用を盛り込み、令和４（２０２２）年度に本格運用を開始する予定です。これを踏まえ、政府は航空自衛隊を「航空宇宙自衛隊」に改称する方向で調整に入った、と共同通信（２０２０年１月５日）は伝えています。

中国やロシアが宇宙空間の軍事利用を拡大させている中、自衛隊としても人工衛星の防護など宇宙空間での防衛力強化の方針を明確にする必要があることから、自衛隊法などの改正を経て、令和５（２０２３）年度までの実現を目指しているようです。陸海空３自衛隊の改称は、昭和29（１９５４）年の自衛隊創設以来初となります。

3　日本のＣＤＯの問題点・課題と措置・対策

(1)　ＣＤＯの意義――中国の船を沈めるにはＣＤＯが不可欠

例えば、中国の海洋進出の主役は、航空戦力に支援された海軍艦艇です。これに対し、わが国防衛の第一の目標は、紛争を未然に防止する抑止にあります。その抑止の実効性を確保するためには、中国艦艇を撃破できる十分な力と態勢を整え、わが国に侵害を加える場合には、その力を行使する用意と決意があることを中国に対して予め示しておかなければなりません。

中国の海軍艦艇に対抗する第一の力は、海自の水上艦艇や潜水艦、機雷などの海上戦力ですが、それに陸自の対艦ミサイルや空自の空対艦ミサイルなどが加わります。また、これらの戦力は、偵察衛星や通信衛星などの宇宙領域のアセットによって支えられ、サイバー・電磁波戦を伴って遂行されます。

海自は、海域の防衛に関し、陸空自の支援を得るとともに、陸空自の能力は、周辺海域での海上優勢の確保にも不可欠であり、この点だけから見ても、ＣＤＯが目指す重要な意義役割が理解されるでしょう。

ひるがえって、中国の「Ａ２／ＡＤ」戦略は、米軍のプレゼンスを西太平洋から排除し、「Short, Sharp War」（短期高烈度決戦）によって米軍が効果的な対応をする前に、戦況を迅速・決定的に進展させ、一挙に既成事実化（fait accompli）を図ることを狙っています。

長射程化する中国のミサイル（通常弾頭）

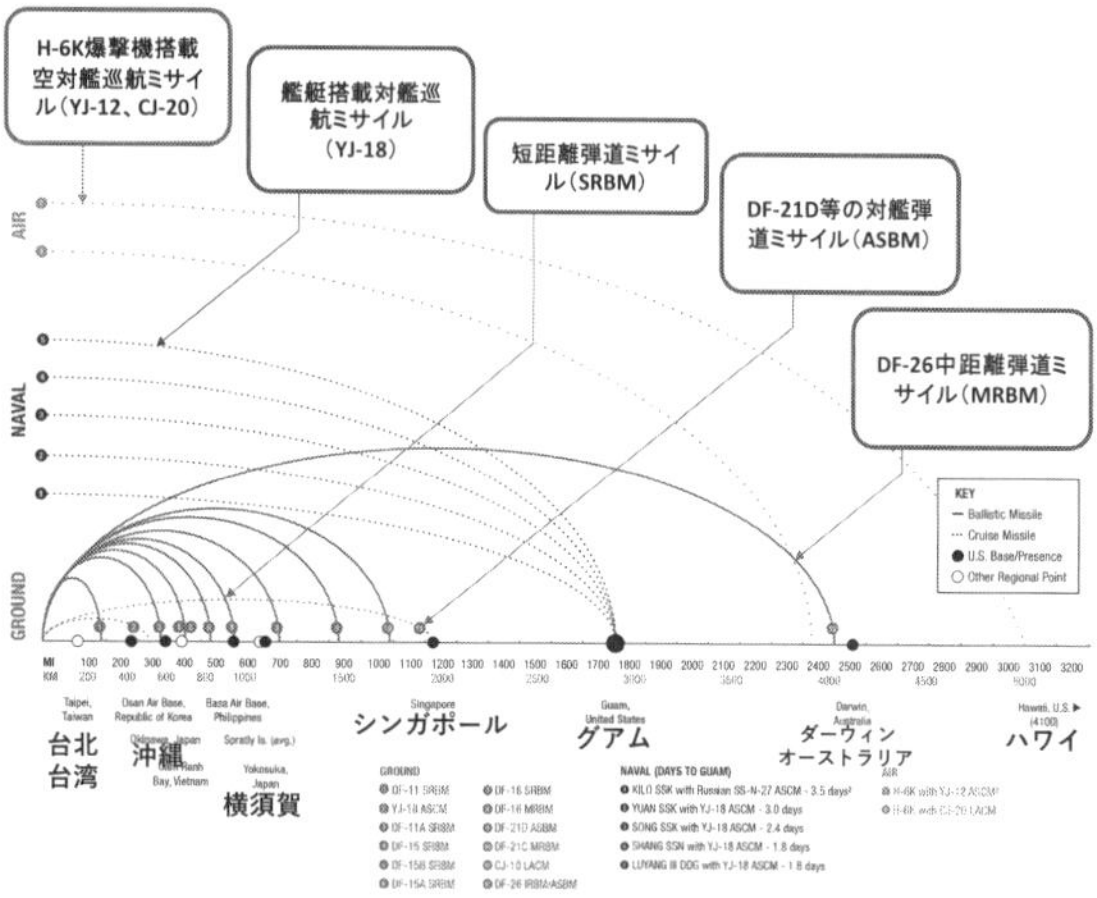

＜出典＞ The U.S.-China Economic and Security Review Commission , May 10, 2016 を筆者補正

そのため、中国は、グアムやハワイまで攻撃できる対艦ミサイルを大量に持っていることから、作戦の初期段階において、米空母打撃群は、中国軍のミサイルの飽和攻撃による致命的な損害を回避することを余儀なくされ、第2列島線以遠へ退避すると見られています。海自の水上艦艇もその例外ではなく、水上艦艇（潜水艦を除く）は東シナ海には入れない状況が生起する恐れがあります。また、在日米空軍主力は日本に残留しますが、北日本から中日本にかけての広域に一旦疎開退避すると見られており、航空自衛隊もその例外ではないでしょう。

そうなると、戦場のプレッシャー（圧力）が一挙に国土に掛かり、国土の地形地物を活用して健在し、有効に戦える陸自が日本防衛の主役となる状況を十分に想定しておかなければなりません。その際に重要な防衛機能（キー・ファンクション）は、領土防衛力を基盤とした対空能力（ミサイル）と対艦能力（ミサイル）、そして電磁波戦能力ということになります。

前米インド太平洋軍司令官であったハリー・ハリス大将は、「我々の統合・連合作戦がそれぞれのドメインの中で互いに作戦し、陸軍の地上部隊が艦艇を撃沈し、ミサイルを撃墜し、同時にミサイルを発射した航空機を撃墜するところを見たいものだ」と述べました。そして、「米（インド）太平洋軍司令部は、陸・海・空の作戦を一体化する統合作戦コンセプト（マルチドメイン戦闘構想：Multi-Domain Battle Concept）を実践する計画を持っており、すべての軍種がこのコンセプトをそれぞれ演習に組み込んで、最終的に来年実施されるリムパックで陸軍が艦艇を沈めることを義務付けている」（米海軍協会ニュース、２０１7年5月30日）と表明し、ＭＤＯを米インド太平洋軍の統合作戦コンセプトに押し上げたのです。

このように、中国の船を沈めるのは海上戦力だけではありません。

つまり、ハリス大将の見解は、「すべての領域における能力を有機的に融合し、その相乗効果により全体としての能力を増幅させるＣＤＯが実施でき、そのことにより、個別の領域における能力が劣勢である場合にもこれを克服すること」とした前述の多次元統合防衛力の定義を見事に代弁しています。言い換えると、日本が目指している「多次元統合防衛力」における統合運用コンセプトとしてのＣＤＯは、近未来戦の趨勢を反映した、妥当な方向性を示していると評価できるでしょう。

しかし、コンセプトが妥当であっても、それを実現するためには具体的なアプローチが伴っていなければなりません。その点については、さらに注意深い考察が必要であり、ポイントは、30大綱で掲げる「我が国自身の防衛体制」そして統合作戦コンセプトであるCDOによって、中国の「情報化戦争」あるいは「網電一体戦」による「既成事実化」を打破し、排除できるかどうかに懸っています。

(2) CDOを実現するためのアプローチ

ア　CDOの運用体制――その組織とシステム――

(ア) 国家レベル

宇宙、サイバー、電磁波の新たな領域で、中、露、北朝鮮が今まさに日本にとっての深刻な脅威となっています。これに核兵器による脅威も加わっています。しかし、これら新領域の脅威は、従来の軍事領域とは異なり、物理的になかなか認識できない脅威です。

新領域での作戦として、また情報戦あるいは政治戦として、平時における戦いを挑まれたとき、ウクライナのようにロシアのサイバー・電磁波攻撃によって大きな損害を被らないためには、新領域における中、露、北朝鮮の軍事力行使の特性を理解しておくことが極めて重要です。

言うまでもなく、中、露、北朝鮮は、いずれも一党独裁、もしくは独裁者あるいは強権的リーダーによる国家運営がなされています。そして、例えば、中国は第2章で述べたように、国家を挙げた指揮運用体制が構築されており、その「統合作戦指揮センター」の総指揮を習国家主席がとることになっています。

このように、中、露、北朝鮮では、新領域の作戦実行も、核兵器による脅しも、いずれも国家の意思決定者が直接判断し、決断を下すこととなります。現場は自主積極的に判断し行動するというよりも、国家より命ぜられたことを着実に遂行する傾向が強いでしょう。そして、何か新しい事態が発生すれば、それは直ちに国家の意思決定者に報告することが義務付けられていると考えられます。

つまり、新領域における作戦あるいは国家レベルの情報戦あるいは政治戦、そして核兵器による脅しは、いずれも国家の意思決定者によりコントロールされており、平時からのグレーゾーン事態、有事を通じての目に見えない戦いが、極めて統制力の強い一元的な軍事作戦として展開されることになるのです。

一方、日本のように民主主義国家で、各行政官庁の役割、責任、権限が明確な場合には、国家の意思決定者に必要な情報の伝達が遅れがちになるか、行政の縦割りにより個別最適の判断しか出来ないまま事態が推移してしまう恐れもあり得ます。

従来の領域における作戦では、縦割りで判断された情報を中央に集めてから判断することも許容範囲だったでしょう。また、自衛隊の運用に関しても、各部隊の指揮官が指揮命令系統に従って、上級司令部や統合幕僚監部に報告し、防衛大臣、総理大臣と順序を経て、判断し意思決定する方式が、確実であり、誤解の少ない方法であったことも同様でした。

しかしながら、新たな領域での作戦では、ほんの小さな兆候や被害が、目に見えないところで大きな事態を引き起こしかねないのです。したがって、30大綱に基づいて策定された中期防衛力整備計画（31中期防）で新編される各部隊の運用やその掴んだ情報が、いかに早く意思決定者、すなわち防衛大臣、総理大臣、国家安全保障会議（NSC）に報告され、そして意思決定者による判断・命令がただちに関連部隊に対して伝達されるかが、重要です。

よって、新たな領域における作戦、そして情報作戦や核兵器搭載のミサイル攻撃など、瞬時の判断対応ができる作戦遂行のための体制構築が必要なのです。

この体制には、関係する省庁を糾合し、組織横断的な体制で国家としての意思決定ができる仕組みが必要です。特にサイバー攻撃、電磁波攻撃などは、関係省庁管轄のインフラ、民間の重要インフラ（例えば、金融システム、原子力発電所、上水道、鉄道、高速道路等）などコンピューター制御されているところが狙われる可能性が大なのです。したがって、銀行であれば、システム管理部門は頭取に毎朝あるいは定期的に情報を提供する機会を作る等、各組織のトップに直接情報を提供できる態勢が不可欠となるでしょう。

資源の投入に関しても、新領域は従来の領域の装備品に比較すると予算的には様々な工夫ができる分野です。民間の技術者、技術力を活用したり、システム設計で対応したりと、効率的な資源投入が比較的容易であると言えます。また、宇宙戦、サイバー戦、電磁波戦による効果と従来型の装備品の効果を横断的・有機的に結合し、その相乗（シナジー）効果により全体としての能力を増幅させることができ、平素の警戒監視や防衛作戦における費用対効果が一段と高まることは間違いありません。

30大綱で述べている通り、CDOは、陸・海・空という従来の領域に宇宙・サイバー・電磁波といった新たな領域が加わった多領域・多空間の作戦が同時複合的に生起する近未来戦を想定しています。そして、新領域における能力は、軍全体の作戦遂行能力を著しく向上させるものであるとし、それと一体となって、（従来の）航空機、艦艇、ミサイルなどによる攻撃に効果的に対処するための能力の強化や、後方分野も含めた防衛力の持続性・強靭性の強化を重視していくとし、これまでとは抜本的に異なる速度で変革を図っていく必要があることを強調しています。

新領域は、「わが国としての優位性を獲得することが死活的に重要」（30大綱）と考えられており、したがって、新領域における作戦遂行能力を整備するための投資は、所要の100パーセントを達成する努力がなされるでしょう。もし新領域への投資が中途半端であれば、その効果は期待値を大幅に下回ると見なければなりません。

一方、特に「中国は、従来からの核・ミサイル戦力や海上・航空戦力の強化にも取り組んでいる」（30大綱）ことから、わが国に対する従来の領域における脅威は、増大こそすれ減少することはあり得ず、この領域の作戦遂行能力についても、引き続き拡充強化の必要性が高まっています。

急速な少子高齢化や厳しい財政状況を踏まえれば、防衛関係費にしても過去にとらわれない徹底した合理化が必要ではあることは論を俟ちませんが、すでに自衛隊の現場では限界に達しているのが実状です。

わが国を取り巻く安全保障環境が、「格段に速いスピードで厳しさと不確実性を増している」（30大綱）と強い懸念が示されている状況を踏まえれば、いまこそ戦後続いてきた「経済重視・軽武装」という財政主導の防衛政策に大胆なメスを入れ、ＮＡＴＯ諸国並みの防衛費ＧＤＰ２％を決断する時ではないでしょうか。そうでなければ、急激な情勢変化に適応できず、新旧の領域が複合した近未来の戦いに勝利することはできないでしょう。

「変革の時代」には、トップ自らが情報を集め、判断し、決断していくことが必要です。今後、トップになる人材の育成は、状況の変化に即応し全体最適をマネージメント出来る教育が望まれます。現場から積み上げた専門家をトップにするよりも、教育訓練によってトップマネージメントを身につけるべく育成された人材を配置すべきです。また、そのトップを支えるスタッフも、従来のように横との連携や調整力を求めるだけでなく、現場におけるささいな変化や不都合な兆候がトップの状況判断にかかわることを見抜き、ただちに情報提供できる鋭敏な時代感覚を養うことが必要となるでしょう。

これからは、官僚的な前例踏襲・勤勉実直型、横並び重視、変化よりも安定といった考え方から、起業家的な先見洞察性、革新的・創造的発想、チャレンジ精神を重視する人材の登用と組織運営へとシフトすることが何よりも求められます。
（イ）防衛省・自衛隊レベル

マルチドメイン作戦センター（イメージ図）

＜出典＞ OTH MALTI-DOMAIN OPERATIONS &STRATEGY を筆者補正

防衛省・自衛隊においては、従来の陸海空の領域に、宇宙・サイバー・電磁波といった新たな領域を加え、すべての領域を横断的に連携させる新たな組織とシステムの構築が必要不可欠です。

30大綱では、CDOを実現させるための統合運用の在り方、すなわち、大臣の指揮命令の執行や一元的な統合運用組織等の在り方については、今後の検討課題とされており、早急に検討に着手し成案を得ることが望まれます。

宇宙・サイバー・電磁波といった新たな領域において彼我の優劣を決めるのは常日頃の活動によって、いかに相手システムの脆弱性を掌握しているかにかかっており、すでに平時の戦いが始まっています。したがって、日米共同作戦をも踏まえ、統合幕僚監部において統合共同作戦指揮所を常設する必要性は、避けて通れない課題です。

また、陸自の方面隊、海自の地方隊、空自の方面隊以下、戦域あるいは戦場で実際の作戦・戦闘を遂行する司令部あるいは指揮所には、Ｃ４ＩＳＲを統合的かつ共同的に連接するシステムの導入が不可欠でしょう。

一方、防衛作戦が宇宙・サイバー・電磁波といった新たな領域に拡大することに伴って、新たな組織やシステム構築の要求が高まります。しかし、調整・連携する組織が増え、システムが複雑になればなるほど、すべての領域における能力を有機的に融合してシナジー効果を発揮するというＣＤＯの目的達成には困難さをもたらす懸念材料となります。

この問題は、米国で宇宙軍を創設するかどうかの大統領と国防省（空軍）の対立で表面化したことでも明らかです。国防省は、宇宙軍を空軍の管轄として設立すべきとの立場でしたが、結局、トランプ大統領に押し切られてしまいました。

軍事作戦における成功は、「簡明」（simplicity）の原則を無視しては成り立ちません。国防省の主張の基底には、「簡明」の原則の追求というテーマがあったと見るべきであり、したがって、ＣＤＯを実現するための組織・システムの構築においても、この原則に沿った取り組みが強く求められる所です。

イ　技術革新

新たな戦いの形としてのＭＤＯは、「統合作戦」（Joint Operation）と「軍事革命」（ＲＭＡ）の二つの流れを背景とし、特に後者は情報分野での技術革新（ＩＴ革命）が深く関わっていることは序章で述べたところです。

特に、中国は、情報こそが現在および将来の戦いにおける決定的な要因であり、将来戦が情報能力の活用の戦いになることを意味する情報化戦争であると認識し、すべての作戦行動は戦場における情報の優越を獲得するという点に集約されると考え、戦いに勝利する必須かつ最大の要件として「情報優越の確立」を掲げています。

したがって、日本のCDOでは、中国の情報化戦争に対抗できる対象的能力を持つことが必須ですが、それだけでは中国の能力を凌駕することはできません。対象的能力に加えて、非対象的能力を開発しなければならず、その動きをリードする技術革新としての人工知能（AI）や次世代移動通信システム（5G）に期待が高まっています。

例えば、日本を攻撃できる北朝鮮の中距離弾道ミサイル（IRBM）は、一般的に、マッハ10以下、秒速約2㎞で飛来し、発射されて10～15分位で日本に到達するとみられています。

万一、北朝鮮が、一挙に大量のミサイル攻撃（飽和攻撃）を行った場合、日本の弾道ミサイル防衛（BMD）用迎撃ミサイルには、その脅威度と優先順位を瞬時に判定して迎撃するAI能力が組み込まれていなければなりません。同時に、イージス艦や地上配備型イージス・システム（イージス・アショア）、パトリオットP－3を指揮統制するIAMDシステムには、同じようにミサイルの脅威度と優先順位を瞬時に判定し、自動的に迎撃手段を選定して指令を発するAI能力と5G技術が不可欠であり、その間、人間が介在する余地はないと考えなければなりません。

また、米国でも、ミサイルの飽和攻撃にはBMDシステムでは対処できないと考えられており、

電磁波バリア（イメージ）

電磁波バリアは、敵の通信やレーダー、ミサイル誘導用の電波などに対し強力なジャミングをかけ、早期警戒管制機の通信電子や巡航ミサイルその他の高性能兵器誘導システム、人工衛星の無線電子装置の機能発揮を妨害・制圧する能力を有する。また、電磁波装備は敵の精密機器を破壊することができる。

＜出典＞国土地理院の地図を基に、筆者作成

レーザー兵器、電磁砲（レールガン）、電磁波（EMP）弾などのいわゆる指向性エネルギー兵器の助けも必要です。これらの兵器には、小型の大出力発電機が必要ですが、日本では、すでにその実用化の目途が立っているといわれており、それらの装備化が急がれます。

ロシアは、シリアの軍事介入時に数両の車載型新電子戦システム（Krasukha-4）を配置し、展開する空軍基地を中心に約３００kmの「電子戦ドーム」を構築し、その防護下に作戦を遂行したと伝えられています。このように、移動によって抗堪性を確保できる車載型ネットワーク電子戦システムを、南西諸島を焦点とする西日本だけでなく日本列島全体に展開し、電磁波（EMP）攻撃や電波妨害（ECM）によって敵の航空攻撃やミサイル攻撃から守る「電磁波バリア」を構築することも推進しなければならない重要な課題の一つです。

このように、これからわが国が直面する軍事的脅威に対処するには、技術革新の要求が一段と高まるのは否定できない現実です。そのため、産官学連携や防衛・民生の双方で利用価値の高いデュアルユース技術の研究・応用などを通じた破壊的イノベーションにより、ゲームチェンジャー（形勢を一変させる兵器・システム）となり得る自衛隊装備の研究開発が大いに期待されるところです。

ウ　教育と訓練を通じた人材の育成

新たな軍事トレンドに遅れることなく追随するためには、教育と訓練を通じた人材の育成が不可欠です。

米陸軍は、MDOに備えるため、「サイバー科」という職種を作り、体系的な教育訓練を始めています。また、米軍は、陸海空軍及び海兵隊から構成される「サイバー軍（コマンド）」を創設しました。

30大綱が示すCDOは、統合運用コンセプトとして作られていることから、宇宙・サイバー・電磁波といった新たな領域の人材育成も統合の教育訓練目標・体系を構築し、統合努力として推進されることが強く望まれます。

新たな領域、特にサイバー空間や電磁波空間についての対策は、防衛省・自衛隊のみならず、民間にも優秀な技術者や、システム設計、技術力などが蓄えられていますので、資源の効率的使用の観点からも、民間力の活用および民間企業との連携は欠かせません。

また、戦略的利益を共有する米国をはじめ、オーストラリア、インド、ベトナム、NATO、あるいはサイバーセキュリティ先進技術大国であるイスラエル、それにかつてロシアからのサイバー攻撃を受けた貴重な経験を持ち、「NATOサイバー防衛センター」（CCDCOE）が置かれている世界最先端の「電子国家」であるエストニアなどとの国家間協力も重要です。

エ　米国との共同

米軍は、中国などによるマルチドメインの脅威の蓋然性の高まりと危機感を強く意識しており、脅威への対応もマルチドメイン作戦で行うという方向性を示しています。そして、インド太平洋地域を管轄するインド太平洋軍司令官であったハリー・ハリス司令官（当時）は、「太平洋軍におけるマルチドメイン戦闘構想（Multi-Domain Battle Concept）」を打ち出し、環太平洋合同演習リムパックなどで、地上部隊の地対艦ミサイル実射訓練などの場を設け、本構想を実践して意欲的に具体化を進めています。

これを受けて、米太平洋陸軍司令官ロバート・ブラウン大将は2019年3月、アラバマ州ハンツビルで開かれた米陸軍「グローバル・フォース・シンポジウム」（Global Force Symposium）の会合において、2020年に南シナ海で大規模な米本土からの機動展開演習「太平洋の守護者」（Defender Pacific）を計画している旨発表しました。

同司令官は、「我々は韓国（朝鮮半島）へは行かない。南シナ海シナリオそして東シナ海シナリオに備えるために行くのだ」と明言しました。演習は、フィリピン、ブルネイ、マレーシア、インドネシア、タイなどでの実施が予定されており、まさに中国の海洋侵出の脅威に対抗することを目的

マルチドメイン任務部隊の編成（Objective Multi-Domain Task Force Task Organization）

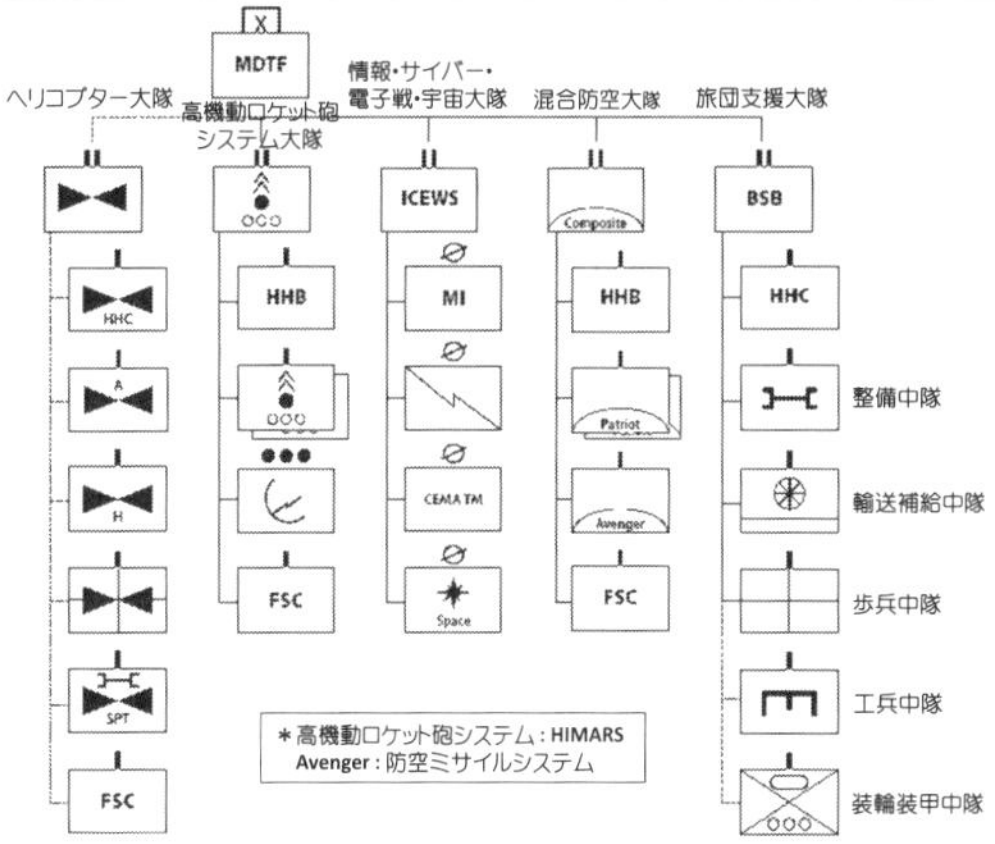

＜出典＞ Maj. Kyle David Borne, U.S. Army"Targeting in Multi-Domain Operations",MILITARY REVIEW May-June 2019 を筆者一部補正

とした第一列島線への機動展開演習です。

米陸軍は、インド太平洋地域に約8万5000名の兵員を駐留させ、すでに同盟国や友好国と「太平洋通路」（Pacific Pathways）のような演習を行っていますが、計画中の演習は、米本土から太平洋への緊急展開を目標に、師団司令部と数個の旅団が30日から45日間にわたって実施するものです。

米陸軍は、情報・サイバー・電子戦・宇宙（ISEWS）大隊、混合防空大隊、高機動ロケット砲システム（HIMARS）大隊などで編成された陸軍初のマルチドメイン任務部隊（図参照）を2018年のリムパック演習に参加させ、対空火力の援護下で、長距離砲兵と対艦ミサイルで米海軍の退役艦を撃沈させています。そして、このマルチドメイン任務部隊（MDTF）を、一つはヨーロッパ（大陸での作戦）に、一つはインド太平洋（海洋での作戦）に、それぞれ配備する計画が進行していました。

その後、マッカーシー米陸軍長官は2020年1月、首都ワシントンで「インド太平洋における陸軍の戦略」（The Army's strategy in the Indo-Pacific）について講演し、「インド太平洋地域にサイバー分野や極超音速ミサイルの運用など複数領域で作戦を実施する新たな部隊を2か所に配備し、2021年に最初の部隊を、2022年に二つ目の部隊を配備する」との見通しを示しました。この部隊は、「米軍の接近を阻止する（中国のA2／AD）能力に対処できる」（括弧は筆者）とされていることからMDTFと見られます。具体的な配備場所には言及していませんが、「台湾以東の島々」とフィリピンが配備先の候補に挙がっている模様で、米陸軍も中国に対抗しアジア太平洋地域でのプレゼンスを拡大強化する戦略態勢をとりつつあるようです。

陸自と米陸軍との間では、すでにマルチ（クロス）ドメイン作戦をテーマとした相互研究調整が行われており、また、米陸軍MDTFと連携し、複数の領域（サイバー、電子戦、宇宙）にわたる日米共同のオペレーションについての共同演習も始められています（陸上自衛隊ニュースリリース（令和元（2019）年8月8日）、Stars & Stripes（2019.09.04））。

その際、自衛隊はクロスドメイン作戦（CDO）、米軍はマルチドメイン作戦（MDO）と呼んでいますが、それぞれのコンセプトに相違点がないか、共同作戦上の問題がないかなどの確認調整は、共同演習などを通じた今後の大きな課題となります。

他方、米国（米軍）は、マルチドメイン作戦（MDO）構想の開発研究については、日本（自衛隊）より先行しており、自衛隊が米軍から学ぶことが多々あるものと推察されます。

すでに第3章4（2）項（197頁の図表参照）で紹介したように、米戦略予算評価センター（CSBA）の研究者は、2019年に「海洋圧迫（Maritime Pressure）」戦略を発表し、その中で、大隊規模の詳細な「マルチドメイン陸上部隊の編成概案（NOTIONAL MULTI-DOMAIN GROUND UNIT）」を示しています。

また、米陸軍は、前述の通り、旅団規模の「マルチドメイン任務部隊の編成」（Objective Multi-Domain Task Force Task Organization）を公表しています。

二つの部隊編成を見ると、高機動ロケット砲システム（HIMARS）など対地・対艦攻撃能力を持つロケット砲兵、長距離・短距離の対空ミサイルや対空機関砲、指向性エネルギーシステム（兵器）を混合装備する防空砲兵、そして情報監視偵察（ISR）部隊、サイバー戦、電子戦および宇宙戦の能力を有する部隊を中心に構成されています。

これらには、マルチドメイン作戦を遂行する上で必要な部隊（能力）が具備されていると見ることができ、なかでも、歩兵（普通科）の地域防衛能力を基盤に、情報監視偵察能力、対艦攻撃能力、防空能力および電子戦（電磁波戦）能力等をワンセットとして持たせている点に注目する必要があり、今後、陸自の島嶼防衛部隊の編成を充実発展させるうえで、大いに参照に値するといえるでしょう。

オ　法的問題の解決

第4章「近未来戦における新たな国際的課題」で述べた通り、宇宙空間に関する国際取り決めには多くの課題が残され、ルールなきサイバー空間や自律型ロボット兵器などの問題が山積しています。

これらは、わが国の防衛の基本にかかわる事項であり、日本政府が責任をもって解決しなければならない重要な課題であり、自衛隊に対して明確な政策や指針を示さなければなりません。

（3）CDOの領域ごとの課題

ア　宇宙領域

30大綱では、宇宙空間の状況を常時継続的に監視し、あらゆる段階において宇宙利用の優位を確保するため、空自に宇宙領域専門部隊として「宇宙作戦隊」1個隊が新編されます。2022年度までに100人規模の勢力をもって発足させ、宇宙分野に関する自衛隊と米軍との連携強化に向けて、米西部カリフォルニア州の空軍基地にある「宇宙作戦センター」に空自から常駐の連絡官を派遣する予定です。

ひるがえって、米国のトランプ大統領は、2020年までに「宇宙軍」の創設を決め、直ちに実行に移すための行動に出るよう指示していました。これを受け、2019年8月29日に米軍内で宇宙領域での軍事活動を統括する宇宙軍が正式に発足し、戦略軍などと並ぶ11番目の統合軍になりました。

同日、ホワイトハウスで開催された宇宙軍発足式典後、レイモンド宇宙軍司令官（空軍大将）は国防省で記者会見し、「宇宙空間における脅威の拡大や複雑化は現実のものだ」との認識を示しました。そして、主に中国とロシアが米軍の宇宙利用を阻む能力を開発していると名指しし、「宇宙軍はこうした脅威に対して優位性を保つために不可欠だ」と述べ、日本など同盟国との連携を強めつつ、能力強化を目指すとの姿勢を表明しました。

宇宙軍は、敵ミサイルの追跡などの宇宙空間の監視や人工衛星の運用による軍事作戦の支援、衛星に対する電波妨害や攻撃の警戒などに当たるとされ、公式な創設時の人員は1万3000人規模となる見通しです。

column

米軍の「統合軍」とは

米軍の統合軍は、陸軍、海軍、空軍および海兵隊の、又はこれらの軍種のうちいずれか二つ以上の軍種の有力な部隊をもって構成され、統一指揮（unified command）又は作戦統制（operational control）を行う権限を与えられた単一指揮官の下に作戦する部隊の総称である。米軍は、この考えに則り、地域別（geographic region）と機能別（functional area）に統合した統合軍を編成しており、2019年8月末の宇宙軍の創設をもって、インド太平洋軍など6つの地域別統合軍と、輸送軍、サイバー軍など5つの機能別統合軍を保有することになった。作戦指揮については、大統領から国防長官を通じて、各統合軍司令官へと指示され、統合参謀本部議長は、指揮命令の伝達や実行に際しての調整、統合軍の行動の監督等を行う。〈出典〉各種資料を基に、筆者作成

中国は、軍改革で新設された「戦略支援部隊」によって宇宙作戦全般が管理され、中央軍事委員会の直接指揮下に置かれた「ロケット軍司令部」（隷下にミサイル部隊）とともに、宇宙作戦を遂行する体制になっているようです。

ロケット軍の規模は、約12万人といわれ、コンピューター・ネットワーク戦（サイバー戦）、電子戦および宇宙戦に関する任務が一元的に与えられている「戦略支援部隊」を概ね13万人規模とし、その約3の1が宇宙戦に従事していると見積もれば、宇宙作戦は約16万人以上の陣容で運営されていることになります。

日本の国力国情に照らせば、宇宙戦への取り組み、特に設定する任務役割や組織規模にはおのずから限度がありますが、空自に新編される宇宙作戦隊が「宇宙空間の状況を常時継続的に監視し、あらゆる段階において宇宙利用の優位を確保する」という任務役割を果たすには、あまりにも組織規模が小さいと言わざるを得ず、今後一層の拡充が求められるところです。

イ　サイバー領域

サイバー領域における抗堪性の確保は、最優先の課題です。そのため、中国、ロシア、北朝鮮は、インターネットにおける独自の基本ソフト（ＯＳ）を開発運用しています。

わが国は、米マイクロソフト（Microsoft）社が提供する汎用基本ソフトのウインドウズ（Windows）に依存しており、有事における脆弱性は火を見るより明らかです。

日本は、Ｗｉｎｄｏｗｓ95より約10年前に国産の基本ソフト「トロン（ＴＲＯＮ）」を開発したことがあり、そのようなわが国独自の基本ソフトの開発運用が喫緊の課題であると指摘しなければなりません。

column

日本国産の基本ソフト「トロン（ＴＲＯＮ）」とは

１９８０年代に日本とアメリカは、インターネットの基本ソフト（ＯＳ）の研究開発を巡ってお互いに競っていたが、日本はＷｉｎｄｏｗｓより先に、画期的なＯＳの開発に成功した。それが坂村健・東大教授が開発した日本国産ＯＳの「トロン（ＴＲＯＮ）」である。

ＴＲＯＮは、「The Real-time Operating system Nucleus」の略語であり、オープンソースの無償のもので、Ｗｉｎｄｏｗｓより革新的で利便性の高いＯＳと評価されていた。

しかし、米国は、ＴＲＯＮが世界を席巻するとＯＳを開発している米国企業が打撃を受けるとして、ＴＲＯＮプロジェクトを制止しようと日本に圧力をかけた。当時、日米貿易摩擦が両国の最大の懸案となっており、その激化・拡大を恐れた日本は、結果として将来の国益を考えずに同プロジェクトから手を引いてしまった。もし、そのままアメリカの脅しを無視してＴＲＯＮプロジェクトを続けておれば、いま日本はＩＴで世界をリードしていたかもしれないとの後悔が残されている。〈出典〉各種資料を基に、筆者作成

一方、サイバー戦は、それに従事するサイバー部隊の人員が多いほど有利という労働力集約型の戦いであり、対象国の暗号の解読・処理に必要な高速コンピューターと対象国の言語をマスターした大量の専門的人材を必要とします。

米国は、米戦略軍傘下にあったサイバー軍を、２０１８年5月に統合軍に格上げしました。サイバー空間では技術が激しく変容し、敵がかつてないほど米国を脅かしているとの認識の下に、強力な体制を構築する必要から、前述の通り、米サイバー軍は、人員約６２００名の１３３チームで構成されています。

中国のサイバー部隊の人員規模は明らかになっていませんが、その総数は10万人超と言われ、米軍を圧倒していることだけは間違いないようです。

自衛隊は、相手方によるサイバー空間の利用を妨げる能力など、サイバー防衛能力を抜本的に強

化するとして、陸海空の共同部隊「サイバー防衛部隊」1個隊を新編しますが、その規模は、現在の220人から約1000人規模にまで拡充するに過ぎません。いかにも力不足は否めず、米中並みの体制強化が切に望まれるところです。

ウ　電磁波領域

30大綱では、相手方の電磁波の情報収集・分析能力、レーダーや通信等を無力化するための能力、電磁波利用を統合運用の観点から適切に管理・調整する能力等を強化するため、電磁波の利用を統合運用の観点から適切に管理・調整し得るよう、統幕の態勢を強化するとともに、各自衛隊において、電磁波利用に関する態勢を強化するとしています。

この際、統幕および各自衛隊が電磁波利用を適切に管理・調整するためには、それぞれが「電磁波戦統制・調整所」を開設し、そのうえで、統幕の「電磁波戦統制・調整所」が各自衛隊の「電磁波戦統制・調整所」の活動を全般的に管理・調整する仕組みが必要でしょう。

昭和50（1960）年代に「日本ハリネズミ防衛論」が提唱されたことがありました。高価な戦闘機を安価なミサイルによって撃ち落すことができるなら、ハリネズミのように日本列島をミサイル網で張り巡らせれば、日本を有効に守ることができるというものでした。

しかし、今日、イージス艦やイージス・アショア、PAC－3などが整備されていますが、それらをもってしてもミサイル防衛（MD）は完全ではないことは、すでに述べたところです。

つまり、MDには、ブースト段階、ミッドコース段階そしてターミナル段階での多層防衛体制が必要です。同時に、ミサイルやレーザーなどの指向性エネルギー兵器などの長所・短所を組み合わせた多種多様な防衛体制を構築する取り組みが必要であり、さらに、物理的手段に加え、非物理的手段としての電磁波戦やサイバー戦を併用することが不可欠であるといわれています。

その非物理的手段として、陸自に車載型ネットワーク電子戦システムを全国に展開する能力を持たせ、わが国の全領域を「電磁波バリア」（288頁図参照）で覆う防衛体制を構築すれば、破壊的イノベーションによる「ゲームチェンジャー」として極めて有効な手段となります。

中国の中距離弾道ミサイル（DF－26、DF－4など）は言うまでもなく、中国領土上空に在空するH－6K爆撃機からでも、その巡航ミサイル（射程距離1500～2000㎞の核弾頭搭載可能な対地攻撃用巡航ミサイル）をもって、西日本（南西諸島を含む）だけでなく日本列島全域を射程に収めることができます。

つまり、日本には安全な場所などないのです。ですから、中国の各種ミサイルの脅威からわが国を守るために、日本列島全域をカバーする「電磁波バリア」の整備に高い優先順位を与え、積極果敢に取り組むことが強く求められているのです。

エ　共通

サイバー戦と電磁波戦は、それぞれ、いわゆる非物理的手段に分類されます。しかし、非物理的手段だけでは敵に対して決定的な打撃を与えることができません。そのため、非物理的手段と物理的打撃力、例えば航空機や長距離ミサイルあるいは特殊作戦部隊によるゲリラコマンド攻撃などを

中国の DF-26 中距離弾道ミサイルの射程（中国北部・中部及びミスチーフ礁配置）

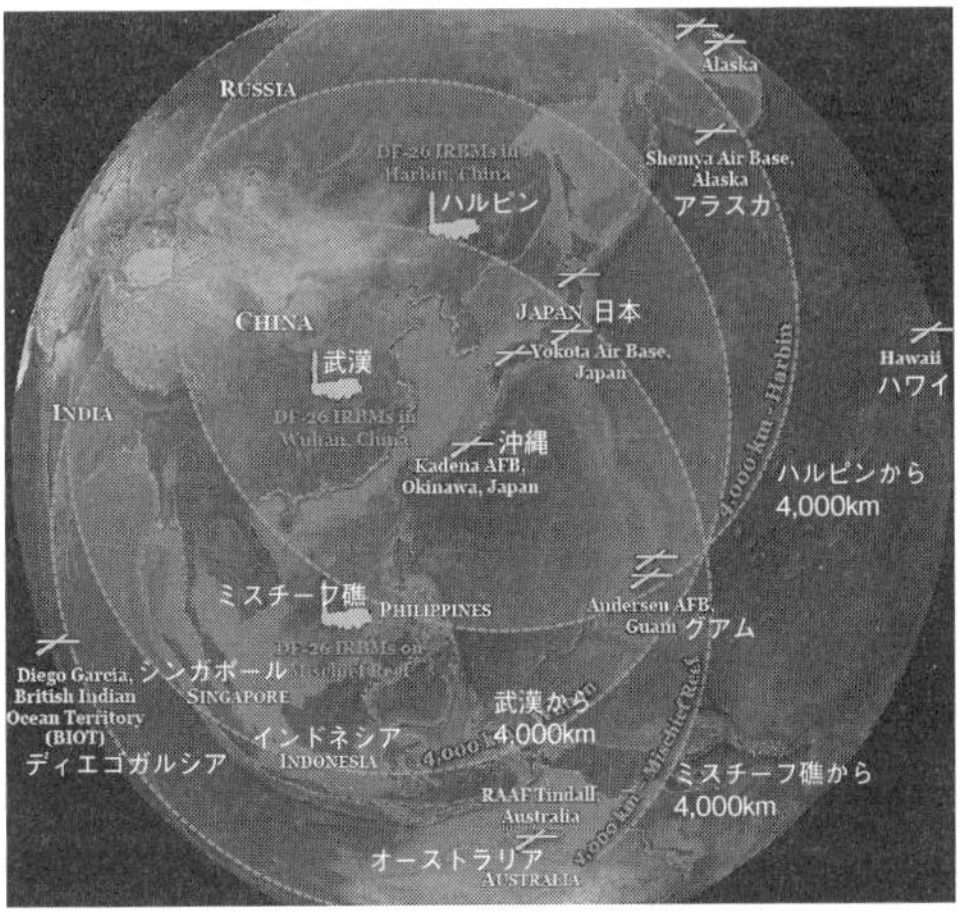

<出典>"LEVELING THE PLAYING FIELDREINTRODUCING U.S. THEATER-RANGEMISSILES IN A POST-INF WORLD", CABA, 2019を筆者補正

日本全土は中国領土上空に在空する H-6K 爆撃機の射程内

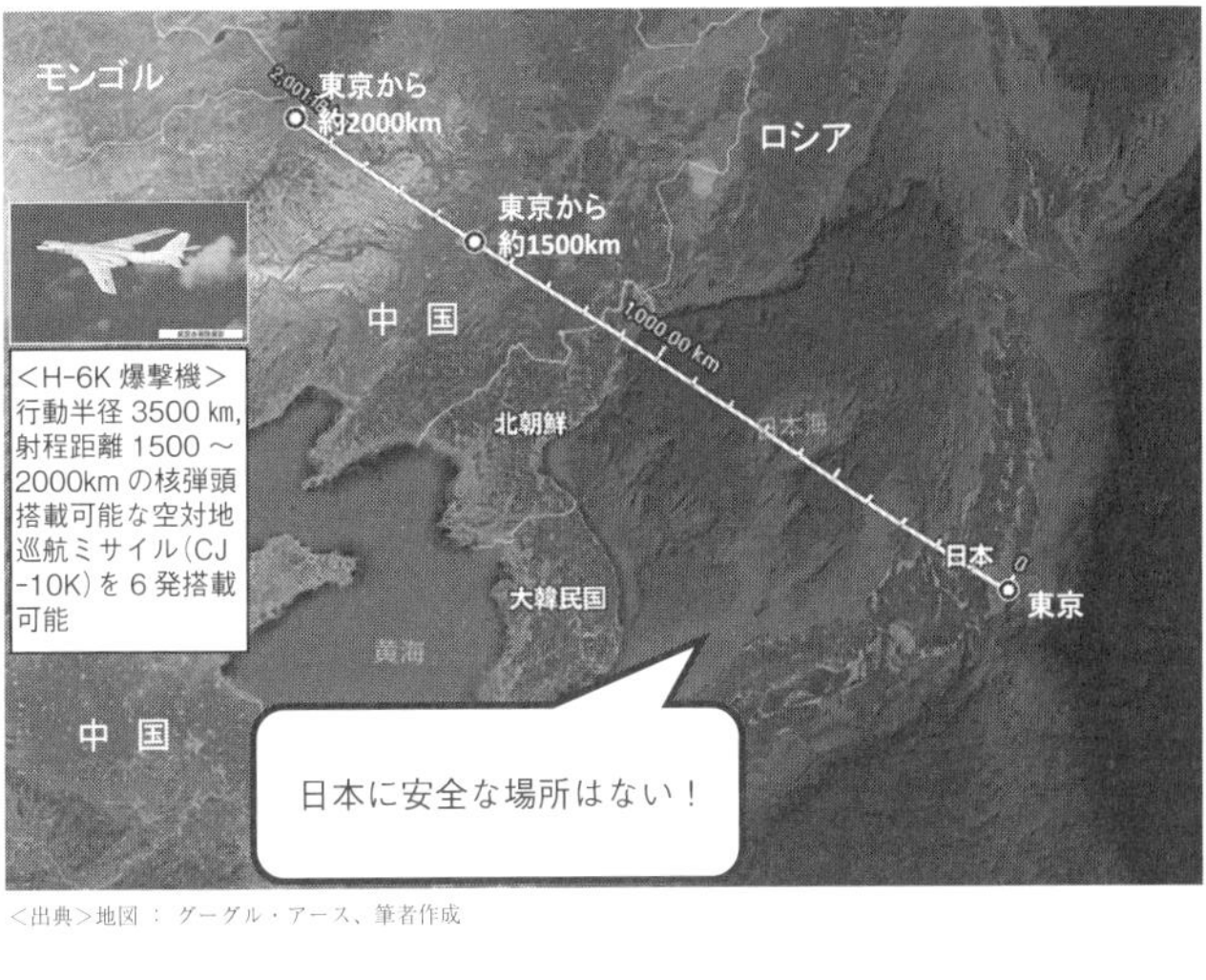

<出典>地図 ： グーグル・アース、筆者作成

組み合わせて運用し、敵の戦闘力や兵力投射能力、Ｃ４ＩＳＲ（指揮、統制、通信、コンピューター、情報、監視、偵察）、兵站システムなどやそれを支える情報ネットワークシステムの能力発揮を妨害無力化しなければなりません。

つまり、わが国は、敵基地攻撃能力を持つ必要があり、敵のサイバー・電磁波戦関連部隊や施設等に対し脅威圏の外から対処を行うためのスタンド・オフ火力等として、30大綱で導入予定の空自戦闘機への「ＪＡＳＳＭ（ジャズム）‐ＥＲ」の搭載に加え、陸自の地対艦ミサイル（ＳＳＭ）の射程延伸、海自の水上艦艇や潜水艦へのトマホーク巡航ミサイルの搭載などの物理的打撃力を整備することが喫緊の課題となっています。

防衛計画の大綱（防衛大綱）は、安倍内閣総理大臣が、平成30（２０１８）年1月の第１９６回通常国会における施政方針演説において、見直しを行うことを表明したことを受け、改定に着手されました。

安倍内閣総理大臣は「安全保障と防衛力に関する懇談会」を設置し、各専門分野の有識者が参集し数次にわたって精力的な議論を行いました。さらに、総理の方針を踏まえ、国家安全保障局、防衛省、外務省などの関係省庁が緊密に連携し、検討を重ねました。

防衛大綱は、国家安全保障戦略が「我が国の平和と安全を維持し、その存立を全うする」とした同戦略の目標を達成するために策定された、列国のいわゆる国家防衛戦略に相当するものです。

ですから、防衛大綱は、防衛省・自衛隊のみならず、各省庁が組織横断的に取り組み、国を挙げてその目的達成に努力を結集すべきことは、言うまでもありません。

そして、近未来戦で新たに登場する宇宙やサイバー、電磁波といった多領域・多空間からの脅威は、一般国民の身近な生活や社会活動にも重大な影響を及ぼすことになります。

つまり、わが国の防衛は、防衛省・自衛隊だけで担えるものではなく、各省庁はもとより、国民一人ひとりの防衛政策に関する理解と協力が不可欠です。そのため、防衛大綱が「多次元統合防衛力」と「領域横断（クロスドメイン）作戦」を目指す理由やその問題意識について、本書を通じ、国民の理解と協力が深まることが切に期待されます。

おわりに

戦争という暴力の本質を把握した定義として、カール・フォン・クラウゼヴィッツは、軍事戦略の立場から名著『戦争論』の中で「戦争は一種の強力行為であり、その旨とするところは相手に我が方の意思を強要するにある」と述べています。また、社会学者のジャン・ジャック・ルソーは、「敵の国家を滅ぼすか、それとも採りうるかぎりのあらゆる手段を駆使して、少なくとも相手を弱体化するかを表明した、相互に行う恒久不変の処置の結果を国家と国家との戦争と呼ぶことにする。この処置が効果をもたらさないでいるかぎり、それは戦争状態にすぎないのだ」（宮沢弘之訳、ルソー全集第4巻、白水社、1978年）と述べています。このような戦争観は、従来の陸、海、空域を戦場とする戦争の本質を示すものとして人口に膾炙されてきました。

本書で紹介したように、近未来の戦争となるマルチドメイン作戦（MDO）では、戦争の本質こそ同じですが、その様相は大きく変化するとみられています。すなわち、これまでは、目に見える陸、海、空を戦場とした戦争でしたが、未来戦の戦場は、陸、海、空各領域に加えて宇宙領域、サイバー領域、電磁波領域に拡大されることです。

たとえば、宇宙空間が戦場となる場合、これまで地上における軍事作戦を支援してきた軍事衛星が、戦争開始とともに地上から見えない遥か上空の地球軌道上で破壊されてしまう恐れがあります。軍事衛星の支援を前提に構築された地上の軍事作戦は、ものの見事に崩れ去ってしまうことでしょう。外国の軍事力により衛星が破壊されたことが判明しても、新たな衛星を打ち上げるまでは時間がかかるだけでなく、軍事的なハンディキャップを抱えたまま戦争が推移します。地上の戦闘に不可欠な情報を提供する軍事衛星の破壊は、たとえ国際法で禁止された行為であっても、また大量に宇宙ゴミを拡散させる行動であっても、戦争の帰趨に大きな影響を及ぼすことになるので、必勝を期する諸国にとっては、軍事衛星を破壊する兵器の開発・利用が大いに魅力的になるのです。

また、サイバー領域の軍事利用については、戦争に向けたサイバー攻撃がいつ始まったのか、どのような攻撃を受けたのか、攻撃主体はどの国なのか等について、明確にすることが出来ない大きな特徴があります。サイバー攻撃には、国家の機密情報を窃取したり、あらかじめ送り込んだ悪意あるウイルスで戦争開始とともに多くの施設やシステムに混乱を起こす事態を生じさせたり、相手国の国民の認知領域に入り込んで認識を混乱させるなど、その攻撃は多種多様です。このようなサイバー攻撃に対しては、国際法上のルールも有効な防御手段もありません。すでに戦争手段としてのサイバー攻撃が、始まっている可能性がありますので、対処手段の開発と防衛手段の体制確立は、喫緊の課題と言えるでしょう。

近未来戦におけるマルチドメイン作戦では、敵対国の上空で核爆発を起こして、生じた電磁波で電気・電子機器システムを破壊し、国民生活をマヒさせる電磁波領域の軍事利用も行われる可能性があります。国民生活のライフラインや社会インフラが寸断された場合、その回復には多くの時間を要するので、あらかじめこのような攻撃に備えておく必要があるでしょう。

軍事技術の開発は、戦争で勝利を収めるために不可欠のことです。これまでの戦争は、開発された武器に対してどのような防御手段を講じてきたかの歴史でもありました。これまでは不必要な苦痛を与える兵器の使用が禁止されてきましたが、近年になって大量破壊兵器が開発されるに及び、その防御手段の整備が追い付いていません。とりわけ核兵器については、広島と長崎へ使用した以外、その破壊力の凄まじさと破壊範囲の広さから、防御手段が存在しないことと相まって、現在では使用できない心理的な兵器に留まるようになりました。しかし、戦争で核兵器を使用する可能性を秘めて開発中の国があるのもまた事実であることに留意しなければなりません。

近未来の戦争では、現代の核兵器とはまた異なった、いわば核兵器以上の殺戮能力を有する新たな兵器が使用される可能性があります。例えば、ＡＩのディープラーニング機能を兵器に組み込んだ自律型致死性兵器システム（ＬＡＷＳ）の開発です。指揮官の手を離れて自ら敵を殺戮する兵器で、未だ姿を現していませんが、マルチドメイン作戦における使用がささやかれています。

２５００年ほど前の中国春秋時代の軍事思想家「孫武」が著した有名な兵法書の『孫子』には、戦争は国家の大事で、国家の死活が決まるものであり、国家の存亡の分かれ道になるので、戦争開始にあたっては、熟慮しておかなければならないとあります。この戦争の本質は、２５００年を経た近未来のマルチドメイン作戦による戦争にも通用しています。換言すると、戦争を行うに当たっては、①戦争をするべきか避けるべきか、被害の大きさなどを考えること、②戦争が長期化すれば国の利益にはならないこと、③戦闘を行わずに敵を降伏させることがベストであること、④攻撃はチャンスを見て素早く行うこと、⑤敵が攻撃できないように、防御できないように戦うこと等について、事前の熟考が必要であるとしています。

軍事大国は、いったん戦端を開いた場合、決して降伏することが出来ないため、兵法書『孫子』を十分に吟味して、これを実践に移すことになるでしょう。近未来のマルチドメイン作戦による戦争においても同じで、陸、海、空域はもとより、宇宙領域、サイバー領域、電磁波領域における戦闘を検討し、ＬＡＷＳの開発に励むことになるでしょう。今日の軍事力は、戦争を行うことより抑止力を維持する役割を期待されています。近未来戦争におけるマルチドメイン作戦は、抑止力としての軍事力の役割が維持できない状況になったときに実施され、自国の意思を相手に強要する政治目的が短期で達成できると言われています。

イギリスのシンクタンク国際戦略研究所（ＩＩＳＳ）は、２０１９年10月に世界情勢について分析した最新の報告書「戦略概観」を発表しました。それによると、アメリカと中国は、通商や金融、外交、安全保障、それにテクノロジーなどあらゆる分野で対立が拡大していると分析しています。米中の覇権争いを巡るいわゆる米中新冷戦の激化です。

さらに、アメリカやヨーロッパがこれまで築いてきた世界への影響力は劇的に後退し、中国やロシア、それにイランなどが地域のルールを書き換えようと躍起になるだろうと指摘し、そのため、米中の対立に終わりが見えないなか、世界の分断が進むと予測し、自由で開かれた国際秩序が崩れつつあると警告しています。

このように、近未来においては、既存の国際秩序を巡る不確実性が増大し、政治、経済、軍事、情報、技術など広範な分野にわたる国家間の対立や抗争が顕在化する傾向の強まりを見逃す訳には行きません。テクノロジーの進化、特に宇宙、サイバー、電磁波領域の重要性が増大し、戦闘様相を一変させるゲームチェンジャーとして安全保障のあり方を根本的に変えようとしているのです。

本書では、近未来戦争のマルチドメイン作戦に対してロシア、中国、米国がどのような体制でこれに備えようとしているのかについて紹介しました。これに加えて、わが国の備えについても触れています。わが国は、マルチドメイン作戦を仕掛けられた場合、果たしてこれに十分対処できる体制になっているのかについては、皆様のご判断にお任せいたします。本書がそのためのご参考になれば、執筆者一同の大いなる喜びです。

2020年3月

執筆者一同

い課題』（平成26年３月）
・寳澤一之「サイバー空間に対する法制の課題――インターネットガバナンスと統治構造の視点から」、参議院事務局企画調整室編『立法と調査』No.369（2015年10月）
・中谷和弘、河野桂子、黒崎将弘『サイバー攻撃の国際法――タリン・マニュアル2.0の解説』（2018年４月）
・佐藤丙午「自律型致死性無人兵器システム（LAWS）」、国際問題研究所編『国際問題』No.672（2018年６月）
・川口礼人「今後の軍事科学技術の進展と軍備管理等に係る一考察――自律型致死兵器システム（LAWS）の規制等について」、防衛研究所編『防衛研究所紀要』第19巻第１号（2016年12月）
・Centre Delàs 'Armed robots, autonomous weapons and ethical issues', Centre Delas "D'estudis per la Pau"（20 December2018 ）（http://www.centredelas.org/en/publications/articles/3807-armed-robots-autonomous-weapons-and-ethical-issues）
・外務省 HP「自律型致死兵器システム（LAWS）に関する政府専門家会合に対する日本政府の作業文書の提出」（https://www.mofa.go.jp/mofaj/press/release/press4_007229.html）

・Centre Delàs ‘Armed robots, autonomous weapons and ethical issues’, Centre Delas “D’estudis per la Pau”（20 December2018 ）（ http://www.centredelas.org/en/publications/articles/3807-armed-robots-autonomous-weapons-and-ethical-issues）
・外務省 HP「自律型致死兵器システム（LAWS）に関する政府専門家会合に対する日本政府の作業文書の提出」（https://www.mofa.go.jp/mofaj/press/release/press4_007229.html）

第５章

・髙井晉『国連安全保障法序説――武力の行使と国連』内外出版（平成17年11月））
・青木節子「宇宙ガバナンスの現在――課題と可能性」、国際問題研究所編『国際問題』No.684（2019年９月）
・青木節子「宇宙の軍事利用を規律する国際法の現状と課題」、慶応義塾大学大学院編『綜合政策学ワーキングペーパーシリーズ』No.67（2005年４月）
・福島 康仁「宇宙利用をめぐる安全保障――脅威の顕在化と日米の対応」、日本国際問題研究所編『グローバル・コモンズ（宇宙・サイバー・北極海）における日米同盟における新しい課題』（平成26年３月）
・鈴木一人「グローバル・コモンズとしての宇宙におけるガバナンス構築と日米同盟」、日本国際問題研究所編『グローバル・コモンズ（宇宙・サイバー・北極海）における日米同盟における新しい課題』（平成26年３月）。
・竹内俊隆「第４の戦場かそれともグローバル・コモンズか――米中の宇宙空間の軍事化防止策を中心に」、『大阪大学中国文化フォーラム・ディスカッションペーパー』No.2017-1 （2017年１月）
・福島康仁「宇宙の軍事利用における新たな潮流－米国の戦闘作戦における宇宙利用の活発化とその意義－」、『KEIO SFC JOURNAL』Vol.15 No.2（2015年）
・防衛省編平成29年版『防衛白書』
・サイバーセキュリティ.com サイバ課長「サイバーセキュリティガイド――サイバー攻撃とは？その種類・事例・対策を把握しよう」（https://cybersecurity-jp.com/）
・川口貴久「サイバー空間における安全保障の現状と課題――サイバー空間の抑止力と日米同盟」、国際問題研究所編『グローバル・コモンズ（宇宙・サイバー・北極海）における日米同盟における新しい課題』（平成26年３月）
・土屋大洋「サイバースペースのガバナンス」、国際問題研究所編『グローバル・コモンズ（宇宙・サイバー・北極海）における日米同盟における新し

11月))
・青木節子「宇宙ガバナンスの現在——課題と可能性」、国際問題研究所編『国際問題』No.684（2019年9月）
・青木節子「宇宙の軍事利用を規律する国際法の現状と課題」、慶応義塾大学大学院編『綜合政策学ワーキングペーパーシリーズ』No.67（2005年4月）
・福島康仁「宇宙利用をめぐる安全保障－脅威の顕在化と日米の対応－」、日本国際問題研究所編『グローバル・コモンズ（宇宙・サイバー・北極海）における日米同盟における新しい課題』（平成26年3月）
・鈴木一人「グローバル・コモンズとしての宇宙におけるガバナンス構築と日米同盟」、日本国際問題研究所編『グローバル・コモンズ（宇宙・サイバー・北極海）における日米同盟における新しい課題』（平成26年3月）
・竹内俊隆「第4の戦場かそれともグローバル・コモンズか——米中の宇宙空間の軍事化防止策を中心に」、『大阪大学中国文化フォーラム・ディスカッションペーパー』No.2017-1　(2017年1月)
・福島康仁「宇宙の軍事利用における新たな潮流——米国の戦闘作戦における宇宙利用の活発化とその意義」、『KEIO SFC JOURNAL』Vol.15 No.2（2015年）
・防衛省編平成29年版『防衛白書』
・サイバーセキュリティ.com サイバ課長「サイバーセキュリティガイド——サイバー攻撃とは？その種類・事例・対策を把握しよう」（https://cybersecurity-jp.com/）
・川口貴久「サイバー空間における安全保障の現状と課題——サイバー空間の抑止力と日米同盟」、国際問題研究所編『グローバル・コモンズ（宇宙・サイバー・北極海）における日米同盟における新しい課題』（平成26年3月）
・土屋大洋「サイバースペースのガバナンス」、国際問題研究所編『グローバル・コモンズ（宇宙・サイバー・北極海）における日米同盟における新しい課題』（平成26年3月）
・寅澤一之「サイバー空間に対する法制の課題——インターネットガバナンスと統治構造の視点から」、参議院事務局企画調整室編『立法と調査』No.369（2015年10月）
・中谷和弘、河野桂子、黒崎将弘『サイバー攻撃の国際法——タリン・マニュアル2.0の解説』（2018年4月）
・佐藤丙午「自律型致死性無人兵器システム（LAWS)」、国際問題研究所編『国際問題』No.672（2018年6月）
・川口礼人「今後の軍事科学技術の進展と軍備管理等に係る一考察——自律型致死兵器システム（LAWS）の規制等について」、防衛研究所編『防衛研究所紀要』第19巻第1号（2016年12月）

SI-v10-I1_Chang.pdf（as of September 22, 2019）
・Nathan Beauchamp-Mustafaga "*Cognitive Domain Operations: The PLA's New Holistic Concept for Influence Operations*", China Brief Volume: 19 Issue: 16, September 6, 2019 https://jamestown.org/program/cognitive-domain-operations-the-plas-new-holistic-concept-for-influence-operations/（as of September 22, 2019）

第３章

・日本安全保障戦略研究所編著「中国の海洋侵出を抑え込む――日本の対中防衛戦略」（国書刊行会、2017年９月）
・小河正義、国谷省吾「空を制するオバマの国家戦略」（実業之日本社、2013年）
・米海軍ニュース「米海軍は対艦ミサイルとF-35搭載センサーを組み込んでNIFC-CA機能を拡大する」（ミーガン・エクスタイン、2016年６月）
・米海軍ニュース「ハリス太平洋軍司令官は陸軍に対し、戦闘ネットワークを拡大して軍艦を沈めることを望む」（サム・ラグロン、2017年２月ハリス太平洋軍司令官のサンディエゴでの演説）
・米海軍ニュース「太平洋軍はマルチ・ドメイン・バトル・コンセプトを運用可能とし、2018年には陸軍が艦艇撃破の体制をとる」（ミーガン・エクスタイン、2017年５月ハリス太平洋軍司令官のハワイでの演説）
・TRADOCパンフレット「マルチドメイン作戦における米陸軍2028」（マークAミリー米国陸軍参謀総長、2018年12月）
・米海軍ニュース「米海兵隊は可及的速やかに長射程対艦ミサイルを要求する」（ミーガン・エクスタイン、2019年２月、米海兵隊司令官のサンディエゴでの演説）
・CSBA「チェーンを締めよ（Maritime Pressure Strategy）」（2019年５月）
・Lieutenant Joseph Hanacek, U.S. Navy "*Island Forts : Land Forces Have Value in an Air-Sea Battle*", U.S. NAVAL INSTITUTE Proceedings, Feb. 2019
・平成30年版『防衛白書』（防衛省）
・切通亮「電磁スペクトルにおける米国の軍事的課題と対応」（防衛研究所紀要第21巻第１号（2018年12月）
・Steven Stashwick "*US Navy and Marine Exercise Tests New Island Warfare Concepts*",The Diplomat, March 29, 2019

第４章

・髙井晉『国連安全保障法序説――武力の行使と国連』内外出版（平成17年

第２章
・エリノア・スローン『現代の軍事戦略入門』(奥村真司・関根大介訳、芙蓉書房出版、2015年)
・浅野裕一『孫子』(講談社学術文庫、2010年)
・SAMUEL B. GRIEFITH "*SUN TSU THE ART OF WAR*", OXFORD UNIVERSITY PRESS, 1963
・平成30年版『防衛白書』(防衛省)
・平成29年版「情報通信白書」(総務省)
・ディーン・チェン『中国の情報化戦争（CYBER DRAGON)』(五味睦佳監訳、原書房、2018年)
・ANNUAL REPORT TO CONGRESS "*Military Power of the People's Republic of China 2009*" (US DoD, 2009)
・漢和防務評論「中国軍事改革後の戦略支援部隊の役割」(阿部信行抄訳、2016.4.5)
・杉浦康之「中国人民解放軍の統合作戦体制」(防衛研究所紀要第19巻第１号、2016年12月)
・国立国会図書館、調査及び立法考査局、主任調査員、海外立法情報調査室、岡村志嘉子「中国の国家情報法」
http://dl.ndl.go.jp/view/download/digidepo_11000634_po_02740005.pdf?contentNo=1&alternativeNo= (as of July 25, 2019)
・渡部悦和 FSI 安全保障研究所長「中国国防白書『新時代の中国国防』」(日本安全保障戦略研究所ホームページ、2019.07.30)
・2018年版「通商白書」(経済産業省）第３章第１節中国マクロ経済動向
・産経新聞「5G 制すは世界を制す」(平成31年（2019年）３月16日付朝刊)
・米国防省報告書「5G エコシステム：DoD のリスクと機会」(防衛イノベーション委員会、2019年４月)
・クラウゼヴィッツ(清水多吉訳)『戦争論（上・下)』(中公文庫、2001年)
・『サイバーセキュリティ2019』(内閣サイバーセキュリティセンター、2019年５月23日)
・『平成30年におけるサイバー空間をめぐる脅威の情勢等について』(警察庁、2019年３月７日)
・BSK 第22-5（防衛装備工業会、平成22年９月）中華人民共和国のサイバー戦とコンピュータ・ネットワーク・エクスプロイテーション能力　米中経済安全保障調査委員会議会報告2009から抜粋
・BSK 第25-1（防衛装備工業会、平成24年９月）情報優位の獲得：コンピュータ・ネットワーク作戦及びサイバースパイ活動のための中国の能力
・Yao-chung Chang "*Cyber Conflict Between Taiwan and China*" http://edocs.nps.edu/npspubs/institutional/newsletters/strategic%20insight/2011/

3-1）https://www.namconsortium.org/sites/default/files/TP525-3-1_30Nov2018.pdf
・杉浦康之「中国人民解放軍の統合作戦体制」（防衛研究所紀要第19巻第１号、2016年12月）
・漢和防務評論編集部「中国軍事改革後の戦略支援部隊の役割」（漢和防務評論、阿部信行抄訳、20160405）
・James E. Fanell and Kerry K. Gershaneck "*White Warships and Little Blue Men— The Looming "Short, Sharp War" in the East China Sea over the Senkakus*—", the Project 2049 Institute, March 30, 2018
・マイケル・ピルズベリー『China 2049』（原題"*THE HUNDRED-YEAR MARATHON*"（野中香方子訳、日経 BP、2015年）

第１章

・平成27・28・30年版及び令和元年版『防衛白書』（防衛省）
・日本安全保障戦略研究所編著『中国の海洋侵出を抑え込む――日本の対中防衛戦略』（国書刊行会、2017年）
・エストニア共和国国際国防安全保障センター、ロジャー・N・マクダーモット「ロシアの2025年に向けた電子戦能力――電磁波スペクトラムにおける NATO の挑戦」（2017年９月）（木村初夫・井手達夫訳、「月刊 JADI」、2018年11月）
・Michael Kofman, Katya Migacheva, Brian Nichiporuk, Andrew Radin, Olesya Tkacheva, Jenny Oberholtzer "Lessons from Russia's Operations in Crimea and Eastern Ukraine", RAND Corporation 2017
https://www.rand.org/pubs/research_reports/RR1498.html（as of 27 November 2019）
・志摩園子『物語バルト三国の歴史』中央公論新社刊、2019年６月第６版
・外務省 HP　各国基礎データ「エストニア共和国」「ジョージア」「ウクライナ」https://www.mofa.go.jp/mofaj/area/index.html（as of 25 October 2019）
・小泉悠『プーチンの国家戦略　岐路の立つ「強国」ロシア』2016.11.4、東京堂出版
・毎日新聞 Web「エストニア国家機能をまひさせた大量のＤＤｏＳ攻撃」2018.11.22 https://mainichi.jp/premier/business/articles/20181121/biz/00m/070/003000d（as of 16 November 2019）
・黒川祐次『物語　ウクライナの歴史』
・山崎雅弘『クリミア併合』、2014、Kindle 版

主要参考文献

序章

・エリノア・スローン『現代の軍事戦略入門』(奥村真司・関根大介訳、芙蓉書房出版、2015年)
・平成30年版『防衛白書』(防衛省)
・日本安全保障戦略研究所編著『中国の海洋侵出を抑え込む——日本の対中防衛戦略』(国書刊行会、2017年)
・ディーン・チェン『中国の情報化戦争(CYBER DRAGON)』(五味睦佳監訳、原書房、2018年)
・「ウクライナに対するロシアの武力侵攻について、10の知っておくべき事実」(在日ウクライナ大使館 HP) https://japan.mfa.gov.ua/ja/press-center/news/62845-10-faktiv-pro-zbrojnu-agresiju-rosiji-proti-ukrajini (as of July 14, 2019)
・防衛研究所編『東アジア戦略概観 2016』第7章「ロシア」(2017年) http://www.nids.mod.go.jp/publication/east-asian/pdf/eastasian2016/j07.pdf (as of July 14, 2019)
・「平成31年度以降に係る防衛計画の大綱について」(平成30年12月18日、国家安全保障会議決定、閣議決定)
・中期防衛力整備計画(平成31年度~平成35年度)について(平成30年12月18日、国家安全保障会議決定、閣議決定)
・Thomas G. Mahnken, Travis Sharp, Billy Fabian & Peter Kouretsos, "*TIGHTENING THE CHAIN－IMPLEMENTING A STRATEGY OF MARITIME PRESSURE IN THE WESTERN PACIFIC*" (CSBA, 2019) http://www.ssri-j.com/MediaReport/DocumentUS/TighteningTheChainWebFinal.pdf (as of July 16, 2019)
・「特定通常兵器使用禁止制限条約(Convention on Certain Conventional Weapons：CCW)の概要」(外務省) https://www.mofa.go.jp/mofaj/gaiko/arms/ccw/ccw.html (as of July 17, 2019)
・"*The U.S. Army in Multi-Domain Operations 2028*" (TRADOC Pamphlet 525-

兼上席研究員、偕行社・安全保障研究会研究員、隊友会参与等。

用田和仁（もちだ　かずひと）
1952年生まれ、福岡県出身。
防衛大学校第19期生・土木工学専攻卒業、陸上自衛隊幹部学校指揮幕僚課程修了、米陸軍戦略大学留学（1994〜1995）、防衛研究所特別課程修了。自衛隊における主要職歴：72戦車連隊長、中部方面総監部幕僚副長、陸上幕僚監部教育訓練部長、統合幕僚監部運用部長、第７師団長、西部方面総監等を歴任。2010年退官（陸将）。現在、日本安全保障戦略研究所上席研究員などを務める。

共同執筆者略歴（五十音順）

青木眞夫（あおき　まさお）
1973年生まれ、広島県出身。
早稲田大学理工学研究科物理学科理学修士。大手SI会社で15年間ネットワークセキュリティSEとして官公庁、産業、流通、金融システムのプロジェクトに従事。現在、独立行政法人情報処理推進機構（IPA）J-CRAT/サイバーレスキュー隊隊長、安全保障貿易情報センターサイバーセキュリティWG委員、国立研究開発法人情報通信研究機構サイバーコロッセオ実行委員、日本安全保障戦略研究所（SSRI）上席研究員に従事、現在に至る。このほか、東京工業大学サイバーセキュリティ経営戦略コース、防衛基盤整備協会や各種政府機関等における安全保障、ナショナルセキュリティ関係の講演や講義等多数従事。

小川清史（おがわ　きよし）
1960年生まれ、徳島県出身。
防衛大学校卒業（26期生、土木工学専攻）陸上自衛隊の普通科部隊等勤務。この間、米陸軍指揮幕僚大学留学第8普通科連隊長兼米子駐屯地司令、自衛隊東京地方協力本部長、陸上幕僚監部装備部長、第6師団長、陸上自衛隊幹部学校長、西部方面総監等を歴任。2017年退官(陸将)。現在、日本安全保障戦略研究所上席研究員、日本戦略研究フォーラム政策提言委員、隊友会参与等。

髙井　晉（たかい　すすむ）
1943年生まれ、岡山県出身。
青山学院大学（法学部）卒業、青山学院大学大学院法学研究科博士課程単位取得後、防衛庁教官採用試験（国家公務員上級職採用試験相当）合格。防衛研修所助手、防衛研究所第1研究部第2研究室長、防衛研究所第1研究部主任研究官、防衛研究所図書館長等を歴任。この間、青山学院大学・同大学院兼任講師、尚美学園大学大学院客員教授、二松学舎大学大学院講師、東京都市大学講師、カナダ・ピアソン平和活動研究センター客員研究員等を兼務、ロンドン大学キングズカレッジ大学院で「防衛学の法的側面」を研究。2007年退官。現在、防衛法学会理事長、東京都市大学講師（国際法）、笹川平和財団海洋政策研究所特別研究員、日本戦略研究フォーラム常務理事、日本安全保障戦略研究所理事長、民間憲法臨調代表委員、このほか防衛省統合幕僚学校，陸上自衛隊幹部学校，航空自衛隊幹部学校等における講師等。

冨田　稔（とみた　みのる）
1945年生まれ、千葉県出身。
防衛大学校卒業（12期生、電気工学専攻）、陸上自衛隊の航空科部隊等勤務、陸上幕僚幹部装備部航空機課長、第1ヘリコプター団長、陸上自衛隊航空学校長、陸上自衛隊関東補給処長等を歴任。2002年退官（陸将補）。現在、日本安全保障戦略研究所上席研究員、日本郷友連盟常務理事兼事務局長、郷友総合研究所幹事兼研究委員、千葉県隊友会顧問等。

樋口譲次（ひぐち　じょうじ）
1947年生まれ、長崎県出身。
防衛大学校卒業（13期生、機械工学専攻）、陸上自衛隊の高射特科部隊等勤務、この間、米陸軍指揮幕僚大学留学、第2高射特科群長、第2高射特科団長兼飯塚駐屯地司令、第7師団副師団長兼東千歳駐屯地司令、第6師団長、陸上自衛隊幹部学校長等を歴任。2003年退官（陸将）。現在、日本安全保障戦略研究所副理事長近未来戦《きんみらいせん》を決《けっ》する「マルチドメイン作戦《さくせん》」
——日本《にほん》は中国《ちゅうごく》の軍事的《ぐんじてき》挑戦《ちょうせん》を打破《だは》できるか

2020年7月20日　初版第1刷発行

編　著　日本安全保障戦略研究所
発行者　佐藤今朝夫
発行所　株式会社 国書刊行会
〒174-0056 東京都板橋区志村1-13-15
TEL 03(5970)7421　FAX 03(5970)7427
https://www.kokusho.co.jp

装　幀　真志田桐子
印刷・製本　三松堂株式会社

カバー画像　shutterstock

ISBN 978-4-336-06660-2